建筑施工企业管理人员岗位资格培训教材

暖通质量员
岗位实务知识

建筑施工企业管理人员岗位资格培训教材编委会　组织编写

郭金河　陶勇　编著

中国建筑工业出版社

图书在版编目（CIP）数据

暖通质量员岗位实务知识/建筑施工企业管理人员岗位资格培训教材编委会组织编写. —北京：中国建筑工业出版社，2007
建筑施工企业管理人员岗位资格培训教材
ISBN 978-7-112-08840-9

Ⅰ.暖… Ⅱ.建… Ⅲ.暖通质量员-岗位培训-教材 Ⅳ.TU198

中国版本图书馆 CIP 数据核字（2006）第 130221 号

本书结合目前暖通施工质量人员的实际状况和工作需要，讲解了质量员在实际岗位中应掌握的基础知识、质量验收规范要求及操作要领，包括给水排水工程、通风与空调、锅炉工程等施工质量员的岗位实务管理、工程质量控制检查以及验收、工程资料管理等方面的内容，均以现行国家规范、标准为依据，强调实用性、科学性和先进性。本书可作为质量员的岗位资格培训教材，也可作为平时学习的参考用书，以提高业务能力，从容应对岗位工作要求。

责任编辑：刘　江　张伯熙
责任设计：董建平
责任校对：安　东　刘　钰

建筑施工企业管理人员岗位资格培训教材
暖通质量员岗位实务知识
建筑施工企业管理人员岗位资格培训教材编委会　组织编写
郭金河　陶　勇　编著
*
中国建筑工业出版社出版、发行（北京西郊百万庄）
新 华 书 店 经 销
北京密云红光制版公司制版
北京建筑工业印刷厂印刷
*
开本：787×1092毫米　1/16　印张：14¼　字数：345 千字
2007年6月第一版　　2007年6月第一次印刷
印数：1—3500册　　定价：**24.00**元
ISBN 978-7-112-08840-9
（15504）
版权所有　翻印必究
如有印装质量问题，可寄本社退换
（邮政编码 100037）

本社网址：http://www.cabp.com.cn
网上书店：http://www.china-building.com.cn

《建筑施工企业管理人员岗位资格培训教材》

编写委员会

(以姓氏笔画排序)

艾伟杰　中国建筑一局（集团）有限公司
冯小川　北京城市建设学校
叶万和　北京市德恒律师事务所
李树栋　北京城建集团有限责任公司
宋林慧　北京城建集团有限责任公司
吴月华　中国建筑一局（集团）有限公司
张立新　北京住总集团有限责任公司
张囡囡　中国建筑一局（集团）有限公司
张俊生　中国建筑一局（集团）有限公司
张胜良　中国建筑一局（集团）有限公司
陈　光　中国建筑一局（集团）有限公司
陈　红　中国建筑一局（集团）有限公司
陈御平　北京建工集团有限责任公司
周　斌　北京住总集团有限责任公司
周显峰　北京市德恒律师事务所
孟昭荣　北京城建集团有限责任公司
贺小村　中国建筑一局（集团）有限公司

出 版 说 明

建筑施工企业管理人员（各专业施工员、质量员、造价员，以及材料员、测量员、试验员、资料员、安全员）是施工企业项目一线的技术管理骨干。他们的基础知识水平和业务能力的大小，直接影响到工程项目的施工质量和企业的经济效益；他们的工作质量的好坏，直接影响到建设项目的成败。随着建筑业企业管理的规范化，管理人员持证上岗已成为必然，其岗位培训工作也成为各施工企业十分关心和重视的工作之一。但管理人员活跃在施工现场，工作任务重，学习时间少，难以占用大量时间进行集中培训；而另一方面，目前已有的一些培训教材，不仅内容因多年没有修订而较为陈旧，而且科目较多，不利于短期培训。有鉴于此，我们通过了解近年来施工企业岗位培训工作的实际情况，结合目前管理人员素质状况和实际工作需要，以少而精的原则，组织出版了这套"建筑施工企业管理人员岗位资格培训教材"，本套丛书共分15册，分别为：

◇《建筑施工企业管理人员相关法规知识》
◇《土建专业岗位人员基础知识》
◇《材料员岗位实务知识》
◇《测量员岗位实务知识》
◇《试验员岗位实务知识》
◇《资料员岗位实务知识》
◇《安全员岗位实务知识》
◇《土建质量员岗位实务知识》
◇《土建施工员（工长）岗位实务知识》
◇《土建造价员岗位实务知识》
◇《电气质量员岗位实务知识》
◇《电气施工员（工长）岗位实务知识》
◇《安装造价员岗位实务知识》
◇《暖通施工员（工长）岗位实务知识》
◇《暖通质量员岗位实务知识》

其中，《建筑施工企业管理人员相关法规知识》为各岗位培训的综合科目，《土建专业岗位人员基础知识》为土建专业施工员、质量员、造价员培训的综合科目，其他13册则是根据13个岗位编写的。参加每个岗位的培训，只需使用2~3册教材即可（土建专业施工员、质量员、造价员岗位培训使用3册，其他岗位培训使用2册），各书均按照企业实际培训课时要求编写，极大地方便了培训教学与学习。

本套丛书以现行国家规范、标准为依据，内容强调实用性、科学性和先进性，可作为施工企业管理人员的岗位资格培训教材，也可作为其平时的学习参考用书。希望本套丛书能够帮助广大施工企业管理人员顺利完成岗位资格培训，提高岗位业务能力，从容应对各自岗位的管理工作，也真诚地希望各位读者对书中不足之处提出批评指正，以便我们进一步完善和改进。

中国建筑工业出版社

2006 年 12 月

前 言

本书为建筑企业基层岗位管理人员岗位资格培训系列教材之一。结合当前暖通设备安装质量员培训的实际需要，在编写过程中，力求实用性、操作性及岗位实际运用的原则进行编写。

本书主要介绍了最基本的质量概念、条文及施工现场的有关管理的实施细则。在编写时，力求做到理论联系实际，注重了质量条文内容的阐述，也注重施工现场操作，以便通过培训达到既掌握岗位知识又掌握岗位管理的目的。

本书的编写人员有郭金河、陶勇、孟昭荣、王志伟、赵彦雄、何京等同志，由孟昭荣、李社民、刘学录、高红岩主审。

本书编写时参阅了大量相关培训教材及有关规范，在此对这些编者表示万分感谢。

本书虽几经修改，但由于时间仓促及编者专业水平、实践经验有限，书中的错误及不当之处，敬请各位读者批评指正。

目 录

第一章 建筑工程质量管理 ……………………………………………… 1
第一节 全面质量管理的基本概念 ………………………………………… 1
第二节 全面质量管理的基础工作 ………………………………………… 2
第三节 全面质量管理的管理体系 ………………………………………… 5
第四节 全面质量管理的数理统计方法 …………………………………… 10
第五节 全面质量管理的实施要求 ………………………………………… 12
第六节 建筑工程质量的形成管理及控制 ………………………………… 13

第二章 建筑工程质量验收及评定 ……………………………………… 17
第一节 建筑工程质量验收的指导思想 …………………………………… 17
第二节 建筑工程质量验收的统一标准 …………………………………… 18
第三节 建筑工程质量验收的术语 ………………………………………… 20
第四节 建筑工程质量验收的基本规定 …………………………………… 21
第五节 建筑工程质量验收的划分 ………………………………………… 25
第六节 建筑工程质量验收标准及规定 …………………………………… 32
第七节 建筑工程质量验收程序和组织 …………………………………… 46
第八节 建筑工程竣工质量验收依据范围及条件 ………………………… 51

第三章 建筑施工质量员工作要求及职责 ……………………………… 56
第一节 质量员的岗位条件及素质 ………………………………………… 56
第二节 质量员的工作职能 ………………………………………………… 56
第三节 质量员的工作职责 ………………………………………………… 57

第四章 给水排水及采暖工程质量验收 ………………………………… 60
第一节 总则与基本规定 …………………………………………………… 60
第二节 给水排水及采暖工程检验和检测 ………………………………… 61
第三节 室内给水系统安装 ………………………………………………… 64
第四节 室内排水系统安装 ………………………………………………… 67
第五节 室内热水供应系统安装 …………………………………………… 71
第六节 室内卫生器具安装 ………………………………………………… 72
第七节 室内采暖系统安装 ………………………………………………… 76
第八节 室外给水管网安装 ………………………………………………… 81
第九节 室外排水管网安装 ………………………………………………… 85
第十节 室外供热管网安装 ………………………………………………… 86
第十一节 建筑中水系统及游泳池水系统安装 …………………………… 89

第五章 通风与空调工程施工质量验收······91
第一节 通风与空调工程检验和检测······91
第二节 通风与空调工程制作安装规定······92
第三节 通风与空调工程设备及材料进场检查验收······127
第四节 通风与空调工程设备技术资料收集及整理······131
第五节 通风与空调工程常用术语及规范······132

第六章 供热锅炉施工质量控制与验收······139
第一节 供热锅炉及辅助设备安装的一般规定······139
第二节 烘炉、煮炉和试运行······173
第三节 供热锅炉及辅助设备安装主控项目······174
第四节 供热锅炉及辅助设备安装一般项目······177

第七章 建筑暖通工程技术质量资料······183
第一节 建筑工程资料概述······183
第二节 建筑工程资料分类及编号······184
第三节 暖通工程技术质量资料项目······190
第四节 暖通工程资料建立收集要求······194
第五节 暖通工程资料归档组卷······201
第六节 暖通工程资料交验标准······206

附表 封面、目录、备考与移交书······207

第一章 建筑工程质量管理

第一节 全面质量管理的基本概念

一、质量概念

质量有狭义和广义两种含义。狭义的质量是指工程或产品质量。广义质量除了工程或产品质量外，还包括施工生产过程中的工作质量及服务质量。

我国国家标准和国际标准有关质量的定义是：反映产品或服务满足明确和隐含需要能力的特性及特征的总和。

定义中提示的明确需要是指在签订施工合同中约定的要求或需要。如：是合格工程，还是优质工程，通过合同关系以明文规定，由供方保证实现。

定义中提示的隐含需要是指非合同关系用户未提出明确的需要，而由施工企业通过调研根据用户的实际需求而承诺的质量等级，主动为用户提供的优质目标。即：企业的品牌产品。

定义中提出的特性、特征是需要的定性与定量的表现。

国家标准和国际标准中的定义。从适用性和符合性两个方面、两个角度比较全面地表述了质量的含义，既有科学性，又有可操作性。

二、质量管理概念

质量管理是施工企业围绕质量，保证质量特性所开展的一系列工作和活动。

在工作方面，如：质量方针的制定，质量目标的策划，质量组织、体系的建立，质量工作规划、计划的编制，质量体系运行效果评审，过程质量检查验收等。

在活动方面，如：质量考察调研活动，质量观摩交流活动，质量学习培训讲座活动，质量攻关活动，质量创优活动，质量竞赛活动等。以上这些都是纳入质量管理的内容。

三、全面质量管理概念

在国家标准 GB/T 6583—94（ISO 8402—94）《质量管理与质量保证——术语》中对全面质量管理的定义是：一个组织以质量为中心、以全员参与为基础。目的在于通过顾客满意和本组织所有成员及社会受益而达到长期成功的管理途径。简单地说，全面质量管理就是企业以质量为中心，全体职工及有关部门积极参与，把企业技术、经营管理、数理统计和思想教育结合起来。建立起产品研究、生产、服务全过程的质量管理体系，从而有效地利用人力、物力、财力、信息等资源，以最经济的手段和方法生产出顾客放心满意的产品。

全面质量管理的基本核心是提高人的素质，增强质量意识，调动人的积极性、创造性、敬业爱岗，通过抓好工作质量来保证提高产品质量和服务质量。

第二节　全面质量管理的基础工作

全面质量管理是现代质量管理的强化和发展。特别是在社会主义市场经济体制下只能加强，不能削弱的必由之路。在质量管理上要有所突破、有所创新。在新的形势下，企业开展全面质量管理仍然需要做好一系列基础性工作。这些基础工作主要是：质量学习教育、质量责任制、标准化工作、计量工作和质量信息工作。

一、质量教育

企业要推行全面质量管理应首先从教育入手，坚持始于教育、终于教育的方法，把质量教育工作作为第一道工序，抓紧、抓好、抓出成效，不断提高企业和职工的素质，增强质量意识，提高质量创新能力。

质量教育工作的任务是：学习掌握和运用相应的质量管理理论，方法和技术，使全体职工认识到自身在企业质量工作中的职责，从而提高业务管理水平和操作技术水平，严格执行，遵守施工工艺标准及质量标准，不断提高工作质量，生产出优质产品。

二、质量教育内容

质量教育内容主要是两个方面：一是质量意识和质量管理基本知识的教育，二是技术与技能的培训。

1. 质量意识和质量管理基本知识教育，使职工对全面质量管理的基本思想和方法有所理解和了解，牢固树立起"百年大计、质量第一、预防为主、防治结合、持续改进、不断提高"的思想。在实施教育中要根据不同对象分层进行，并纳入教育培训计划，力求好的教育形式及效果。

2. 技术与技能培训。要结合企业实际，针对新技术、新材料、新设备、新工艺，抓好专项学习培训工作，同时结合施工中常出现的质量通病和质量难题进行学习培训。特别是在新的市场经济体制下，抓好质量、质量特征、技术特性，以适应市场的需求。

三、质量教育工作的基本要求

1. 领导重视，结合实际。企业各级领导要以身作则，带头学习，自觉接受教育，形成学习氛围，深化教育效果。
2. 制定内容，编制计划。形成培训机制，每年都有培训计划，并按计划抓好落实。
3. 编好培训教材，注重教育质量，使职工易学易懂，达到学以致用的目的。
4. 因地制宜，形式多样。质量教育工作要因地制宜，分层施教。因领域不同，行业不同，各类人员工作性质的不同，可采取多种形式，多种方法，提高职工的学习兴趣。
5. 建立学习教育培训的制度，并搞好教育培训工作考核，建立学习培训档案，积累学习培训经验。

四、质量责任制

建立质量责任制是企业经济责任的首要环节，也是企业质量体系认证必不可少的重要内容。它明确规定企业每一个人在质量工作中的具体任务、职责和权限，做到质量工作人人有责，事事有人管，办事有标准，工作有检查、有考核，一旦发生产品质量问题、质量事故，便能分清责任，吸取教训。

1．质量责任制的建立

（1）质量责任制要做到责、权、利有机结合。质量责任制应明确企业每个职工在质量管理工作中要完成的任务和承担的责任，及相应的权利和考核奖罚的标准，它是企业开展全面质量管理，使全企业形成一个有机、协调一致的整体。

（2）明确经济责任制的中心是质量责任。推行经济责任制必须首先实行质量责任制，经济责任制不以质量责任为主体，甚至不和质量挂钩势必为没有效率的经济责任。所以必须把质量责任作为经济责任制中考核奖罚的主要内容。

（3）质量责任制要逐级建立，逐级考核，要明确各级各类人员在质量管理工作中的任务、责任和权力。分对象、分层次、分专业，按职能部门所设置的工作岗位，确定各类人员的质量责任。

2．质量责任制的贯彻执行

为保证质量责任制的贯彻实施，应做好以下几项工作：

（1）力求质量管理工作标准化，健全标准化工作档案，以便检查考核。

（2）紧密结合企业的实际情况。制定质量考核制度，在考核奖励时实行质量否决权。

（3）制定奖罚规定。做到奖罚严明，奖优罚劣，充分发挥奖罚的作用。

五、标准化工作

1．标准化工作的作用

标准是衡量产品质量，工作质量，服务质量的尺度，也是企业开展生产技术质量活动和经营管理工作的依据。国家标准（GB 3935·1—1996）对标准化的定义是："在经济、技术、科学及管理等社会实践中，对重复性事物和概念，通过制订、发布和实施标准达到统一，以获得最佳秩序和社会效益"。因此推行全面质量管理，标准化工作是一项不可缺少的基础工作。

2．标准化工作的主要内容

标准化主要是两方面的内容，一是技术标准，二是管理标准。

（1）技术标准

在我国，技术标准一般分为国家标准（GB）、行业标准（CJ）、地方标准（DBJ）和企业标准（JQB）。目前不少企业为使自己的产品质量处于领先地位，争创品牌效益，提高产品的知名度、信誉度，达到开拓市场，占领市场的目的，所制定的企业标准都高于国家和行业标准，这是企业贯彻标准追求卓越发展的方向。

（2）管理标准

管理标准是研究和规定企业生产经营中计划、组织、资源配置等管理工作职能而制定的准则，它是组织和管理企业生产经营活动的依据和手段。

管理标准包括企业的生产经营、管理业务标准和管理基础标准，各项管理的工作程序，各种条例、规定、规章制度等。

六、计量工作

1. 计量工作在质量管理中的作用

企业的计量工作，包括测试、化验、分析、试验、能源计量等。计量工作的主要任务是实现统一计量单位制度，进行量值正确传递，保证计量工作的有效性和准确性。搞好计量工作对提高产品质量具有重要的意义。

2. 计量工作的基本要求

做好计量工作，应抓住以下几个方面：

（1）根据工程质量的要求，应配备齐全的计量检测设备和仪表，其设备和仪表的准确度、灵敏度、精确度要有国家相关部门的检测证明，以满足计量工作的要求。

（2）对使用的计量设备、仪器应做好定期或不定期的校验工作，保证计量的稳定性和可靠性。

（3）加强计量设备的日常管理，建立健全计量管理制度和工作台账。

（4）保证计量试验用房的使用面积，使用环境，为计量工作创造必要条件。

（5）健全计量管理机构，配置业务能力强、素质高的计量管理人员队伍。

七、质量信息工作

1. 质量信息工作的作用

（1）信息是反映产品和产供销各个环节工作质量的基本数据，原始记录及产品使用过程中反映出来的各种情报资料。

（2）质量信息管理是企业质量管理的重要依据，是不断改进产品质量，改善各个环节工作质量最直接的原始资料。

（3）质量信息管理还可以为企业领导制定质量决策提供最有价值的依据。

（4）企业管理活动过程，从本质上讲是一个信息流动、处理和反馈的过程。因此质量信息工作也是全面质量管理的一项基础工作。

2. 质量信息的内容

（1）在企业内部，凡是涉及产品质量与工作质量，服务质量的信息，都是质量信息的内容。

（2）在企业外部，一是来自用户的来信来访，各种意见、建议、回访记录、维修记录。二是通过各种渠道，如会议、活动等了解到的情况、动态等都是质量信息的内容。

（3）在内部，企业可以从生产技术准备和施工过程中，即从原材料、外购件、外赁件进场时的质量检验数据、施工过程的工艺操作记录、检验记录和工序质量波动记录等，获得产品质量与工作的信息，从而进行分析企业管理或产品质量方面存在的问题，为质量改进提供依据。

3. 质量信息管理

企业要想掌握产品质量的活动规律，必须取得大量的来自各方面的第一手资料，收集整理各种质量信息，而且要做得及时、准确、全面、系统。要使这些信息发挥应有的价值和作用，应做好以下工作：

（1）建立企业质量信息中心和信息反馈系统

质量体系正常运行的关键是要有一个高效、灵敏的信息管理系统。信息中心就是它的神经中枢。中心应设专职人员，负责收集、整理、分析、处理、传递、汇总、贮存、建档，该部门应及时向企业领导和相关部门提供正确的信息，从而化解因质量引起的投诉和事故。

(2) 质量信息应实行分级管理

为使质量信息得到充分的利用和及时的处理，企业应对质量信息实行分级管理。就施工企业应分为三级管理，即：施工班组——工程项目部——公司质量部或质量信息中心。

实践证明：如果企业重视信息，信息工作做得比较好，就能化解减少质量投诉和质量事故的发生，企业的社会效益和经济效益就会相对地提高。

第三节 全面质量管理的管理体系

质量管理渗透在各个领域、各个行业、各个实物之中，社会发展离不开质量，人类生存离不开质量。关心质量、重视质量、发展质量是利国利民的大事。我国的质量方针是："百年大计、质量第一"。随着社会的进步，人民生活水平的提高，人民对质量的追求更高更严，质量将成为社会发展的最高目标。我国从1978年开始推行全面质量管理，至今已有26年的历史，20多年来的实践证明，全面质量管理确实是现代企业不断提高质量水平的必由之路。

在新的历史时期，尤其是在社会主义市场经济体制下，仍需坚持深化全面质量管理的经验，为质量创新，质量发展付出不懈的努力。因此各行各业都需要做好质量管理，建立完善的全面质量管理体系。

一、有关质量体系的基本术语

1. 质量方针（包含质量目标）

质量方针和目标是由该组织的最高管理者正式发布的该组织总的质量宗旨和质量方向。组织是指公司、社团、商行或企事业单位的总称。

质量方针是一个组织质量方面总的宗旨和方向，反映了最高管理者和全体职工的质量追求和努力方向，是公司方针的一个组成部分。质量方针为最高管理者批准，并应能为全体职工理解和贯彻实施。

2. 质量管理

质量管理是指确定质量方针，目标和职责并通过质量体系中的诸如质量策划、质量控制、质量保证、质量改进使其实施的全部管理职能的所有活动表现。

质量管理应由组织的最高管理者负责和推动，同时要求组织的全体人员参与和承担义务。只有每个职工都参加有关的质量活动并承担其义务，才能实现所期望的质量目标。

3. 质量体系

质量体系是为实施质量管理所需要的由组织机构、程序、过程和资源等组成的有机整体。质量体系是质量管理的核心，质量方针、质量目标和质量管理需要通过质量体系贯彻和实施。质量体系所包含的内容要视满足实现质量目标的要求而定，质量体系一方面应满足内部质量管理的需要，另一方面应能满足外部质量保证的需要。

4. 质量控制

质量控制是反映为达到质量要求所采取的施工操作技术和为质量所进行的一系列活动。所采取的施工技术和活动包括：确定控制对象，如一道工序、工艺过程、检验过程；规定控制标准，如应达到质量的要求、偏差范围；制定出具体的控制方法，如操作规程；明确采用的检验方法，包括检验工具、仪器、设备、进行检验判定合格或不合格，分析寻找不合格原因，采取纠正措施和改进措施。

质量控制的目的在于质量产生、形成和实现过程中，控制好各个过程和工序，达到规定的要求和标准。

5. 质量保证

质量保证是为了提供足够的信任，表明实体能够满足质量要求，而在质量体系中实施并根据需要进行证实的全部有计划、有系统的活动。在这一定义中的关键是"提供足够的信任"。为了对产品能满足规定的质量要求提供足够的信任，就必须提供各种客观证据，这些证据是组织有计划有系统的活动的产物。

为了提供信任，通常要对组织的质量体系中有关要素不断进行评价和审核，以证实该组织具有持续稳定地使产品或服务满足规定的质量要求能力。

在组织内部，质量保证是一种管理手段，向管理者提供信任。在合同或协议中质量保证向顾客或他方提供信任。

因此，就企业而言，质量保证可分为内部质量保证和外部质量保证两种。内部质量保证是企业内部为了使企业各级领导相信，在企业本部门能保证达到和维持预定产品质量要求所进行的活动。外部质量保证是使需方确信本企业提供的产品能够达到预定的质量要求，并在合同或协议中承诺这种能力。

二、质量体系要素

1. 质量管理工作关键在于领导

企业领导应负责组织建立质量体系，并使其有效运行，应从市场获取有关质量信息，用于改进产品和改进体系。为了使体系有效地运转，发挥各方面的作用，企业领导应研究和制定质量方针和目标，并采取必要的措施，使质量方针和目标能为全体职工所掌握并贯彻执行，企业领导应重视质量体系的审核和评审。

2. 职责和职权

产品是活动和过程的结果，产品质量是通过各种活动或过程而形成的。影响产品质量的活动和过程可分为直接的或间接的。为了控制产品质量，应对影响产品质量的各种活动或过程实施有效地控制，应确定直接或间接影响质量的活动，形成文件。并明确规定影响质量的每一项活动的职责和职权。做到质量工作"事事有人管，人人有职责，办事有程序，检查有标准"，以按期望的效率达到规定的质量目标。

3. 组织结构

在整个组织结构内应明确规定与质量体系有关的职能。并规定职权关系和联系方法，为使企业中承担质量职能的各部门和个人能充分发挥作用和质量体系的有效运行，企业应设立综合性的质量管理机构。

由于企业的产品类型、生产特点、组织形式等的不同，质量管理机构的设置应适应本企业的实际情况。

4．资源和人员

为了实施质量方针并实现质量目标，管理者应确定资源要求，并提供充分且适宜的基本资源。资源中除了材料、半成品、能源等生产物质外，还包括人力资源和专业技能及用于质量检验的设备、工具、仪器、计算机软件和必须的资金。

企业的成败在产品质量的好坏、优劣，产品质量取决于企业的人、事、物的质量。产品质量是产品形成全过程所有因素综合作用的结果。在各种因素中，又以人的因素为根本。

市场竞争的实质是质量竞争，质量竞争取胜的关键在于人员的素质。企业应十分重视培育人才，充分发挥人的作用。

5．工作程序

质量体系应能对所有影响质量活动进行恰当而连续的控制，应重视避免问题发生的预防措施。同时还应保持一旦发现问题做出反应和加以纠正的能力。

为实现质量方针和目标，应制定、颁发和保持质量体系各项活动的书面工作程序，加以贯彻实施，这些书面程序应对影响质量的各项活动的目标和工作质量做出规定。所有的书面程序都应简练、明确、易懂，并规定所采用的方法和合格的准则。

6．技术状态管理

技术状态是技术文件设计图纸中技术规范、规程中规定的并在产品中达到的产品功能特性和物理特性。

技术状态管理开始于设计阶段初期并贯穿整个产品寿命周期。技术状态管理支持产品设计、开发、生产和使用等各项工作及其控制，并在产品寿命期内使管理者能清楚掌握文件和产品的状态。技术状态管理主要包括：技术状态标识、技术状态控制、技术状态纪实和技术状态审核。

7．质量体系文件化

为了健全和完善质量体系并使其有效运行，应将质量体系的组成、活动、程序加以系统整理和总结，形成质量体系文件。

质量体系应对所有质量文件的标识、分发、收集和保存做出适当的规定。

质量体系文件中的主要文件是质量手册和程序文件，质量手册是阐明一个组织的质量方针，并描述其质量体系的文件。质量手册中规定质量体系的基本结构，是实施和保持质量体系能长期遵循的文件。

程序是为完成某项活动所规定的方法，程序通常规定某项活动的目的和范围，应做什么，由谁来做，如何做，如何控制和记录，在什么时间和地点执行，以及用什么材料、设备、标准和规定等。

总之，一切与质量有关的工作都应按规定的程序进行。程序必须制定成文件，即：书面程序或程序文件。书面的质量体系程序（设计、采购、过程等程序）是质量手册的支持性文件。

书面程序应根据组织规模，活动的性质和手册预定的范围与结构的不同，而采取不同的形式。各种作业指导书也是程序文件的支持性文件。

质量体系文件中还包括质量计划和质量记录。质量计划或质量设计是针对特定产品、项目或合同等规定专门的质量措施、资源和活动顺序的文件。质量记录包括设计、检验、试验、调查、审核、评审或有关结果的图表。是证实质量体系符合规定要求和有效运行的重要依据，应妥善加以保存。

8. 质量体系审核

为了确定组织质量体系活动及其有关结果是否符合计划安排，以及认定质量体系运行的有效性、符合性，应进行质量体系审核工作。

质量体系审核的依据是质量管理和质量保证标准，以及质量手册和程序文件。质量体系审核的类型可以是第一方（企业内部）简称"内审"，也可是第二方（独立公证机构）简称"外审"。

质量审核应制订审核计划。按计划和程序进行，参加质量体系审核的人员应独立于受审核的活动和范围，审核之后应提交审核报告并对审核中发现的不合格问题提出纠正措施。

9. 质量体系评审和评价

质量体系评审是由组织的最高管理者，就质量方针和目标，对质量体系的现状和适应性所做的正式评价，质量体系评审由公司（企业）负有质量职责的管理者或管理者委托胜任的独立的人员来进行。

评审评价的主要方面是：

（1）质量体系各要素的内部审核结果。

（2）本组织规定的质量方针和目标的总体有效性。

（3）对质量体系随着新技术、质量概念、市场战略和社会要求或环境的变化，而进行更新的考虑。

质量体系评审评价是企业内部（第一方）的质量活动，评审评价的结论和建议应形成文件，以采取必要的改进措施。

10. 质量改进

质量体系运行时，应确保质量体系能推动和促进持续的质量改进。

为调动企业全体人员参加质量管理和搞好产品质量形成过程中的每一个阶段，每一个过程，每一个工序的质量控制和改进。企业应广泛开展各种形成的群众性质量管理活动。不断改进质量和提高职工素质，使质量体系建立在牢固的群众基础上。

三、质量体系建立和运行

质量体系建立和运行，重点注意以下几个方面：

1. 认识到产品的质量是企业生产经营中的首要因素。

牢固树立起质量第一的思想观念，把质量管理作为企业管理的中心环节，不断提高工作质量，产品质量，以获得良好的经济效益和社会效益。真正走好质量效益型之路。

2. 明确企业建立质量体系的目标是为了使产品经常的、长期的满足顾客需要和期望。

建立质量体系的目标是：顾客满意、企业成功、社会受益、利民、利企、利国。建立质量体系是一项长期艰巨的任务，尤其在新的历史时期，质量管理只能加强，不能削弱。

3. 质量体系的建立，必须由企业最高领导者主抓。领导的作用在于决策、在于导向，并提出质量方针目标，建立完善的质量体系，才能组织方针目标的贯彻实施。

4. 体系建立和有效运行，要依靠企业全体人员的参与和共同的努力。企业所建立的质量体系应能为全体职工所理解，接受和熟悉。要搞好全员的质量教育。不断培养和提高职工的思想、管理和技术素质，并积极深入开展 QC 小组活动，做到培育人才，人尽其材。

5. 建立质量体系应做好质量职能分解和落实工作，这样才能充分发挥企业各部门应有的质量职能。企业的上层管理、中层管理和基层管理，全过程的各个阶段、各个环节以及各类人员等的质量职能应明确划分并相互协调配合。质量职能要落实到质量责任制中去，并应对质量职能的有效性进行考核评价，在职能落实过程中对影响产品质量的技术、管理和人的因素进行有效的控制，对形成产品质量的各个过程进行有效控制，做到以预防为主。

6. 体系建立和运行要同实行和方针目标管理结合起来，即通过目标的展开，将企业经营的宗旨、方向、任务和目标逐级落实，使之转为部室、项目、班组及个人的奋斗目标。激励职工参与管理，自主管理，施展才干，做出成就。遵循 PDCA 循环，有计划地实施。

7. 实事求是，因地制宜，紧密结合企业实际，建立行之有效的质量体系。

在改革开放，在市场经济体制下，企业建立质量体系应充分考虑到不同的质量体系情况，正确地选择质量体系和质量保证模式。如：工程承包方式、材料供应方式、总包与分包方式等。

质量体系分为 4 种情况：（1）为了质量管理的需要；（2）为了实现合同的需要，在第一方和第二方之间；（3）第二方认定或注册；（4）第三方认证或注册。

企业应建立并保持一个质量体系，该质量体系应设计或能覆盖所面临的所有情况。

为了开展质量管理，组织应使用 ISO 9000 族标准，来建立、实施和改进质量体系。ISO 9000 族标准中最基本的标准有以下两类：

一类：指南性标准。其中 GB/T 19000.1《质量管理和质量保证标准第一部分：选择和使用指南》阐明了与质量有关的基本概念，并提供了质量管理和质量保证标准的选择和使用指南。GB/T 19004.1《质量管理和质量体系要素——第一部分：指南》提供有关质量管理和质量体系要素的指南、组织应根据所服务的市场产品类别、生产过程、顾客及消费者的需要，选择并确定采用哪些要素和采用的程度，以建立本企业的质量体系，并使其有效运行。

二类：用于外部质量保证的三种不同的质量保证模式 GB/T 19001、GB/T 19002 和 GB/T 19003。GB/T 19001《质量体系为——设计开发、生产、安装和服务的质量保证模式》是用于供方保证设计、开发、生产、安装和服务各阶段符合规定要求的情况。GB/T 19002《质量体系为——生产、安装和服务的质量保证模式》是用于供方保证生产、安装和服务各阶段符合规定要求的情况。GB/T 19003《质量体系——最终检验和试验的质量保证模式》是用于供方保证最终检验、试验阶段符合规定要求的情况。

总之：企业应结合自己的实际需要选择自己相适应的质量体系模式。

8. 质量体系运行

质量体系建立、完善并文件化后，将进入运行阶段。质量体系的运行是指执行质量体系文件，充分发挥各部门和岗位的作用，实现方针和目标，并使质量体系不断改进的过程。质量体系运行阶段大致有以下工作内容：

(1) 投入运行，质量体系文件编制工作结束后，组织的领导者应通过一定的形式发布质量体系生效。质量体系开始投入运行。

(2) 组织协调，质量体系的运行涉及企业众多部门和各项质量活动，要及时地组织和协调，可使各项质量活动和谐一致，有序地进行。

(3) 质量监督，质量体系在运行过程中，各活动及其结果发生偏离程序和标准的现象是不可避免的，因此应实施质量监督，对质量活动过程及结果进行连续的监视和验证，以便及时发现问题，采取纠正措施。

(4) 质量信息管理，质量信息是质量管理活动中重要的依据，也是企业生产经营中的一种资源和财富，为了使质量体系中有效运转和质量目标的及时实现，应做好质量信息管理工作。

(5) 体系审核和评审，应定期对质量体系的有效性进行审核和对体系的适应性进行评审，以利于质量体系的完善和改进。

(6) 记录和考核，运行中的组织协调、监督管理、信息管理、审核、评审等过程和结果，都要及时准确地记录。把记录作为考核评审的依据，从而对职工进行激励，以调动全员实施质量体系的积极性。

9. 注意发挥现场工人在体系中的作用

体系的建立和运行要依靠全体人员的参加和努力，质量体系和企业每一个职工密切相关，现场工人在体系中的作用有以下几点：

(1) 贯彻体系文件，结合岗位工作对体系的完善提出合理化建议。

(2) 搞好过程控制，自觉执行工艺规程和作业指导书。

(3) 做好生产现场各种质量记录。

第四节　全面质量管理的数理统计方法

一、数理统计方法概述

在 GB/T 19000—ISO 9000《质量管理与质量保证》系列标准中，统计方法应用是质量体系基本要求之一，是工序控制和工序能力研究，研究质量水平和检验方案以及数据分析，性能评价和缺陷分析等方面应用的统计方法。因此在建立和运行质量体系时建立并保持选择和应用统计方法的书面程序，应用统计技术，即应用专用的统计方法。

什么叫统计方法？统计方法就是指有关收集、整理、分析和解释统计数据，并对其所反映的问题做出一定结论的方法。在质量管理和质量保证活动过程中，主要有以下几方面的用途：

1. 提供表示事物特征的数据，以显示出事物的规律性。如：平均值、中位数、标准偏差、方差、极差等。

2. 比较两事物的差异，在质量管理活动中，实施质量改进或应用新材料、新工艺、均需要判断所取得的结果同改进前的状态有无显著的差异，这就需要用到假设检验、显著性检验、方差分析和水平对比法等。

3．分析影响事物变化的因素。为了对症下药，有效地解决质量问题。质量管理活动中可以应用各种方法，分析影响事物变化的各种原因。如：因果图、调查表、散布图、排列图、分层图、分差分析法等。

4．分析事物之间的相互关系。在质量管理活动中，常常会遇到两个甚至两个以上的变量之间，虽然没有确定的函数关系，但往往存在着一定的相关关系，应用统计方法确定这种关系的性质和程序，对于质量活动的有效性就显得十分重要，在这里要利用散布图、实验设计法、排列图、树图、头脑风暴法等。

5．研究取样和试验方法。确定合理的试验方案，用于这方面的统计技术有：抽样方法、抽样检验、实验设计、可靠性试验等。

6．发现质量问题。分析和掌握质量数据的分布状况和动态变化。用于这方面的统计技术有：频数直方图、控制图、散布图、排列图等。

7．描述质量形成过程，用于这方面的统计技术有：流程图、控制图等。统计方法在质量管理中起到的是归纳、分析问题，显示事物客观规律的作用。而不是解决质量问题的方法。

总之，通过统计方法的学习理解，使自己认识到：在质量管理和质量保证的现场中到处都要同变量、波动和风险打交道。因此必须在自己的头脑里经常形成统计调查、统计分析、统计判断等统计思想和方法。

二、统计数据及分类

在各行各业现场实践中经常会遇到的统计数据有：职工人数、职工工资总额、产量、产值、直径、尺寸、重量、程度、压力、温度、时间、用水量、耗电量、合格率、合格品、合格品数、合格品率等，这些统计数据有的是可以测量出来的，有的是可以数出来的，有的是数的相加、相除得到的等，从统计的角度来看一般把上述形形色色的统计数据归成两大类，即：计量数据和计数数据。

一类计量数据，凡是可以连续取值的叫作计量数据。如：重量、容积、长度、温度、产量等等。

二类计数数据，凡是不能连续取值的叫作计数数据。如：不合格品数、点数、缺陷数等。

总之，计量、计数都是在生产、生活、工作中所要接触到的数据，更是质量统计工作经常应用的内容。

三、总体与样本

通常我们并不可能为掌握一批产品的质量信息而对整批全部检查和检验，只能从中抽取一定数量的样品进行检验测试，从样品的检验结果来推断整批产品的质量状况。

总体又叫母体，是指在某一次统计分析中研究对象的全体，总体是源源不断地提供给数据的原始数据库。如：为研究分析一道工序或一批产品质量的好坏，那么被研究分析的这道工序或那批产品就是总体。总体可以是有限的，也可以是无限的。

样本也叫子样，是从总体中随机抽出来并且要对其进行详细研究分析的一部分个体

（产品）。

抽样是指从总体中随机抽取样品组成样本的活动过程。

四、随机抽样方法

随机抽样方法，是质量检验中常用的抽样方法，主要有4种，应根据实际情况正确地选择应用。

1. 简单随机抽样法。这种方法就是通常所说的随机抽样法，指总体中的每个个体被抽到的机会是相同的，可采用抽签或抓阄的方法。例如：要从100件产品中随机抽取10件组成样本，可以把这100件产品从1开始一直编号至100号，然后抽签或抓阄，任意抽出10张，假如抽到的编号是3、7、15、18、23、35、46、51、72、89等10个号，就把这10个编号的产品拿出来组成样本，这就是简单随机抽样法。该方法抽样误差小，但是抽样手续繁杂。

2. 系统抽样法。系统抽样法又叫等距抽样法或叫机械抽样法，如：要从100件产品中抽取10件组成样本，首先把100件产品按1、2、3、4、……100顺序编号，然后用抽签或查随机数表的方法确定1~10号中的哪一件产品入选样本（如设定是5号），其余依此入选样本的产品编号是：15号、25号、35号、45号、55号、65号、75号、85号、95号，最后由编号为05、15、25、35、45、55、65、75、85、95的10件产品组成样本。该种方法操作简便，且不易出现差错。

3. 分层抽样法。分层抽样法也叫类型抽样法，是从一个可以分成不同子总体（或称为层）的总体中，按规定的比例从不同层中随机抽出样品（个体）的方法。如：甲、乙、丙三个作业班组在同一工程中倒班进行同一工序项目（钢筋加工），他们把加工好的钢筋分别堆放在三个地方，现在要求取18根钢筋组成样本。这种抽样方法的优点是，样本的代表性较好，误差也比较小，缺点是抽样手续也较繁杂，此方法多用于产品质量检验。

4. 整群抽样法。整群抽样法也叫集团抽样法，这种方法是将总体分成许多群，每个群由个体按一定方式结合而成，并由这些群中的所有个体组成样本。如：对某种产品每隔30h抽出其中1h的产量组成样本，或是每隔一定时间（如30min、2h、4h、8h等）一次抽取若干个（几个、十几个、几十个等）产品组成样本。这种方法实施方便，但代表性差，误差大。一般不采用此种抽样法。

5. 统计特征数。在统计方法中常用的统计特征数分为两类，一类是表示数据的集中位置的，如：样本平均值、样本中位数等。另一类是表示数据分散程度的，如样本的极差、样本标准偏差等。

第五节　全面质量管理的实施要求

推行全面质量管理最基本的要求是：全员、全企、全过程、多样化、概括为："三全，一多样"。

一、全员质量管理

产品质量是企业的各方面、各部门、各环节全部工作的综合表现，任何一个环节，一个人的工作质量都会不同程度、直接或间接影响着产品质量和服务质量。产品质量人人有责，因此必须把企业所有人员的积极性、创造性调动起来，不断提高人员素质水平，做好各自的本职工作，只有通过全员的努力才能生产出用户满意的产品，而要实现全员质量管理应做好以下三方面的工作：

1. 必须抓好全员的质量教育工作，增强员工的质量意识，牢固树立起"质量第一"的思想，促进职工自觉参加质量管理的各项活动，为质量管理做出积极贡献。

2. 要制订各部门、各级各类人员的质量责任制，明确义务和职权，各负其责，密切配合，主动协作，形成一个高效、协调严密的质量管理工作体系。

3. 开展多种形式的群众性质量管理活动，尤其是质量管理小组活动，充分发挥大家的聪明才智和主人翁精神，坚持始于教育、终于教育的方法。

二、全企业质量管理

全企业质量管理，着重于两个方面。

1. 从组织管理的方面看，每个企业都可以划分为上层管理、中层管理和基层管理。全企业质量管理包括企业各管理层的质量管理活动，各层次活动不同，其管理侧重点也不同。上层管理侧重于质量决策，制定质量方针、目标、发展规划、并统一组织，协调各职能部门、各个环节、各类人员的质量活动，从而保证企业经营管理的最终目的和效果。中层管理则要贯彻落实领导层的决策，运用一定的方法找出各部门的关键、薄弱环节或需要解决的重点问题，确定出本部门的目标和对策。并更好地落实各自部门的职能，对基层单位进行具体的业务管理。基层单位管理则要求每个职工都要严格按标准、规程进行生产，相互间进行分工合作，互相支持协助，并结合岗位工作，开展群众合理化建议和质量管理小组活动，不断进行现场作业改善，工序质量改进。

2. 从质量职能方面看，产品质量职能是分散在全企业的有关部门中，要保证和提高产品质量就必须将分散在各部门的质量职能充分发挥出来。但由于各部门的职责、作用不同，其质量管理的内容也是不一样的，所以必须加强各部门之间的组织协调，从组织上，制度上，保证企业长期稳定地生产出符合规定要求，满足顾客期望的产品。

三、全过程质量管理

全过程质量管理是指从市场调研、产品设计、开发、生产（作业）到销售、服务等，全部有关过程的质量管理。因此要把产品质量形成全过程的各个环节和有关因素控制起来，形成一个综合性的质量体系，做到以预防为主，防检结合。为此在过程控制管理中形成两个思想：一是预防为主，不断改进的思想；二是为用户、顾客服务的思想。

建立和健全企业质量体系是全面质量管理的重要标志，企业全面质量管理就是要以质量为中心，领导重视、组织落实、体系完善，确保企业质量方针、目标的实现。

第六节 建筑工程质量的形成管理及控制

建筑工程施工企业质量管理与其他领域和其他行业相比，既有相同点，又有不同点。建筑行业一年四季在室外施工，露天作业，具有地域性、气候性、流动性、分散性、波动性的特点。建筑产品不像工厂化机械化生产，建筑产品形成过程中材料品种纷杂，施工工序多，工程体量大，成型周期长，而且基本都是手工操作，产品质量管理控制具有更大的难度，必须从施工现场每道工序的质量抓起。

一、现场质量管理在推行全面质量管理中的作用

1．现场质量管理的含义

工业企业现场质量管理，是指施工生产第一线的质量管理，也就是从原材料的投用至产品形成整个操作过程所进行的质量管理，它的工作和活动重点大部分都在生产现场。

现场的质量管理，是满足用户需要，实现服务规范和服务质量标准的重要阶段。

2．现场质量管理的重要性

现场质量管理的目标，是生产符合设计要求的产品或提供符合质量标准的服务，即保证和提高符合性质量。现场质量管理在全面质量管理中起着一种承上启下的作用。

符合性质量，也就是通常所讲的制造质量或叫操作质量、作业质量。它同企业的经济效益有着密切的关系。工业企业的符合性质量提高意味着产品的合格率高和一次合格率高，也意味着操作过程工艺条件稳定，能够持久地保持高的合格率，同时还意味着操作过程中影响产品质量各种因素都处于受控状态，如：人、机、料、法、环五大因素都在质量控制保证之中。因此建筑产品的形成，现场质量管理是非常重要的。好的产品质量是干出来的，而不是检查出来的。

3．现场质量管理的任务

在某种意义上讲现场质量管理的核心是质量改进。一是减少损失，二是要不断提高现有质量水平。具体地说：根据产品质量形成的规律，以及全面质量管理的特点和要求，为了达到符合性质量的目标，稳定、经济地生产出顾客、用户满意的产品。现场质量管理的任务主要有四个方面：即质量缺陷的预防、质量维持、质量改进、质量验证。

（1）质量缺陷的预防。指不满足预期的使用要求，等同于不合格项（不满足规定要求）。质量缺陷一般在生产过程中可理解为产品在操作中或是完工后出现的不符合图纸、工艺、标准的情况。有质量缺陷的产品可能造成返工、返修、降级、报废或让步。这样会给企业带来损失和生产的波动。因此要抓好质量缺陷的预防，把缺陷消除在生产之前。

（2）质量维持。指企业采用科学合理的管理方法和技术措施，维持已经达到的质量水平，减少损失，把符合性质量控制在规定水平上，并把再发生类似的问题可能性降到最低限度。

（3）质量改进。指通过排除慢性的质量故障，使原有质量提高到一个新的水平，上升到新的台阶。也就是通过提高过程控制标准来实现质量改进。

（4）质量验证。通过质量检查和提供实物证据来认可产品是否满足规定要求，包括检验、试验、监督、审核。

质量验证的目的：①判别质量是否合格，鉴别质量的等级，杜绝不合格的原材料或半成品进入生产现场，禁止不合格项转入下道工序。②预防质量缺陷的产生。③为质量维持和改进提供有价值的信息。

二、现场质量管理工作的具体内容

施工现场的各种管理人员、工程技术人员和施工班组的操作工人，都要承担现场质量管理任务。各类人员从事的岗位不同，承担的职责以及所发挥的作用也各不相同。

1. 管理（技术）人员在现场质量管理中的工作是：

（1）为工人高效、快速、经济地生产出规定质量要求的产品提供必要的物质、技术和管理条件。如做好图纸审查，编制施工组织设计、工艺规程、作业指导书等技术文件。

（2）研究分析工序能力，组织均衡生产，安全生产。

（3）编制生产、定货加工、施工组织、质量、安全等计划。

（4）做好材料、设备管理等工作。

2. 班组长在现场质量管理中具体工作是：

（1）领导班组职工不断追求高质量、低成本、快速度的工作方法。高质量就是要充分运用班组配置的人员、设备、工具、材料、技术等条件，最大限度地提高符合性质量。低成本就是要不断地减少班组内人力、物力、材料、时间的浪费现象。降低工时率，返工返修率和次品、废品率。快速度就是在保证操作安全产品质量的情况下提高作业效率。

（2）组织学习质量管理的知识，增强班组人员的质量意识，提高班组质量控制能力。

（3）加强基本功训练，提高操作技术水平。基本功和操作技能是保证操作质量的基本条件。班组长要结合工作需要，有计划地组织练兵活动，学习有关专业技术知识，开展操作竞赛，认真落实"三按"生产和"三分析"活动。即：按图纸、按标准、按工艺要求作业，及时召开质量分析会，分析质量问题产生原因，分析质量问题的危害性，分析应采取的纠正措施。有效防止质量问题的重复发生与再次出现。

（4）不断寻找问题，提出改进建议。质量管理的基本思想是不满足于现状，要不断追求进取，善于发现问题，积极提出问题，认真纠正问题。着重从以下方面寻找问题：

1）在完成各项任务指标过程中尚存在的问题。

2）本班组在质量管理和其他方面存在的不合理、不充分的有关问题。

3）生产不均衡、质量不合格、不稳定的问题。

4）与先进班组的差距问题点以及同工种先进水平之间的问题。

（5）组织开展质量管理小组活动，质量管理小组是组织群众进行现场质量改进的有效形式，班组长要根据本组存在问题，引导组织群众成立 QC 小组加以解决。

（6）认真落实质量控制。班组长必须帮助督促工人严格贯彻执行《工序质量表》、《作业指导书》、《自检、互检、交接检表》等技术文件中的有关规定。

（7）落实质量责任，开展质量考核评比。质量责任制是实现质量目标，完成质量工作的保证。班组长要团结全组职工落实质量责任制，开展组内的质量评比活动，以便更好地完成本班组质量管理任务。

为落实质量责任制，班组长要及时掌握班组的工作动态，定期进行统计分析，当出现异常应及时组织有关人员分析原因、研究对策措施并实施有效地控制。一般应做好以下几方面的统计与控制：

1）当天与本月累计的不合格品以及产品缺陷数的统计与控制。

2）废品、次品的统计与控制。

3）每天在施作业品的统计与控制。

4）每天成品和累计产品的统计与控制。

5）设备开工率的统计与控制。

6）出勤率与工时利用率的统计与控制。

7）施工规程、规范和工艺标准执行率的统计与控制。

三、操作工人在现场质量管理的职责

工人是企业的主人，每一个生产工人（即操作者、作业者）都担负着一定的工序作业任务，而作业者的技能和工作质量是影响产品质量的直接因素。

生产工人应认真执行本岗位的质量职责，坚持"质量第一、预防为主、自我控制、不断改进"的思想和方法，把保证工序操作质量作为自己必须完成的任务，争取最大限度地提高工序质量合格率和一次合格率，一次成优率，使下道工序或用户满意。在现场质量管理中，生产工人应做好以下工作：

1．熟悉设计图纸、施工工艺标准和质量标准，理解和掌握每一项要求，并分析达到要求的可能性及存在的问题。

2．按工艺标准和图纸要求，核对原材料、半成品，调整规定的设备、工具、用具、量具、仪器仪表等，使之处于完好状态，严格遵守工艺纪律。

3．研究分析工序，预防和消除异常因素，使工序处于稳定状态。对关键部位，关键质量特性值的影响因素进行重点控制。

4．定期按规定做好加工记录及合格率、一次合格率的记录与统计。并将其与规定的考核指标比较，进行自我质量控制。

5．研究提高操作技能，适应质量要求的需要，练好基本功。

6．严格"三按"生产，做好"三自"和"一控"。"三自"是工人对自己的产品进行检查，自己区分合格与不合格的产品，自己做好加工者，日期质量状况等标记。"一控"是控制自检正确率。自检正确率是专检人员检验合格数与生产工人自检合格数的比率，操作者应力求自检正确，自检正确率力争达到100%。

7．做好原材料、半成品的清点和保管，做到限额领料，主料主用，余料废料及时退回，严防混料，严防材料丢失损坏和变质。

8．做好设备、工具、模具和计量器具的维护、保养和正确使用，认真贯彻关键部位点检制度。

9．坚持文明施工、安全生产，做好经常性的整理、整顿、清扫保洁、保持良好环境条件，做到工完场清、道路畅通。

10．做好不合格品的管理，对已产生的不符合项、不合格品要做好记录、标志、标示，按规定予以报废或予以返工、返修或回用。

11．坚持均衡生产，正确处理好质量和数量的关系。在保证安全、质量的前提下，降低成本投入，加快工程进度，提高经济社会效益。

12．积极参加质量管理小组活动，不断开展现场改善活动，每个生产工人都要树立不断进取的思想，永不满足现状，制定新的目标，攀登新的质量台阶。

第二章 建筑工程质量验收及评定

第一节 建筑工程质量验收的指导思想

一、建筑工程质量验收的指导思想

为加强完善建筑工程质量的验收评定工作，构建和谐社会，为业主、用户建造放心满意的建筑产品，建设部和国家质量监督检验检疫总局于2001年7月20日联合发布了《建筑工程施工质量验收统一标准》(GB 50300—2001)，并于2002年1月1日起实施。在标准中明确提出了"验评分离、强化验收、完善手段、过程控制"的指导思想。原《建筑安装工程质量检验评定标准》(GBJ 300—88)同时废止。在新标准中特别指出：建筑各专业工程施工质量验收规范必须与统一标准配合使用。也就是说，建筑工程中的各专业工程都要遵循统一标准的指导思想做好质量验收评定工作。

二、建筑工程质量验收评定的意义

建筑工程质量验收评定是建设投资成果转入投产使用状态的标志，是全面考核工程建设成果，检验工程设计，施工质量的重要步骤，同时也是建设单位会同设计和施工单位向国家汇报建设项目综合效果（质量、成本、收益、生产能力、使用情况）及办理新增固定资产的手续和过程。

做好工程质量验收工作，对促进工程项目及时投入使用，发挥投资效益，总结建设工程施工经验都有重要的意义。

三、建筑工程质量验收评定的目的

建设项目施工达到竣工条件进行验收，是项目施工周期的最后一个程序，国家《建筑工程施工质量验收规范》规定了严格的竣工验收程序，其目的有以下3个方面：

1. 全面考察工程的施工质量，竣工验收阶段是对已竣工工程的检查和试验，考核工程承包商的施工成果是否符合设计要求和满足生产或使用能力，可否正式转入生产运行。通过竣工验收及时发现和解决影响生产和使用方面存在的问题。以保证工程项目按照设计要求的各项技术经济指标正常投入运行。

2. 明确合同责任，能否顺利通过竣工验收，是判别承包商是否按施工承包合同或协议约定的责任范围完成施工义务的标志。圆满地通过竣工验收后，承包商即可与业主办理竣工结算手续，将所施工的工程转交给业主使用和管理。

3. 建设项目竣工验收是国家全面考核项目建设成果，检验项目决策、设计、施工和管理水平，以及总结建设项目经验的重要环节。对已具备竣工验收条件的项目3个月内不办理验收投产和移交固定资产手续，取消企业和主管部门的基建试用分成，由银行监督全部上交财政。如3个月内办理竣工验收手续确有困难，经验收主管部门批准，方可适当延长期限。

第二节 建筑工程质量验收的统一标准

在第一节已介绍了《建筑工程施工质量验收统一标准》（GB 50300—2001）的发布施行，原《建筑安装工程质量检验评定标准》（GBJ 300—88）同时废止。

目前全国均按新标准贯彻执行。建筑工程施工质量验收统一标准是将有关建筑工程的施工及验收规范和工程质量检验评定标准合并，组成新的工程质量验收规范体系，以统一建筑工程施工质量的验收方法、质量标准和程序。规定了建筑工程各专业工程施工验收规范编制的统一准则和单位工程验收质量标准、内容和程序等。增加了建筑工程施工现场质量管理和质量控制要求，提出了检验批质量的抽样方案要求。规定了建筑工程施工质量验收中子单位和子分部的划分，涉及建筑工程安全和主要使用功能的见证取样及抽样检测。

验收是施工类标准规范的重点。因此，《建筑工程施工质量验收统一标准》（GB 50300—2001）将有关施工质量验收的第 3.0.3 条列为强制性条文，突出地强调了其重要性。有关施工质量的验收，按以下十个方面分别要求。

一、标准规范的规定

为了适应当前建筑工程施工质量的要求，我国已编制形成了完整的标准规范体系。建筑工程施工质量通过验收的基本条件是，应该符合相关标准规范的有关规定。不同专业的施工质量应符合相应的验收规范；而单位工程的验收则应符合《建筑工程施工质量验收统一标准》（GB 50300—2001）的要求。

二、设计文件的要求

建筑工程的施工实际上就是反映建设单位的图纸变为建筑物实体的过程。按图施工是完成上述过程的一种再创造。因此，施工及其结果还应符合勘察、设计文件的要求。这也是工程竣工，进行验收时必须满足的重要条件。

三、人员资格

施工质量的验收是由代表各方的验收人员来完成的。由于专业不同，检查验收的难度、深度不同，对验收人员提出了资格的要求。统一标准要求参加验收的人员应具备规定的资格。我国目前正在建立和完善从业人员资格认证制度，这将对提高验收人员的业务素质，保证工程验收的工作质量，起到保障作用。

四、施工单位自检评定

验收标准规定："工程质量的验收均应在施工单位自行检查评定的基础上进行"。也就是说，只有施工单位自行验评合格后，才能提交监理（或建设）方面进行验收。这种"先评定，后验收"的程序，分清了两阶段的质量责任，将促进施工企业和监理（建设）单位加强合作，真正落实质量控制并明确责任。

五、隐蔽工程验收

在整个施工过程的检查验收中，有些检查项目在施工完成后将被覆盖，故在后续施工过程中无法再检查了。对于这些项目，要在覆盖前进行隐蔽工程检查验收。例如，对于埋设在土壤内的管道工程或砌筑在管井内、吊顶内和保温前的管道，在埋设覆盖或保温前就必须进行这样的检查验收。施工单位应通知有关单位，在各方人员在场的情况下检查，共同确认其符合设计文件和质量标准的要求后，形成验收文件，作为今后不同层次验收时的依据。

六、检验批的验收

检验批是检测验收的基本单元。任何庞大复杂的建筑工程都可以分解成为不同类型的许多检验批，并通过对检验批内施工质量的检测验收来确认整个建筑工程的施工质量。因此，检验批的验收是整个验收体系的基础。检验批的质量按主控项目和一般项目进行验收。主控项目是对安全、环保、卫生、公益起决定性作用的检验项目，带有否决权的性质。而一般项目则不起决定性作用，根据不同的质量要求，允许有少量缺陷的存在。对此，在各专业验收规范的具体条款中都做出了相应的规定。

七、见证检测

传统的施工质量都是通过对检验批的检测实现质量控制的。但是，固定的检验模式不尽完善，有一定的局限性。为此，我国某些地区近年开始推行不定期、不定批随机抽样检测的做法，以扩大检测的覆盖面。事实证明，这一做法十分有效，故本次修订时正式列入。标准规定，对涉及结构安全的试块、试件及有关材料，应按规定进行抽查性质的见证取样检测。即各方在场的情况下，在施工现场随机抽取试样进行检测。这样既有定时、定量的例行检测；又有不确定性很大的见证抽样检测。检测工作量增加不多，但检测的控制面及严密性却极大地加强了。

八、实体检测

为强化验收，除常规检测及见证检测以外，新标准还补充规定对涉及结构安全和使用功能的重要工程实体，在进行分部（子分部）工程验收以前，进行抽样检测（实体检测）。增加这一层次的检测意义重大，其不同于施工过程中的各种检测，而是针对已施工完成的建筑工程实体直接进行检测，因此更具有真实性和说服力。因为其综合反映了原材料、工艺、施工操作等对最终质量的影响。实体检测的数量应严格控制，只对涉及结构安全和使用功能的少数项目限量进行。但其对强化验收、严密质量控制起到了积极作用。

九、检测资质

检测工作对于质量控制和工程验收有着重大影响，检测数据必须准确，检测结论应具有权威性。因此对见证检测及有关结构安全的检测，必须由具有相应资质的检测单位进行。我国近几年一直在进行有关试验检测单位的认证制度，只有那些通过认证而具有相应资质的实验室或检测部门，才能承担相应的检测任务，出具检测报告，并应有相应资质的盖章而确认其有效性。

十、观感质量

根据我国对施工质量验收的传统做法，在工程验收之前，应由验收人员通过现场巡视观察进行检查，对其外观质量进行评定确认。这种检查很难准确地定量，也只能由有经验的专家或专业技术人员根据观察感觉的印象，定性地进行评价。一般情况下，经过施工单位自检评定后进行的观感质量检查，不会有不及格的结论。但对明显的缺陷，应在经指出后迅速改进。

第三节 建筑工程质量验收的术语

一、建筑工程

为新建、改建或扩建房屋建筑物和附属构筑物、设施所进行的规划、勘察、设计和施工、竣工各项技术工作和完成的工程实体。

二、建筑工程质量

反映建筑工程满足相关标准规定或合同约定的要求，包括其在安全、使用功能及其在耐久性能、环境保护等方面所有明显和隐含能力的特性综合。

三、验收

建筑工程在施工单位自行质量检查评定的基础上，参与建设活动的有关单位共同对检验批、分项、分部、单位工程的质量进行抽样复查，根据相关标准以书面形式对工程质量达到合格与否做出确认。

四、进场验收

对进入施工现场的材料、构配件、设备等，按相关标准规定要求进行检验，对产品达到合格与否做出确认。

五、检验批

按统一的生产条件或按规定的方式汇总起来供检验用的，由一定数量样本组成的检验体。

六、检验

对检验项目中的性能进行量测、检查、试验等，并将结果与标准规定要求进行比较，以确定每项性能是否合格所进行的活动。

七、见证取样检测

在监理单位或建设单位监督下，由施工单位有关人员现场取样，并送至具备相应资质的检测单位进行的检验。

八、交接检验

由施工的承接方与完成方经双方检验，并对可否继续施工做出确认的活动。

九、主控项目

建筑工程中的对安全、卫生、环境保护和公众利益起决定性作用的检验项目。

十、一般项目

除主控项目以外的检验项目。

十一、抽样检验

按照规定的抽样方案，随机地从进场的材料、构配件、设备或建筑工程检验项目中，按检验批抽取一定数量的样本所进行的检验。

十二、抽样方案

根据检验项目的特性所确定的抽样数量和方法。

十三、计数检验

在抽样的样本中，记录每一个体有某种属性或计算每一个体中的缺陷数目的检验方法。

十四、计量检验

在抽样检验的样本中，对每一个体测量其某个定量特性的检验方法。

十五、观感质量

通过观察和必要的量测所反映的工程外在质量。

十六、返修

对工程不符合标准规定的部位采取整修等措施。

十七、返工

对不合格的工程部位采取的重新制作，重新施工等措施。

第四节 建筑工程质量验收的基本规定

一、健全的质量管理体系

施工现场质量管理应有相应的施工技术标准，健全的质量管理体系，施工质量检验制度和综合施工质量水平评定考核制度。施工现场质量管理应符合表2-1的规定：

施工现场质量管理检查记录表　　　　　　表 2-1

工程名称			施工许可证（开工证）	
建设单位			项目负责人	
设计单位			项目负责人	
监理单位			总监理工程师	
施工单位		项目经理	项目技术负责人	

序号	项　　　　目	内　　　　　容
1	现场质量管理制度	
2	质量责任制	
3	主要专业工种操作上岗证书	
4	分包方资质与对分包单位的管理制度	
5	施工图审查情况	
6	地质勘察资料	
7	施工组织设计、施工方案及审批	
8	施工技术标准	
9	工程质量检验制度	
10	搅拌站及计量设置	
11	现场材料、设备存放与管理	
12		

检查结论：

总监理工程师

（建设单位项目负责人）　　　　　　　　　　　　　　　年　月　日

二、建筑工程施工质量控制

1．建筑工程采用的主要材料、半成品、成品、建筑物构配件、器具和设备应进行现场验收。凡涉及安全、功能的有关产品，应按各专业工程质量验收规范规定进行复验，并应经监理工程师（建设单位技术负责人）检查认可。

2．各工序应按施工技术标准进行质量控制、每道工序完成后，应进行检查。

3．相关各专业工种之间，应进行交接检，并形成记录。未经监理工程师（建设单位负责人）检查认可，不得进行下道工序施工。

三、建筑工程施工质量验收

1. 建筑工程施工质量应符合统一标准和相关专业验收规范的规定。
2. 建筑工程施工应符合工程勘察、设计文件的要求。
3. 参加工程施工质量验收的各方人员应具备规定的资格。
4. 施工工程质量的验收均应在施工单位自行检查评定的基础上进行。
5. 隐蔽工程在隐蔽前应由施工单位通知有关单位进行验收,并形成验收记录。
6. 涉及结构安全的试块、试件及有关材料,应按规定进行见证取样检测。
7. 检验批的质量应按主控项目和一般项目验收。
8. 对涉及结构安全和使用功能的重要分部工程应进行抽样检测。
9. 承担见证取样检测及有关结构安全检测的单位应具有相应资质。
10. 工程的观感质量应由验收人员通过现场检查,并共同确认。

四、检验批质量检验抽样方案选择

应根据检验项目的特点在下列抽样方案中进行选择:

1. 计量或计数等抽样方案。
2. 一次、两次或多次抽样方案。
3. 根据生产连续性和生产控制稳定性情况尚可采用调整型抽样方案。
4. 对重要的检验项目,当采用简易快速的检验方法时,可选用全数检验方案。
5. 经实践检验有效的抽样方案。

五、检验批的抽样

在制定检验批的抽样方案时,对生产方风险(或错判概率 α)和使用方风险(或漏判概率 β)可按下列规定采取:

1. 主控项目:对应于合格质量水平的 α 和 β 均不宜超过5%。
2. 一般项目:对应于合格质量水平的 α 不宜超过5%,β 不宜超过10%。

六、检验批质量检验方法的选择

建筑工程体型庞大,专业众多。尽管可以划分成检验批进行检查验收,但多数情况下,不可能进行全面检测而只能依靠抽样检验。这样就带来了抽样检验方案的问题。检验批是按数量不大且批内质量比较均匀一致的原则划分的。因此,抽取一定比例子样的检验结果,就有可能反映出该检验批(母体)的真正质量状态。出于对检测工作量及检测成本等的考虑,以及减少偶然性对检测结论的影响,检验批的质量检验,应根据检验项目的特点按相应抽样方案进行选择。

对于检验项目的计量、计数检验,可分为全数检验和抽样检验两大类。对于重要的检验项目,且可采用简易快速的非破损检验方法时,宜选用全数检验。对于构件截面尺寸或外观质量等检验项目,宜选用考虑合格质量水平的生产方风险 α 和使用方风险 β 的一次或二次抽样方案,也可选用经实践检验有效的抽样方案。

1. 计量、计数抽检方案

一般施工质量的定量检验均采用抽样检验的方式进行。根据检验性质的不同，可分为计量检验、计数检验以及计量-计数检验三种方式。

(1) 计量检验：建筑材料的强度、预制构件的结构性能只能通过试验量测，对比试验实测值与标准允许值数值的大小，来确定其是否符合标准的要求。计量检验一般数量不多但较有说服力。抽样方案应解决检验批的范围（数量）、抽取样品的比例和抽样规则、质量检验指标、不符合要求时的处理方法等几方面的内容。

(2) 计数检验：有些检验很难准确地定量（如外观质量），也只能定性地以缺陷计数的方法来反映其质量状态。由于各方面的原因，建筑物不可避免会有质量缺陷，可以通过检查这一类型的缺陷，并根据缺陷的性质反映为缺陷点，最后以缺陷点百分率的统计结果，以计数的方式来进行验收。

(3) 计量-计数检验：有一类检验（如尺寸偏差）具有计量-计数混合型的性质。建筑物的尺寸偏差是无法避免的，但应限制在一定范围内（允许偏差），使其对结构性能及使用功能不致造成较大的影响。根据概率分布的规律，还将有相当多的检查点偏差超过允许值。事实上，只要其比率及超差量值不太大，仍可基本上不影响建筑物的安全和使用功能。因此，也采取合格点率（计数）的方法来进行控制。所以，像这样以计量方法检测，在此基础上以计数方法进行验收，也是可行的方案之一。

2. 一次、二次或多次抽样方案

抽样检验是我国目前施工质量验收的主要检验方式，但难免有偶然性带来误判的风险。减少风险最有效方法是扩大抽样比例，但这会引起检测工作量增加和成本的上升。为此，可以实行复式抽检方案。即当抽检子样的质量达不到合格的要求，但相差不大时，可以采用二次或多次抽样的方式扩大抽样比例，以多次抽样的总计结果对整个检验批的质量合格与否做出判断。

3. 调整型的抽检方案

对于连续生产（或施工）的检验批，在生产（或施工）稳定控制的条件下，可以采用调整型的抽样方案。施工质量控制中，检验批的划分主要考虑其代表性，有代表性时其检测结果才能反映真正的质量状况。

施工质量取决于施工工艺、设备、原料、人员、操作及外界环境条件等诸多复杂因素，不确定性很大。但当连续生产且质量控制比较稳定时，其质量波动就很小，适当扩大检验批的数量以降低抽检子样的数量是可行的。因为抽取子样在质量稳定的情况下仍有较好的代表性。但是，当出现意外情况（如发生不合格批，原料、工艺、设备等进行调整）时，仍应放弃调整后的大检验批而恢复到常规检验批的状态。

4. 全数检验方案

全数检验是抽样比例为100%的特例，可以获得比较严密的质量控制效果。但由于工作量太大，只能在个别特定项目的检测上应用。

全数检验方案的适用条件如下：

(1) 重要的检验项目。只有重要的检验项目才有必要进行全数检验。

(2) 可采用快速简易检验方法的项目。肉眼观察判断是最简单易行的检验方法，如对钢筋安装后受力主筋的品种、规格、数量的检验就可用上述方式完成。

(3) 非破损检查项目。如观察、量测等检验方法，不损及被检验的对象，才有可能进行全数检验，否则，检验成本和工作量太大，是无法实现全数检查的。

第五节 建筑工程质量验收的划分

一、建筑工程质量验收

建筑工程质量验收应划分为单位（子单位）工程，分部（子分部）工程，分项工程和检验批。

二、工程的划分原则

1. 具备独立施工条件，并能形成独立使用功能的建筑物及构筑物为一个单位工程。
2. 建筑规模较大的单位工程，可将其能形成独立使用功能的部分划分为一个子单位工程。
3. 分部工程的划分应按专业性质，建筑部位确定。
4. 当分部工程较大或较复杂时，可按材料种类，施工特点，施工顺序，专业系统及类别等划分为若干个子分部工程。
5. 分项工程应按主要工种、材料、施工工艺、设备类别等进行划分。
6. 分项工程可由一个或若干个检验批组成，检验批可根据施工及质量控制和专业验收需要按楼层、施工段、变形缝等进行划分。

三、工程划分

室内、外工程可根据专业类别和工程规模划分单位（子单位）工程、分部工程。按表2-2、表2-3的规定采用。

建筑工程分部工程、分项工程划分　　　　表2-2

序号	分部工程	子分部工程	分 项 工 程
1	地基与基础	无支护土方	土方开挖、土方回填
		有支护土方	排桩、降水、排水、地下连续墙、锚杆、土钉墙、水泥土桩、沉井与沉箱、钢及混凝土支撑
		地基及基础处理	灰土地基、砂和砂石地基、碎砖三合土地基、土工合成材料地基、粉煤灰地基、重锤夯实地基、强夯地基、振冲地基、砂桩地基、预压地基、高压喷射注浆地基、土和灰土挤密桩地基、注浆地基、水泥粉煤灰碎石桩地基、夯实水泥土桩地基
		桩基	锚杆静压桩及静力压桩、预应力离心管桩、钢筋混凝土预制桩、钢桩、混凝土灌注桩（成孔、钢筋笼、清孔、水下混凝土灌注）
		地下防水	防水混凝土、水泥砂浆防水层、卷材防水层、涂料防水层、金属板防水层、塑料板防水层、细部构造、喷锚支护、复合式衬砌、地下连续墙、盾构法隧道；渗排水、盲沟排水、隧道、坑道排水；预注浆、后注浆，衬砌裂缝注浆

续表

序号	分部工程	子分部工程	分项工程
1	地基与基础	混凝土基础	模板、钢筋、混凝土，后浇带混凝土，混凝土结构缝处理
		砌体基础	砖砌体，混凝土砌块砌体，配筋砌体，石砌体
		劲钢（管）混凝土	劲钢（管）焊接，劲钢（管）与钢筋的连接，混凝土
		钢结构	焊接钢结构、栓接钢结构，钢结构制作，钢结构安装，钢结构涂装
2	主体结构	混凝土结构	模板，钢筋，混凝土，预应力、现浇结构，装配式结构
		劲钢（管）混凝土结构	劲钢（管）焊接，螺栓连接，劲钢（管）与钢筋的连接，劲钢（管）制作、安装，混凝土
		砌体结构	砖砌体，混凝土小型空心砌块砌体，石砌体，填充墙砌体，配筋砖砌体
		钢结构	钢结构焊接，紧固件连接，钢零部件加工，单层钢结构安装，多层及高层钢结构安装，钢结构涂装，钢构件组装，钢构件预拼装，钢网架结构安装，压型金属板
		木结构	方木和原木结构、胶合木结构、轻型木结构、木构件防护
		网架和索膜结构	网架制作、网架安装、索膜安装、网架防火、防腐涂料
3	建筑装饰装修	地面	整体面层：基层、水泥混凝土面层、水泥砂浆面层、水磨石面层、防油渗面层、水泥钢（铁）屑面层、不发火（防爆的）面层；板块面层：基层、砖面层（陶瓷锦砖、缸砖、陶瓷地砖和水泥花砖面层）、大理石面层和花岗石面层、预制板块面层（预制水泥混凝土、水磨石板块面层）、料石面层（条石、块石面层）、塑料板面层、活动地板面层、地毯面层；木竹面层：基层、实木地板面层（条材、块材面层）、实木复合地板面层（条材、块材面层）、中密度（强化）复合地板面层（条材面层）、竹地板面层
		抹灰	一般抹灰，装饰抹灰，清水砌体勾缝
		门窗	木门窗制作与安装、金属门窗安装、塑料门窗安装、特种门安装、门窗玻璃安装
		吊顶	暗龙骨吊顶、明龙骨吊顶
		轻质隔墙	板材隔墙、骨架隔墙、活动隔墙、玻璃隔墙
		饰面板（砖）	饰面板安装、饰面砖粘贴
		幕墙	玻璃幕墙、金属幕墙、石材幕墙
		涂饰	水性涂料涂饰、溶剂型涂料涂饰、美术涂饰
		裱糊与软包	裱糊、软包
		细部	橱柜制作与安装，窗帘盒、窗台板和暖气罩制作与安装，门窗套制作与安装，护栏和扶手制作与安装，花饰制作与安装

续表

序号	分部工程	子分部工程	分项工程
4	建筑屋面	卷材防水屋面	保温层，找平层，卷材防水层，细部构造
		涂膜防水屋面	保温层，找平层，涂膜防水层，细部构造
		刚性防水屋面	细石混凝土防水层，密封材料嵌缝，细部构造
		瓦屋面	平瓦屋面，油毡瓦屋面，金属板屋面，细部构造
		隔热屋面	架空屋面，蓄水屋面，种植屋面
5	建筑给水、排水及采暖	室内给水系统	给水管道及配件安装，室内消火栓系统安装，给水设备安装，管道防腐，绝热
		室内排水系统	排水管道及配件安装、雨水管道及配件安装
		室内热水供应系统	管道及配件安装、辅助设备安装、防腐、绝热
		卫生器具安装	卫生器具安装、卫生器具给水配件安装、卫生器具排水管道安装
		室内采暖系统	管道及配件安装、辅助设备及散热器安装、金属辐射板安装、低温热水地板辐射采暖系统安装、系统水压试验及调试、防腐、绝热
		室外给水管网	给水管道安装、消防水泵接合器及室外消火栓安装、管沟及井室
		室外排水管网	排水管道安装、排水管沟与井池
		室外供热管网	管理及配件安装、系统水压试验及调试、防腐、绝热
		建筑中水系统及游泳池系统	建筑中水系统管道及辅助设备安装、游泳池水系统安装
		供热锅炉及辅助设备安装	锅炉安装、辅助设备及管道安装、安全附件安装、烘炉、煮炉和试运行、换热站安装、防腐、绝热
6	建筑电气	室外电气	架空线路及杆上电气设备安装，变压器、箱式变电所安装，成套配电柜、控制柜（屏、台）和动力、照明配电箱（盘）及控制柜安装，电线、电缆导管和线槽敷设，电线、电缆空管和线槽敷设，电线、电缆头制作，导线连接和线路电气试验，建筑物外部装饰灯具，航空障碍标志灯和庭院路灯安装，建筑照明通电试运行和接地装置安装
		变配电室	变压器、箱式变电所安装，成套配电柜、控制柜（屏、台）和动力、照明配电箱（盘）安装，裸母线、封闭母线、插接式母线安装，电缆沟内和电缆竖井内电缆敷设，电缆头制作，导线连接和线路电气试验，接地装置安装，避雷引下线和变配电室接地干线敷设
		供电干线	裸母线、封闭母线、插接式母线安装，桥架安装和桥架内电缆敷设，电线、电缆沟内和电缆竖井内电缆敷设，电线、电缆导管和线槽敷设，电线、电缆空管和线槽敷线，电缆头制作，导线连接和线路电气试验

续表

序号	分部工程	子分部工程	分项工程
6	建筑电气	电气动力	成套配电柜、控制柜（屏、台）和动力、照明配电箱（盘）及控制柜安装，低压电动机、电加热器及电动执行机构检查、接线、低压电气动力设备检测、试验和空载试运行，桥架安装和桥架内电缆敷设，电线、电缆导管和线槽敷设，电线、电缆穿管和线槽穿线，电缆头制作、导线连接和线路电气试验，插座、开关、风扇安装
		电气照明安装	成套配电柜、控制柜（屏、台）和动力、照明配电箱（盘）安装，电线、电缆导管和线槽敷设，电线、电缆头制作、导线连接和线路电气试验，普通灯具安装，专用灯具安装，插座、开关、风扇安装，建筑照明通电试运行
		备用和不间断电源安装	成套配电柜、控制柜（屏、台）和动力、照明配电箱（盘）安装，柴油发电机组安装，不间断电源的其他功能单元安装，裸母线、封闭母线、插接式母线安装，电线、电缆导管和线槽敷设，电线、电缆导管和线槽穿线，电缆头制作，导线连接和线路电气试验，接地装置安装
		防雷及接地安装	接地装置安装，避雷引下线和变配电室接地干线敷设，建筑物等电位连接，接闪器安装
7	智能建筑	通信网络系统	通信系统，卫星及有线电视系统，公共广播系统
		办公自动化系统	计算机网络系统，信息平台及办公自动化应用软件，网络安全系统
		建筑设备监控系统	空调与通风系统，变配电系统，照明系统，给排水系统，热源和热交换系统，冷冻和冷却系统，电梯和自动扶梯系统，中央管理工作站与操作分站，子系统通信接口
		火灾报警及消防联动系统	火灾和可燃气探测系统，火灾报警控制系统，消防联动系统
		安全防范系统	电视监控系统，入侵报警系统，巡更系统，出入口控制（门禁）系统，停车管理系统
		综合布线系统	缆线敷设和终接，机柜、机架、配线架的安装，信息插座和光缆芯线终端的安装
		智能化集成系统	集成系统网络，实时数据库，信息安全，功能接口
		电源及接地	智能建筑电源，防雷及接地
		环境	空间环境，室内空调环境，视觉照明环境，电磁环境
		住宅（小区）智能化系统	火灾自动报警及消防联动系统，安全防范系统（含电视监控系统、入侵报警系统、巡更系统、门禁系统、楼宇对讲系统、住户对讲呼救系统、停车管理系统），物业管理系统（多表现场计量及与远程传输系统、建筑设备监控系统、公共广播系统、小区网络及信息服务系统、物业办公自动化系统），智能家庭信息平台

续表

序号	分部工程	子分部工程	分项工程
8	通风与空调	送排风系统	风管与配件制作，部件制作，风管系统安装，空气处理设备安装，消声设备制作与安装，风管与设备防腐，风机安装，系统调试
		防排烟系统	风管与配件制作，部件制作，风管系统安装，防排烟风口、常闭正压风口与设备安装，风管与设备防腐，风机安装，系统调试
		除尘系统	风管与配件制作，部件制作，风管系统安装，除尘器与排污设备安装，风管与设备防腐，风机安装，系统调试
		空调风系统	风管与配件制作，部件制作，风管系统安装，空气处理设备安装，消声设备制作与安装，风管与设备防腐，风机安装，风管与设备绝热，系统调试
		净化空调系统	风管与配件制作，部件制作，风管系统安装，空气处理设备安装，消声设备制作与安装，风管与设备防腐，风机安装，风管与设备绝热，高效过滤器安装，系统调试
		制冷设备系统	制冷机组安装，制冷剂管道及配件安装，制冷附属设备安装，管道及设备的防腐与绝热，系统调试
		空调水系统	管道冷热（媒）水系统安装，冷却水系统安装，冷凝水系统安装，阀门及部件安装，冷却塔安装，水泵及附属设备安装，管道与设备的防腐与绝热，系统调试
9	电梯	电力驱动的曳引式或强制式电梯安装	设备进场验收，土建交接检验，驱动主机，导轨，门系统，轿厢，对重（平衡重），安全部件，悬挂装置，随行电缆，补偿装置，电气装置，整机安装验收
		液压电梯安装	设备进场验收，土建交接检验，液压系统，导轨，门系统，轿厢，对重（平衡重），安全部件，悬挂装置，随行电缆，电气装置，整机安装验收
		自动扶梯、自动人行道安装	设备进场验收，土建交接检验，整机交装验收

室外工程划分　　　　　　　　　　　　　　表2-3

单位工程	子单位工程	分部（子分部）工程
室外建筑环境	附属建筑	车棚，围墙，大门，挡土墙，垃圾收集站
	室外环境	建筑小品，道路，亭台，连廊，花坛，场坪绿化
室外安装	给排水与采暖	室外给水系统，室外排水系统，室外供热系统
	电气	室外供电系统，室外照明系统

四、检验批、分项工程、分部（或子分部）工程质量的验收的规定和要求

1. 质量验收的层次

建筑工程施工质量验收的过程与验收的划分互为逆过程，是以逐渐汇总和聚合的方式进行的。

检验批是建筑工程施工质量验收的最小单元，是所有验收的基础。庞大复杂的建筑工程经层层划分以后，到检验批这一层次，工程量较小且检验内容相对比较简单。因此，很容易实现真正反映施工质量的检查验收。

分项工程是由检验批聚集构成的。在构成分项工程的所有检验批质量都合格而通过检查验收的条件下，分项工程自然应该是合格的。但是分项工程已经不再是面对工程的直接检查验收了。其主要是通过检查各检验批的验收记录将其汇总而进行验收的，带有间接推定的含义。

分部工程（子分部工程）是由分项工程构成的。同样地，如构成分部（子分部）工程的所有的分项工程都经检查合格而已验收，则该分部（子分部）工程自然应该是合格的。分部工程的验收主要依靠相应分项工程验收资料的汇总检查。当然，由于覆盖面更大，范围更广，还须补充其他一些检查手段，在下一节中再做详细介绍。

单位（子单位）工程是由分部工程构成的。同样，构成单位（子单位）工程的各分部工程都已经检查验收而合格了，则该单位（子单位）工程自然是合格的。当然，单位（子单位）工程的验收主要依靠对相关分部工程验收资料的汇总检查，但由于这是最终质量的验收，还应对其使用功能的重要项目补充一些检查，才能最后加以验收。

2. 施工质量的自检和评定

建筑工程的实际施工质量是在施工单位的具体操作中形成的，检查验收只是对其质量状况的一种反映。验收实际上只是通过资料汇集和抽查进行的复核而已。施工中真正大量的检查是施工单位以自检的形式进行，并以评定的方式给出质量状态的结果。因此施工单位的自检和评定是检验批验收的基础。

本次标准规范修订虽强调以验收为主，但不意味着降低施工单位在质量控制中的作用。相反，施工单位的自检评定结果是实际验收的依据。这里自检有三个层次：

（1）操作者在生产（施工）过程中通过不断的自检调整施工操作的工艺参数；

（2）班组质检员对生产过程中质量状态的检查；

（3）施工单位专职检验人员的检查和评定。

这里，前两个检查层次是在生产第一线，以班组的非专职检验人员为主体，以对施工质量控制的形式进行。虽然不一定有检查的书面材料或记录，但却是真正形成实际质量的关键。因此加强班组自检是保证施工质量的重要措施。

后一个检查层次是由非生产基层班组的专职检验人员主导进行。其比较客观和公正，检查的内容以施工操作已形成的质量状态为主，并且限于检验量不能过大，多半也只能是以抽样检查的形式进行。

检查的结果一般要给出评定结论。只有评定为"合格"的产品或施工结果，才能交由非施工单位的监理（建设）方面加以确认而完成最基础的检验批的验收。

自检评定"不合格"的产品或施工结果，应返回生产班组返工、返修。待自检评定合格后才能提交验收。但如果自检不严密，也有可能在检验批的检查中通不过验收而返工、返修。这样，质量缺陷如果产生，可能在生产（施工）单位自检过程中即已发现并交付返修；也可能在检验批检查时发现而返工。施工质量的缺陷基本上可以消灭在萌芽状态，避免带入施工后期而造成更大范围的损失。

3. 让步验收

（1）让步验收的概念

受到原材料、施工条件、设备状态、气候变化、人员操作等因素的影响，任何建筑工程的质量情况实际上都处于波动变化的状态。不仅我国建筑施工手工操作比较普遍的情况如此，即使在发达国家高度自动化及严格控制的条件下，也难免发生质量波动的情况。加上抽样检验难以避免的偶然性，在检查验收时，往往会发生不符合规范标准质量要求的情况。如果是一般项目的检查，如缺陷的数量和程度只限在一定范围以内，仍可验收。但如超过一定限度，或有主控项目不符合规范要求，则就发生了验收障碍，亦即非正常验收的问题。

非正常验收的原因可能有以下三种：

1) 施工质量低劣，达不到规范的要求而不合格；

2) 由于抽样检验的偶然性而造成误判（生产方风险 α 即合格批被误判为不合格，其一般概率控制在 $\alpha=1\%\sim5\%$；使用方风险 β 即不合格批被误判为合格，其一般概率控制在 $\beta=5\%\sim10\%$）；

3) 试件丢失、检测报告残缺……，无法有效证明工程的施工质量而提出有根据的怀疑。

(2) 非正常验收的形式

基于以上考虑，对第一次验收未能符合规范要求质量的情况做出了具体规定。在保证最终质量的前提下，给出了非正常验收的四种形式：

返工更换验收；

检测鉴定验收；

设计复核验收；

加固处理验收。

只有在上述四处情况都不能满足的情况才可以拒绝验收。

1) 返工更换验收

建筑工程施工质量验收统一标准（以下简称统一标准）第5.0.6条第1款规定："经返工重做或更换器具、设备的检验批，应重新进行验收。"

建筑工程施工的质量波动造成了一般缺陷，甚至严重缺陷。一般缺陷超过一定程度或主控项目不符合规范要求，就将无法通过正常验收。但若针对检查结果及时修补，消除这些缺陷而使最终的质量状态满足合格质量要求，则应该进行验收。

安装工程的施工验收，往往因某些设备、器具的质量问题而不能通过验收。在检查和发现问题以后，更换有缺陷的设备、器具，则完全可以通过重新检查合格后给予验收。例如，电气设备、水暖装置的质量缺陷，完全可在更换设备后彻底消除而不影响其正常的使用功能。

施工质量的检查验收，目的无非是为了保证建筑物的安全和使用功能。如能通过施工单位的返工、修补和更换设备、器具而能够达到上述目的，则没有理由不给予验收。标准条款中用"应"一词强调了返工更换验收的合理性。任何单位和个人不得以初次验收不合要求而禁止施工单位返工更换；也不得拒绝施工单位在返工更换后提出重新验收的要求。

2) 检测鉴定验收

统一标准第5.0.6条第2款规定："经有资质的检测单位检测鉴定，能够达到设计要求的检验批，应予以验收。"

建筑工程的施工质量是一种随机变量，其实际状态为一概率分布。所谓质量合格也不过是指某一分布状态下，达到确定检验指标的概率不小于某一分位值而已。由于抽样检验的偶然性，完全有可能产生误判。生产方风险是难以避免的，对此情况应进行更进一步的检测，确定其是否质量不合格。

发生难以验收的另一种情况就是验收条件缺失：抽样试件丢失或失去代表性；抽检子样数量不足，难以判定；检测报告有缺陷无法证明真实的质量状态；有足够的根据对试验报告提出怀疑等。这时还不能肯定实际质量状态不合格；但同样也难以按合格质量加以验收。

当发生上述现象时，应聘请有法定资质的检测单位进行检测。根据有关的标准规范，经过法定单位的系统检测分析，可以出具有法定效果的检测鉴定报告，对被检部分的质量状态给出明确的结论。如果检测鉴定报告肯定被检测的检验批质量合格，则没有理由不加以验收。统一标准中规定"应予验收"，该"应"字表明，验收单位不得以任何理由刁难和卡扣施工单位。当然，由于出具鉴定报告，该检测单位同样应该负担起相应的责任。

3）设计复核验收

统一标准第5.0.6条第3款规定："经有资质的检测单位检测鉴定达不到设计要求，但经原设计单位核算，认可能够满足结构安全和使用功能的检验批，可予以验收。"

前述检测单位的检测鉴定结论可能是"合格"，但也可能是"不合格"，亦即达不到设计的要求。这时，显然不可能正常地进行验收了。发生这种情况时，应寻求设计单位进行计算复核。设计所需的质量是为了满足结构安全和使用功能的要求，而其又是根据有关的标准规范提出的。标准规范提出了对结构安全和使用功能的最低限度的要求，但实际设计时往往会留出相当的富裕量，因此不满足设计要求的质量，不一定就达不到标准规范要求的最低限度质量水平。如果实际的施工质量水平仍能满足有关标准规范要求的结构安全和使用功能，则仍存在着通过验收的可能性，但是必须经设计单位复核计算。

利用设计的安全富裕量和使用功能的储备，根据实际检测结果，对建筑工程进行设计复核。如仍能满足规范要求的结构安全和使用功能，则仍可予以验收。

当然，这种情况仍属于"不符合设计要求"的质量状态，对安全和使用功能的设计目标仍造成了一定影响，故为非正常验收。对造成这种后果的单位和个人当然应负相应的责任，起码应负担起检测鉴定和设计复核的费用。并且设计单位在进行复核计算以后，也应与施工单位一起对结构今后的安全负起责任。

第六节 建筑工程质量验收标准及规定

一、检验批合格质量规定

1. 主控项目和一般项目经抽样检验合格。
2. 具有完整的施工操作依据，质量检查记录。

二、分项工程质量验收合格规定

1. 分项工程所含的检验批均应符合合格质量的规定。
2. 分项工程所含的检验批的质量验收记录应完整。

三、分部（子分部）工程质量验收合格规定

1. 分部（子分部）工程的所含分项工程的质量均应验收合格。

2．质量控制资料应完整。
3．地基与基础，主体结构和设备安装等分部工程有安全及功能的检验和抽样检测结果应符合有关规定。
4．观感质量验收应符合要求

四、单位（子单位）工程质量验收合格规定

1．单位（子单位）工程所含分部（子分部）工程的质量均应验收合格。
2．质量控制资料应完整。
3．单位（子单位）工程所含分部工程有关安全和功能的检测的资料应完整。
4．主要功能项目的抽查结果应符合相关专业质量验收规范的规定。
5．观感质量验收应符合要求。

五、建筑工程质量验收记录要求

1．检验批质量验收见表 2-4。

检验批质量验收记录　　　　　　　　　　　表 2-4

工程名称			分项工程名称		验收部位	
施工单位			专业工长		项目经理	
施工执行标准名称及编号						
分包单位			分包项目经理		施工班组长	
			质量验收规范的规定	施工单位检查评定记录	监理（建设）单位验收记录	
主控项目		1				
		2				
		3				
		4				
		5				
		6				
		7				
		8				
		9				
一般项目		1				
		2				
		3				
		4				
施工单位检查评定结果		项目专业质量检查员：			年　月　日	
监理（建设）单位验收结论		监理工程师：（建设单位项目专业技术负责人）			年　月　日	

2. 分项工程质量验收见表 2-5。

分项工程质量验收记录　　　　　　表 2-5

工程名称		结构类型		检验批数	
施工单位		项目经理		项目技术负责人	
分包单位		分包单位负责人		分包项目经理	

序号	检验批部位、区段	施工单位检查评定结果	监理（建设）单位验收结论
1			
2			
3			
4			
5			
6			
7			
8			
9			
10			
11			
12			
13			
14			
15			
16			
17			

检查结论	项目专业技术负责人： 年　月　日	验收结论	监理工程师 （建设单位项目专业技术负责人） 年　月　日

3. 分部（子分部）工程质量验收见表 2-6。

分部（子分部）工程验收记录　　　　　　　　　　表 2-6

工程名称		结构类型		层　数	
施工单位		技术部门负责人		质量部门负责人	
分包单位		分包单位负责人		分包技术负责人	
序号	分项工程名称	检验批数	施工单位检查评定	验收意见	
1					
2					
3					
4					
5					
6					
质量控制资料					
安全和功能检验（检测）报告					
观感质量验收					
验收单位	分包单位		项目经理　年　月　日		
	施工单位		项目经理　年　月　日		
	勘察单位		项目负责人　年　月　日		
	设计单位		项目负责人　年　月　日		
	监理（建设）单位	总监理工程师 （建设单位项目专业负责人）　　　　　年　月　日			

4. 单位（子单位）工程质量验收见表 2-7。

单位（子单位）工程质量竣工验收记录　　　　　　表 2-7

工程名称		结构类型		层数/建筑面积	
施工单位		技术负责人		开工日期	
项目经理		项目技术负责人		竣工日期	
序号	项目	验收记录		验收结论	
1					
2					
3					
4					
5					
参加验收单位	建设单位 （公章） 单位（项目）负责人 年　月　日	监理单位 （公章） 总监理工程师 年　月　日		施工单位 （公章） 单位负责人 年　月　日	设计单位 （公章） 单位（项目）负责人 年　月　日

5．单位（子单位）工程质量控制资料验收见表2-8。

单位（子单位）工程质量控制资料核查记录　　　　　表 2-8

工程名称			施工单位			
序号	项目	资 料 名 称		份数	核查意见	核查人
1	建筑与结构	图纸会审、设计变更、洽商记录				
2		工程定位测量、放线记录				
3		原材料出厂合格证书及进场检（试）验报告				
4		施工试验报告及见证检测报告				
5		隐蔽工程验收记录				
6		施工记录				
7		预制构件、预拌混凝土合格证				
8		地基基础、主体结构检验及抽样检测资料				
9		分项、分部工程质量验收记录				
10		工程质量事故及事故调查处理资料				
11		新材料、新工艺施工记录				
12						
1	给水排水与采暖	图纸会审、设计变更、洽商记录				
2		材料、配件出厂合格证书及进场检（试）验报告				
3		管道、设备强度试验、严密性试验记录				
4		隐蔽工程验收记录				
5		系统清洗、灌水、通水、通球试验记录				
6		施工记录				
7		分项、分部工程质量验收记录				
1	建筑电气	图纸会审、设计变更、洽商记录				
2		材料、设备出厂合格证书及进场检（试）验报告				
3		设备调试记录				
4		接地、绝缘电阻测试记录				
5		隐蔽工程验收记录				
6		施工记录				
7		分项、分部工程质量验收记录				
8						

续表

工程名称			施工单位			
序号	项目	资料名称	份数	核查意见	核查人	
1	通风与空调	图纸会审、设计变更、洽商记录				
2		材料、设备出厂合格证书及进场检（试）验报告				
3		制冷、空调、水管道强度试验、严密性试验记录				
4		隐蔽工程验收记录				
5		制冷设备运行调试记录				
6		通风、空调系统调试记录				
7		施工记录				
8		分项、分部工程质量验收记录				
9						
1	电梯	土建布置图纸会审、设计变更、洽商记录				
2		设备出厂合格证及开箱检验记录				
3		隐蔽工程验收记录				
4		施工记录				
5		接地、绝缘电阻测试记录				
6		负荷试验、安全装置检查记录				
7		分项、分部工程质量验收记录				
8						
1	建筑智能化	图纸会审、设计变更、洽商记录、竣工图及设计说明				
2		材料、设备出厂合格证书及进场检（试）验报告				
3		隐蔽工程隐蔽验收				
4		系统功能测定及设备调试记录				
5		系统技术、操作和维护手册				
6		系统管理、操作人员培训记录				
7		系统检测报告				
8		分项、分部工程质量验收记录				

结论：

　　　　　　　　　　　　　　　　　　总监理工程师

施工单位项目经理　　　年　月　日　　（建设单位项目负责人）　　年　月　日

37

6. 安全和功能检验资料核查及主要功能抽查记录见表2-9。

单位（子单位）工程安全和功能检验资料核查及主要功能抽查记录　　　表2-9

工程名称			施工单位				
序号	项目	安全和功能检查项目		份数	核查意见	抽查结果	核查(抽查)人
1	建筑与结构	屋面淋水试验记录					
2		地下室防水效果检查记录					
3		有防水要求的地面蓄水试验记录					
4		建筑物垂直度、标高、全高测量记录					
5		抽气（风）道检查记录					
6		幕墙及外窗气密性、水密性、耐风压检测报告					
7		建筑物沉降观测测量记录					
8		节能、保温测试记录					
9		室内环境检测报告					
10							
1	给水排水与采暖	给水管道通水试验记录					
2		暖气管道、散热器压力试验记录					
3		卫生器具满水试验记录					
4		消防管道、燃气管道压力试验记录					
5		排水干管通球试验记录					
6							
1	电气	照明全负荷试验记录					
2		大型灯具牢固性试验记录					
3		避雷接地电阻测试记录					
4		线路、插座、开关接地检验记录					
5							
1	通风与空调	通风、空调系统试运行记录					
2		风量、温度测试记录					
3		洁净室洁净度测试记录					
4		制冷机组试运行调试记录					
5							
1	电梯	电梯运行记录					
2		电梯安全装置检测报告					
1	智能建筑	系统试运行记录					
2		系统电源及接地检测报告					
3							

结论：

总监理工程师

施工单位项目经理　　　年　月　日　　　　　　（建设单位项目负责人）　　　年　月　日

注：抽查项目由验收组协商确定。

7. 单位（子单位）工程观感质量检查记录见表2-10。

单位（子单位）工程观感质量检查记录　　　　表2-10

工程名称			施工单位									
序号		项目	抽查质量状况								质量评价		
											好	一般	差
1	建筑与结构	室外墙面											
2		变形缝											
3		水落管、屋面											
4		室内墙面											
5		室内顶棚											
6		室内地面											
7		楼梯、踏步、护栏											
8		门窗											
1	给水排水与采暖	管道接口、坡度、支架											
2		卫生器具、支架、阀门											
3		检查口、扫除口、地漏											
4		散热器、支架											
1	建筑电气	配电箱、盘、板、接线盒											
2		设备器具、开关、插座											
3		防雷、接地											
1	通风与空调	风管、支架											
2		风口、风阀											
3		风机、空调设备											
4		阀门、支架											
5		水泵、冷却塔											
6		绝热											
1	电梯	运行、平层、开关门											
2		层门、信号系统											
3		机房											
1	智能建筑	机房设备安装及布局											
2		现场设备安装											
3													
		观感质量综合评价											

检查结论	施工单位项目经理　　　　年　月　日	总监理工程师 （建设单位项目负责人）　　年　月　日

注：质量评价为差的项目，应进行返修。

六、检验评定的内容及填写

1. 检验批表格的内容及填写

（1）表名及编号

GB 50300—2001 标准表 D.0.1 的表名为分项工程名称后再加"检验批"三字，同时在表名下面注上相应质量验收规范的标准规范号，以作为检查验收的依据。

（2）表格的编号列于表的右上角，为 8 位数字编码。其意义如表 2-11 所示；分部工程代码按（GB 50300—2001）标准附录 B）表 B.0.1 的次序排列。有了表格的编码，就可以十分方便地实现资料的分类，装订成册和管理。

表 格 的 编 号　　　　　　　　　　表 2-11

数字位置	第1、2位	第3、4位	第5、6位	第7、8位
编码内容	分部工程	子分部工程	分项工程	检验批次序

表格的表头部分为检查验收的背景。包括单位（子单位）工程名称；分部（子分部）工程名称；验收部位；施工单位及有关负责人（项目经理）等。此部分内容反映了该检验批的工程背景，应事先根据工程合同填写。单位必须写全称，分包单位同样也应写全称，并与合同上的盖章一致。

（3）检查验收记录

表格的中部为检查验收记录，这是验收表格的核心内容。其中又分为两部分：一是有关技术标准的名称及编号；二是检查记录表。

前者是施工操作所依据的标准规程。这部分要求主要靠施工单位自行编制的企业标准或相应的技术文件（如操作规程、检查评定办法等）解决。规范改革鼓励企业自行编制企业标准，反映自身的技术进步及经验、特长，并希望其成为企业参与市场竞争，促进技术进步的手段。企业标准应不低于国家标准的要求。企业标准可按一般标准编写规则成稿，并经上级部门组织专家审定，使其具有一定的权威性，以作为检查验收的依据。应在相应栏目内填写相应标准规程的名称及编号。

检查记录反映了检验项目的检验结论。根据重要性，主控项目和一般项目分别列出。具体项目由各专业施工质量验收规范确定。由于检查记录表格所要表达的内容过多，因此在"质量验收规范的规定"栏目中只能简化填写。前半列概括填写检验名称或检查内容；而后半列则填写检验指标。也可直接填写条款号码以代替质量要求。在"施工单位检查评定记录"一栏中，由施工单位填写自检的情况及评定结果。

表格填写方式可有三种：

对于定量的检查则尽量填写量测结果，以供评定验收；

对于定性的检查则用"√"和"×"表达，前者为符合要求，后者则相反；

对于更复杂的检查验收，则可简单填写相应检查验收技术文件的编号及合格与否的结论，以备查考。

前面已经说过，验收是以施工单位的自检评定为基础进行的。表格中由施工单位填写的这一部分则反映了施工单位在施工质量控制中的重要作用。

作为验收一方的监理（建设）人员，应在施工过程中采取旁站、巡视等方式对施工质量进行监督。重要的检查项目还应亲自参与检查或量测。在此过程中对施工质量有相当全面而直接的了解。因此,才有可能对该检查项目的质量合格与否进行表态。符合要求的可以直接填写"合格"或"符合要求";不符合要求的暂不填写,待施工单位返修处理后再加以验收。对于特殊情况也可简要写明具体意见以备查考。

(4) 验收结论

表格的下部为验收结论,分为两个栏目。前一栏为施工单位自行检查后的结论,带有自我鉴定的性质,称为"评定",应在事先完成,作为验收的依据。后一栏为监理(建设)单位的验收结论,体现了验收是各方对质量合格与否的共同确认这一原则。

(5) 签字

检查栏目中必须有相应检查验收人员的签字。施工单位检查评定的结论由项目专业质量检查员签名;监理(建设)单位的验收结论,由监理工程师或建设单位项目专业技术负责人签名。签名有两重含义:

1) 表明签名者组织和参与了对该检验批的检查验收。事后如有疑问可作为当事者查询;

2) 应承担质量责任。即签字者应对有关的施工质量负有责任。我国实行质量负责制,在规定的使用年限内,如发生因该检验批施工质量而引起的问题则应追究有关签字人员的责任。这对于增强有关人员的责任心将起重要作用。

2. 分项工程的验收方式及表格填写

(1) 验收方式

GB 50300—2001 附录 E 中的 E.0.1 条给出了分项工程检查验收的方式及验收记录表的形式。验收由监理工程师(或建设单位项目专业技术负责人)组织,施工单位的项目专业技术负责人参加,体现了"共同确认"的原则。同样检查结束后,施工单位的项目专业技术负责人应在检查结论栏中签字;监理(建设)工程师应在验收结论栏中签字。表明已参加了检查验收,且共同确认施工质量符合规范要求,因而同意验收,并承担起相应的责任。

(2) 表格填写

GB 50300—2001 附录 E.0.1 条表 E.0.1 的表名部分应写上分项工程的名称。表的右上角则列出 6 位数字的编码,其意义如上节所述。

表的上部为验收背景。应填写工程名称,检验批数量以及施工单位及分包单位的负责人。由于检查验收层次提高了,参与验收人员的资格和地位也相应提高。

表的中部是检查验收部分。由于只是对汇总检验批验收资料的检查,因此只是一个登录性的表格。表中按序号列出该分项工程所包含的所有检验批所处的部位、区段。其数量应与表右上角的检验批数量相吻合。对每个检验批都应有施工单位自检评定的结论,以及监理(建设)单位验收的结论。在检查验收时,同样可以用"√"、"×"的形式表达该批合格与否。当然在一般情况下,不应有不合格的批(×)。即使有,也应在返修、返工后再检查,合格后才予以验收。如检查验收中有特殊情况,可以用简单的文字填入表的相应栏目中,对有关的情况做出简要的说明。

表的下部是参与验收人员的结论和签名,与检验批相似,不再赘述。只是代表施工单位签字的必须是项目专业技术负责人,非一般质量检查员所为。这是由于检查验收层次较高所提出的要求。

3. 分部（子分部）工程的验收方式和表格填写

GB 50300—2001 附录 F 第 F.0.1 条给出了分部（子分部）工程质量验收的方法和质量验收记录表。

（1）验收方式

分部（子分部）工程的覆盖范围更为广大，基本包括了专业施工质量验收的全部内容。因此参与验收的除施工单位、监理（建设）单位外，还应有勘察、设计单位的人员。此外，参与验收的人员还应有一定的级别和地位，以便能代表单位负责。

验收之前，施工单位应先自行组织检查，合格后再向监理单位提出验收申请。正式验收由总监理工程师（或建设单位项目专业负责人）组织，施工单位的项目经理和有关勘察单位、设计单位的项目负责人参加，共同对上述四个条件的检查复核，确认该分部（子分部）工程合格与否，从而完成验收。

（2）表格填写

GB 50300—2001 附录 F 表 F.0.1 的表名应写上分部（子分部）工程的名称。表的右上角则应列出 4 位数字的编码，其意义如前节所示，不再赘述。

表的上部为验收背景，应填写工程名称、结构类型、层数等工程基本情况；施工单位、分包单位的名称以及主要技术部门、质量部门负责人的姓名。等级较高的负责人参加验收，意味着代表单位对验收结果的认可。

表的中部为检查验收内容。分部（子分部）工程检查验收主要是对前一层次分项工程验收的汇总，基本属于登录性质的检查。表格中列出了按序号排列的构成、该分部（子分部）工程及各分项工程的名称及其所包含的检验批数量。先由施工单位通过自检评定对各分项工程给出检查评定结论。同时还应给出质量控制资料，观感检查以及安全和功能检验（检测）的报告。总监理工程师以及勘察、设计单位的项目负责人对上述内容检查复核后，填写验收意见。对施工质量的合格与否予以确认。

检查评定的结论可以用"√"和"×"简化表达；也可以用简单的语句更具体地表述。对于"×"或不符合质量要求的情况，必须组织返修处理，在达到合格质量的要求后再提交验收。由各方共同检查后，确认质量达到要求，则可签署"同意验收"的意见。

表格的下部是各验收单位的签字。包括监理（建设）单位的总监理工程师（建设单位项目专业负责人）、设计单位和勘察单位的项目负责人、施工单位和分包单位的项目经理。由于验收范围很大且很重要，参加签字的都是能够代表本单位的负责人员，此验收才有真正的权威性和约束力。同样，签字表示有关人员参与了验收活动；也表达了各自应承担的责任。

4. 单位（子单位）工程验收方式及表格填写

（1）验收方式

由于单位工程验收（竣工验收）是建筑投入使用前的最后一次验收，其综合反映了自原材料进场到各关键工艺检查，直至工程实体的实际质量，因而其作用非常重要，应有建设、监理、施工、设计各方的负责人参加，使验收的结论具有权威性。

验收应由施工单位先自检评定，合格以后填写好验收记录。然后向建设单位申请，由建设单位的项目负责人、总监理工程师、施工单位负责人、设计单位的项目负责人参加验收。对各个项目检查的验收结论则由监理（建设）单位填写。最后的综合验收结论由参加验收的各方共同商定，建设单位填写，并应对工程质量是否符合设计和规范的要求给出明确结论，并对工程的总体质量水平做出评价。

(2) 表格填写

单位（子单位）工程质量竣工的验收记录列于 GB 50300—2001 的附录 G。因涉及内容太多，故用四张表格才能容纳。

表 G.0.1-1 为单位（子单位）工程质量竣工验收记录的汇总表；

表 G.0.1-2 为单位（子单位）工程质量控制资料核查的记录；

表 G.0.1-3 为单位（子单位）工程安全和功能检验资料核查及主要功能抽查记录；

表 G.0.1-4 为单位（子单位）工程观感质量检查记录。

下面分别给予介绍。

1) 单位（子单位）工程竣工验收记录

与前面各层次检验验收的记录表格类似，表 G.0.1-1 是一张汇总性的验收记录表。除表头部分的验收背景（工程概况及有关单位）、验收结论和签字与前述表格类似以外，表格的核心部分是对单位（子单位）工程竣工验收五个条件的检查验收记录以及验收结论。

第一栏是所含分部工程全部合格与否的检查；

第二栏是质量控制资料核查的结果；

第三栏为安全及主要使用功能核查及抽查的结果；

第四栏为观感质量验收结果；

第五栏是汇总上述验收条件检查结果以后，给出的综合验收结论。

前四栏的验收记录应列出检查（审查、核查、抽查）的数量以及与相应专业规范的符合情况，由监理（建设）单位填写。而综合验收结论则由参加验收各方经共同商定，建设单位填写。

单位（子单位）工程质量竣工验收记录表（表 G.0.1-1）是建筑物投入使用之前各方对其合格质量共同确认的文件，也是整个检查验收过程的终结，因而是最重要的。各方的责任人签字以后，意味着应在建筑物的设计使用年限（寿命）内，对其安全和使用功能承担责任。

2) 质量控制资料核查记录

标准附录 G 的表 G.0.1-2 是资料核查记录。前已有述，除检验批外，以后各层次的验收均依靠前一层次资料核查进行汇总性检查。因此有关的资料特别重要。在单位（子单位）工程验收之前，各分部（子分部）工程的验收应已依次完成。施工单位自行检查合格后，将其按类型分类编码装订成册，供竣工验收时检查复核。

被检查的资料应该没有遗漏和其他不符合验收的问题。按表 G.0.1-2 的规定，对六个项目的 53 种资料核查以后，由核查人员写出核查意见并签名。最后由施工单位项目经理和总监理工程师（建设单位项目负责人）给出结论"同意验收"并签名确认。

3) 安全和功能检查记录

GB 50300—2001 附录 G 的表 G.0.1-3 为对工程安全和功能检验资料的核查以及对单位（子单位）工程主要使用功能抽查的记录，包括反映结构安全和主要使用功能的五个项目 31 个子项的检查要求。有些已在分部（子分部）工程验收时检查过了，可以只核查有关的检验资料。而对在竣工验收前必须进行的主要使用功能的抽查，则应检查相应的检测报告。核查（抽查）人员应在相应的检查项目内签字并提出核查意见和抽查结果。最终检验结论由施工单位项目经理和总监理工程师（建设单位项目负责人）共同协商，认为其质量合格以后给出结论并签字确认。

4）观感质量检查记录

标准附录 G 的表 G.0.1-4 为对单位（子单位）工程观感质量检查的记录。观感质量检查是具有我国特色的传统检查方式。其一般是在检查验收时到现场进行观察、触摸，有时辅以简单量测，从而形成一个大致的印象。然后凭验收人员的经验、感觉，协商给出"好"、"一般"或"差"的定性结论，作为验收的依据。本次标准修订，延续了这种传统的做法。对建筑工程完成以后的五个项目 27 个子项的施工质量进行观感质量的抽查。列为"好"和"一般"的，可视为符合质量要求。如有"差"的检查结果，则应限期修补处理，加以消除再进行检查验收。

观感质量检查合格后应给出综合评价，一般填写"通过验收"即可。检查记录表由施工单位项目经理和总监理工程师（建设单位项目负责人）签字，对检验结论加以确认。

七、现场施工质量控制与检查

为了加强对施工项目的质量控制，明确各施工阶段质量控制的重点，可把施工项目质量分为事前控制、事中控制和事后控制三个阶段。

1．前期质量控制

指在正式施工前进行的质量控制，其控制重点是做好施工准备工作，并且施工准备工作要贯穿于施工全过程中。

（1）施工准备的范围

1）全场性施工准备，是以整个项目施工现场为对象而进行的各项施工准备。

2）单位工程施工准备，是以一个建筑物或构筑物为对象而进行的施工准备。

3）分项（部）工程施工准备，是以单位工程中的一个分项（部）工程或冬、雨期施工为对象而进行的施工准备。

4）项目开工前的施工准备，是在拟建项目正式开工前所进行的一切施工准备。

5）项目开工后的施工准备，是在拟建项目开工后，每个施工阶段正式开工前所进行的施工准备。

（2）施工准备的内容

1）技术准备。熟悉和审查项目的施工图纸；项目建设地点的自然条件；编制项目施工组织设计等。

2）物质准备。建筑材料准备、构配件、施工机具准备等。

3）组织准备。建立项目组织机构，建立以项目经理为核心，技术负责人为主，专职质量检查员、工长、施工队班组长组成的质量管理、控制网络，对施工现场的质量职能进行合理分配，健全和落实各项管理制度，形成分工明确、责任清楚的执行机制；集结施工队伍，对施工队伍进行入场教育等。

4）施工现场准备。生产、生活临时设施等的准备；组织机具、材料进场；编制冬、雨期施工措施；制定施工现场各项技术管理制度等。

2. 中期质量控制

指在施工过程中进行的质量控制。施工中质量控制的策略是：全面控制施工过程，重点控制工序质量。其具体措施是：工序交接有检查；质量预控有对策；施工项目有方案，技术措施有交底，图纸会审有记录；配制材料有试验；隐蔽工程有验收；设计变更有手续；质量处理有复查；成品保护有措施；行使质控有否决（如发现质量异常、隐蔽未经验收、质量问题未处理、擅自变更设计图纸、擅自代换或使用不合格材料、无证上岗未经资质审查的操作人员等，均应对质量予以否决）；质量文件有档案（凡是与质量有关的技术文件，图纸会审记录，材料合格证明、试验报告，施工记录，隐蔽工程记录，设计变更记录，调试、试压运行记录，竣工图等都要编目建档）。可以通过三种形式的检查验收来控制施工质量，这就是进场验收、工序检查和交接检验。

(1) 进场验收

用于建筑工程的主要材料、半成品、成品、建筑构配件、器具和设备等对工程质量有举足轻重的影响。这部分对于建筑工程说来属于"原料"的范畴；而对于供货单位来说，却是他们的"产品"。因此必须进行进场验收，以对其质量进行确认。执行中主要有三种形式：

1) 产品（材料）合格证

一般材料应根据订货合同和产品的出厂合格证进行现场验收。即进货的同时，核对由供货方提供的质量证明文件。未经检验或检验达不到规定要求的应该拒收。

2) 产品（材料）的复验

对涉及安全和功能的有关产品，由于其特殊的重要性，除检查产品合格证明文件以外，还应抽样进行复验。复验批量的划分、抽样比例、试验方法、质量指标等应根据相应产品标准或应用技术规程的要求进行。复验的目的是为了打击作伪造假、避免混料错批。必要的复验是必须进行的。

3) 监理检查认可

进场验收的最后一道关口是监理工程师的检查认可，当没有监理工程师时建设单位的技术负责人也可检查。未经签字认可的材料一律不得用于工程。

(2) 工序检查

除原材料把关以外，对施工过程中的各工序进行质量监控也十分重要。真正的质量是"干"出来的，而不是"查"出来的。检查结果只能是对质量状况的一种反映而已。因此生产者的自检是验收的基础。

在施工过程中的每一道施工工序完成以后，均应进行质量检查，确认其是否达到验收标准或企业标准规定的要求。通过观察、量测、对比其质量指标是否达到标准的要求，然后做出评定。这种检查可由班组自检或专业质检员以抽检的形式进行。检查后，应填写检验表格作为将来验收的依据。监理工程师也应对于其中比较重要和关键的工序作随机抽查以加强对质量的控制。

(3) 交接检验

对于不同工种交叉施工的项目，还应进行交接检验。实际的工程质量是通过施工过程逐渐形成的。施工前期的缺陷应通过检查及时发现并加以消除，否则随着施工过程将逐渐累积，影响到更大的范围。施工中任何缺陷都应该消灭在萌芽状态，积累到后期处理付出的代价太大。因此，工序间的交接检验十分重要。

标准规定，不同工种（工序）交叉时，前一工序的质量必须通过交接检验得到确认，并形成记录，表明以前各工序质量可以保证。监理工程师（或建设单位技术负责人）应对此进行监督检查认可，否则不得进行下一工序的施工。这样不仅能够保证施工质量，而且便于分清责任，避免纠纷。

上述三种检验形式充分体现了标准对于工程质量进行过程控制的原则。

3. 后期质量控制

指在完成施工过程形成产品的质量控制，其具体工作内容有：

（1）成立验收小组，组织自检和初步验收。

（2）准备竣工验收资料。

（3）按规定的质量评定标准和办法，对完成的分项、分部工程，单位工程进行质量评定。

（4）组织竣工验收，其标准是：

1）按设计文件规定的内容和合同规定的内容完成施工，质量达到国家质量标准，能满足生产和使用的要求。

2）交工验收的建筑物要窗明、地净、水通、灯亮、采暖通风设备运转正常。

3）交工验收的工程内净外洁，施工中的残余物料运离现场，道路、绿化、其他配套设施已完成。

4）技术档案资料齐全。

八、建筑工程质量不符合要求的处理

当建筑工程质量不符合要求时，应按下列规定进行处理：

1. 经返工重做或更换器具、设备的检验批应重新进行验收。

2. 经有资质的检测单位检测鉴定能够达到设计要求的检验批，应予以验收。

3. 经有资质的检测单位检测鉴定达不到设计要求，但经设计单位核算认可能够满足结构安全和使用功能的检测批，可予以验收。

4. 经返修或加固处理的分项、分部工程，虽然改变了外形尺寸但仍能满足安全使用要求，可按技术处理方案或协商文件进行验收。

5. 通过返修或加固处理仍不能满足安全使用要求的分部工程，单位（子单位）工程，严禁验收。

第七节 建筑工程质量验收程序和组织

一、建筑工程质量验收组织程序

验收前成立有各方参加的检查验收组织（见表2-12），并制定有关检查的各项事宜。

1. 检验批及分项工程应由监理工程师（建设单位项目技术负责人）组织施工单位项目专业质量（技术）负责人等进行验收。验收前，施工单位先填好"检验批和分项工程的质量验收记录"（有关监理记录和结论不填），并由项目专业质量检验员和项目专业技术负责人分别在检验批和分项工程质量检验记录中相关栏目签字，然后由监理工程师组织，严格按规定程序进行验收。

2．分部工程应由总监理工程师（建设单位项目负责人）组织施工单位项目负责人和技术、质量负责人等进行验收；地基与基础、主体结构分部工程的勘察、设计单位工程项目负责人和施工单位技术、质量部门负责人也应参加相关分部工程验收。

3．单位工程完工后，施工单位首先要依据质量标准、设计图纸等组织有关人员进行自检，并对检查结果进行评定，符合要求后向建设单位提交工程验收报告和完整的质量资料，提请建设单位组织验收。

4．建设单位收到工程验收报告后，应由建设单位（项目）负责人组织施工（含分包单位）、设计、监理等单位（项目）负责人进行单位（子单位）工程验收。由于设计、施工、监理单位都是责任主体，因此设计、施工单位负责人或项目负责人及施工单位的技术、质量负责人和监理单位的总监理工程师均应参加验收。在一个单位工程中，对满足生产要求或具备使用条件，施工单位已预验，监理工程师已初验通过的子单位工程，建设单位可组织进行验收。由几个施工单位负责施工的单位工程，当其中的施工单位所负责的子单位工程已按设计完成，并经自行检验，也可按规定的程序组织正式验收，办理交工手续。在整个单位工程进行全部验收时，已验收的子单位工程验收资料应作为单位工程验收的附件。

5．单位工程有分包单位施工时，分包单位对所承包的工程项目应按标准 GB 50300—2001 规定的程序检查评定，总包单位应派人参加。分包工程检验合格后，分包单位应将工程有关资料交总包单位，待建设单位组织单位工程质量验收时，分包单位负责人应参加验收。

6．当参加验收各方对工程质量验收意见不一致时，可请当地建设行政主管部门或工程质量监督机构协调处理。

7．单位工程质量验收合格后，建设单位应依据《建设工程质量管理条例》和建设部有关规定，在规定时间内将工程竣工验收报告和有关文件，报建设行政管理部门备案。

检查验收的组织　　　　　　　表 2-12

检查验收内容	组织单位	参加单位	签 字 人 员
施工现场质量管理检查	监理单位 （建设单位）	建设单位 设计单位 监理单位 施工单位	总监理工程师 （建设单位项目负责人）
施工质量自行检查评定	施工单位质量检查部门	施工单位班组长 施工单位质检部门	施工单位项目专业质量检查员
检验批检查验收	监理单位 （建设单位）	施工（分包）单位 监理（建设）单位	监理工程师（建设单位项目专业技术负责人） 施工单位项目专业质量检查员
分项工程检查验收	监理单位 （建设单位）	施工（分包）单位 监理（建设）单位	监理工程师（建设单位项目专业技术负责人） 施工单位项目专业技术负责人
分部（子分部）工程检查验收	监理单位 （建设单位）	施工（分包）单位 勘察单位 设计单位 监理（建设）单位	总监理工程师（建设单位项目专业负责人） 施工（分包）单位项目经理 勘察单位项目负责人 设计单位项目负责人

续表

检查验收内容	组织单位	参加单位	签字人员
单位（子单位）工程检查验收	监理单位（建设单位）	建设单位 监理单位 施工单位 设计单位	建设单位（项目）负责人 总监理工程师 施工单位负责人 设计单位（项目）负责人

二、检验批的验收

1. 合格条件

（1）主控项目和一般项目的质量经抽样检验合格；

（2）具有完整的施工操作依据和质量检查记录。

在上述两条要求中，前者是合格质量的要求。根据专业性质的不同，由各专业施工质量验收规范做出可操作的规定，并通过验收时的抽样检验而落实。主控项目和一般项目则表达了检查内容重要性的不同和验收时的严格程度。由相应的专业验收规范做出具体规定，照章执行就可以了。

后者则是检查验收的书面依据。由于验收只是抽查性质的，覆盖面有限，因此检查施工单位为保证质量而制定的操作规程和实际施工（生产）过程中形成的质量检查记录，对判定检验批的实际质量具有重要的参考价值。统一标准将其作为验收条件之一提出，不仅保证了验收的真实性和可靠性，也将对提高施工单位的质量管理水平，特别是技术资料的管理起到促进作用。

2. 主控项目和一般项目

（1）主控项目

主控项目是对检验批的基本质量起决定性影响的检验项目，对于工程安全、人体健康、环境保护、公众利益往往直接产生重要的影响，因此必须严格符合规定。各专业施工质量验收规范中都有明确的检查验收方法，包括检验批的范围、抽检的数量、检查方法、质量要求、合格条件等，有很强的可操作性，照章检查验收即可。应强调指出的是，主控项目必须全部符合要求，即具有质量否决权的意义。如果达不到规定的质量要求，就应该拒绝验收。随意降低要求会影响建筑工程的根本质量，因而是不允许的。

根据专业性质的不同，各专业施工质量验收规范中主控项目的设置也不同。内容大体分为以下几类：

1) 重要的材料、构件、配件、成品、半成品、设备及附件的主要性能；

2) 结构的强度、刚度、稳定性；

3) 重要的偏差量测项目。

（2）一般项目

一般项目是除主控项目以外的其他项目，即对检验批的基本质量不起决定性影响的检查项目。由于建筑工程对质量的要求是多方面的，除安全、健康、环保、公益等决定性的要求外，对一般使用功能、美观、舒适等也提出了要求。这些不具备决定性影响的检验，即可归于一般项目之列。建筑物都是有缺陷的，对于一般项目相关的缺陷，只要其数量和质量控制在一定范围内，能够保证结构安全和使用功能的基本要求，不会给建筑的结构安全和使用功能带来明显的影响，因此仍然可以合格验收。

一般项目的检查性质分为两类。一类为定性判断的检查，如美观、舒适等，这类质量很难严格定量检查，一般采用观感检查、经验判定的方式。当然，如有可能还应尽量使其定量化，如折算成缺陷点来反映。另一类是量测类的检查，一般以允许偏差的形式出现。允许偏差以内的量测结果认为是符合规范要求的合格点；而超出允许偏差范围的检查点则为不合格点，最终以总检查点数的合格点率来判定合格与否。

另外应强调的是：合格点率不是判定一般项目合格与否的惟一条件。若实际超出允许偏差过大（如构件或结构上的奇异偏差），已严重影响到了结构的安全和使用功能（如设备安装无法进行或结构抗力大幅度损失等），那么即使是个别检查点不符合要求，也应直接判为不合格。此外，即使是超过允许偏差，超出数值也不希望过大。一般限制不大于允许偏差值的50%（即1.5倍允许偏差）。当然也并不严格限定，应根据实际情况做出合理的判断。

（3）检验批的检查验收

检验批是检查验收的最小单位。控制和覆盖的范围不大，检查性质也比较简单，只须基层的质量检查人员即可，由施工单位的项目专业质量检查员和监理工程师（或建设单位项目专业技术负责人）共同组织验收。

三、分项工程的验收

分项工程验收的合格条件为：

1. 所含的检验批全部合格（即均符合合格质量的规定）。
2. 所含检验批的质量验收记录完整。

分项工程的验收是在检验批的基础上进行的。一般情况下，两者具有相同或相近的性质。只是由于数量或其他一些条件的差异，为验收方便而按工程量及工序、时间等进一步划小而已。因此，将构成分项工程的各检验批汇集起来，只要所含的全部检验批均符合合格质量的条件，则分项工程的合格就是自然而然的事情了。

但是分项工程验收不同于检验批的检查验收，因为其已不再是直接面对施工现场的操作性检验，而是更高一个层次的汇总性检验。由于覆盖范围更广大，已不可能亲临现场检查，而只能靠汇总资料的检查来解决了。这就是验收条件中提出的对检验批质量验收记录的要求。

统一标准要求检验批质量验收记录完整。这有两重含义：一是检查项目齐全，无一缺漏，这样才能保证施工质量的各个方面都能满足要求的性能；另一是检查范围全面，所含检验批应能覆盖全部施工验收区域，不得有漏查和空缺的部位。

还有一些检验批在进行下一工序之前无法得到确切的验收结论，对于这些特殊的检验批，可不一定先行验收，而可在后期分项工程验收时一并解决。

四、分部（子分部）工程的验收

分部（子分部）工程质量验收合格的条件：

1. 所含的分项工程全部合格（即均符合合格质量的规定）。
2. 相应的质量控制资料完整。

3. 观感质量验收符合要求。

4. 有关安全和功能的检验（检测）结果符合规定。

其中前两项条件与分项工程的检查验收条件相似。前者主要是保证验收范围全面，无论从项目和数量上均无缺漏，能够覆盖住有关分部（子分部）工程的全部内容。同时，前一层次有关分项工程的检查验收资料完整，这是汇总性检查验收的必要条件。

观感质量检查验收的要求是分部（子分部）工程验收新增加的内容。观感质量检查的内容多为难以定量检测的定性判断项目，应由有经验的检查人员共同通过观察、触摸（有时可辅以简单量测），经商讨后给予评价。由于完全是凭印象作出的判断，因此只能给出"好"、"一般"、"差"等定性结论。

各专业施工质量验收规范中，对观感质量提出具体的检验要求。基本能符合要求的可以评价为"一般"；观感质量比较优良的，则评为"好"；如观感质量很不好，达不到应有的质量要求，且存在明显的严重缺陷，则评为"差"。对于"差"的项目和部位应进行返修处理，在达到质量要求后再进行检查验收。在分部（子分部）工程验收前进行此项检查是因为现在建筑工程体量越来越大，越来越复杂，如推迟到单位工程验收前再做此项检查，恐怕有些项目已被掩蔽而难以实现了。

五、单位（子单位）工程的质量验收

单位（子单位）工程质量验收合格应符合下列规定：

1. 单位（子单位）工程所含分部（子分部）工程的质量均应验收合格。
2. 质量控制资料应完整。
3. 单位（子单位）工程所含分部工程有关安全和功能的检测资料应完整。
4. 主要功能项目的抽查结果应符合相关专业质量验收规范的规定。
5. 观感质量验收应符合要求。

单位工程质量验收也称质量竣工验收，是建筑工程投入使用前的最后一次验收，也是最重要的一次验收。验收合格的条件有五个，除构成单位工程的各分部工程应该合格，并且有关的资料文件应完整以外，还须进行以下三个方面的检查。

（1）涉及安全和使用功能的分部工程应进行检验资料的复查。不仅要全面检查其完整性（不得有漏检缺项），而且对分部工程验收时补充进行的见证抽样检验报告也要复核。这种强化验收的手段体现了对安全和主要使用功能的重视。

（2）对主要使用功能还须进行抽查。使用功能的检查是对建筑工程和设备安装工程最终质量的综合检验，也是用户最为关心的内容。因此，在分项、分部工程验收合格的基础上，竣工验收时再作全面检查。抽查项目是在检查资料文件的基础上由参加验收的各方人员商定，并用计量、计数的抽样方法确定检查部位。检查要求按有关专业工程施工质量验收标准的要求进行。

（3）最后，还须由参加验收的各方人员共同进行观感质量检查。检查的方法、内容、结论等已在分部工程的相应部分中阐述，最后共同确定是否通过验收。

由于单位工程验收（竣工验收）是建筑投入使用前的最后一次验收，其综合反映了自原材料进场到各关键工艺检查，直至工程实体的实际质量，因而其作用非常重要，应有建设、监理、施工、设计各方的负责人参加，使验收的结论具有权威性。

验收应由施工单位先自检评定，合格以后填写好验收记录。然后向建设单位申请，由建设单位的项目负责人、总监理工程师、施工单位负责人、设计单位的项目负责人参加验收。对各个项目检查的验收结论则由监理（建设）单位填写。最后的综合验收结论由参加验收的各方共同商定，建设单位填写，并应对工程质量是否符合设计和规范的要求给出明确结论，并对工程的总体质量水平做出评价。

第八节 建筑工程竣工质量验收依据范围及条件

一、竣工验收的依据

进行建设项目竣工验收的主要依据有以下几个方面：

1. 上级主管部门对该项目批准的各种文件。包括可行性研究报告、初步设计以及与项目有关的各种文件。

2. 工程设计文件。包括施工图纸及说明、设备技术说明书等。

3. 国家颁布的各种标准和规范。如：建筑工程施工质量验收统一标准和建筑工程施工质量验收规范（各专业）。

4. 施工合同、协议文件。包括施工承包的工作内容和应达到的标准，以及施工过程中的设计修改、变更通知等。

二、竣工验收的范围

按照国家颁布的建设法规规定，凡新建、扩建、改建的基本建设项目和技术改造项目，按批准的设计文件所规定的内容建成，符合验收标准，即：工业项目经过投入试车（带负荷运转）合格，形成生产能力的；非工业项目符合设计要求，能够正常使用的，都应及时组织验收，办理交用转产手续。对于某些特殊情况，工程施工虽未全部按设计要求完成，也应进行验收。这些特殊情况有以下几种：

1. 因少数非主要设备或某些特殊材料短期内不能解决，虽然工程内容尚未全部完成，但已可以投产或使用的工程项目。

2. 按规定的内容已建成，但因外部条件的制约，如：流动资金不足，生产所需原材料不能满足等，而使已建成工程不能投入使用的项目。

3. 有些建设项目或单项工程、已形成部分生产能力或实际上生产单位已经使用，但近期内不能按原设计规模续建，应从实际情况出发经主管部门批准后，可缩小规模对已完成的工程和设备组织竣工验收，移交固定资产。

三、竣工验收的条件

按照国家规定，建设项目竣工验收，交付生产使用，应符合满足以下条件：

1. 生产性项目和辅助性公用设施，已按设计要求完成，能满足生产，生活使用。

2. 主要工艺设备配套设施经联动负荷调试合格，形成生产、生活能力，能够生产出设计文件所规定的产品和生活使用要求。

3. 必要的生产，生活设备，已按设计形成。

4. 生产、生活准备工作能适应满足投产投用的需要。

5. 环境保护设施，劳动安全卫生设施已按设计要求与主体工程同时建成使用。

以上是建设项目竣工验收应达的基本条件，但还要结合各专业特点确定具体竣工验收应达到的条件，表 2-13 列出了几种专业工程施工应达到的具体条件。

各工程竣工应达到的具体条件　　　　　　　　　表 2-13

施工项目类别	竣工验收应满足的条件
土建工程	1. 工程项目范围按合同规定全部施工完毕
	2. 工程质量符合设计和规范要求
	3. 水、电接通，使用正常，排水畅通
	4. 道路、场地完成并平整，施工临设已拆除
	5. 竣工资料齐全、完整
安装工程	1. 各项设备、电气、空调、仪表、通讯等全部完成
	2. 工艺、物料、动力等各种管道已通水，冲洗、油漆、保温全部完成
	3. 经单机，联动无负荷，带负荷运转合格
	4. 竣工资料齐全、完整
大型管道工程	1. 按设计要求和施工规范保质保量完成
	2. 各种设备、阀门、配件安装符合规范要求
	3. 管道内杂物已清除并通水冲洗，无堵塞
	4. 管道安装质量符合质量要求
	5. 管道防腐保温标示已完成
	6. 暗埋管道、覆盖、填埋符合要求
	7. 竣工资料齐全、完整

四、竣工验收程序

工程竣工验收可分为单项或单位工程完工后的交工验收和全部工程完工后的竣工验收两大阶段，竣工验收程序流程如图 2-1 所示。

1. 施工承包方申请交工验收

整个建设项目如果分成若干个合同交予不同承包方实施，承包方已完成了合同工程或换合同约定可分步移交工程的，均可申请交工验收。交工验收一般为单位工程，但在某些特殊情况下也可以是单项工程的施工内容，如特殊基础处理工程，电站单台机组完成后的移交等。承包方的施工达到竣工条件后，自己应首先进行预检验，修补有缺陷的工程部位。设备安装工程还应与业主和监理工程师共同进行无负荷的单机和联动试车。承包方在完成了上述工作和准备好竣工资料后，即可向业主提交竣工验收报告。

2. 单项工程验收

单项工程验收对大型工程项目的建设有重要意义，特别是某些能独立发挥作用、产生效益的单项工程，更应竣工一项验收一项，这样可以使工程项目及早发挥效益。单项工程验收又称交工验收，即验收合格后业主方可投入使用，初步验收是指国家有关主管部门还未进行最终的验收认可，只要施工涉及的有关各方进行的验收。

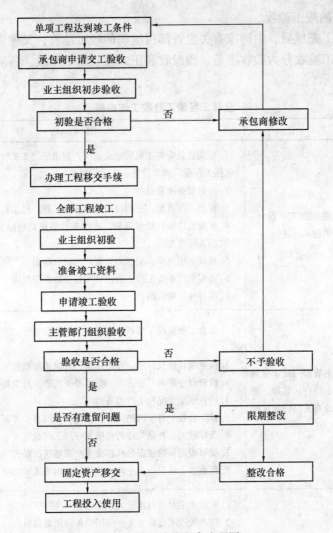

图 2-1 竣工验收程序流程图

由业主组织的交工验收，主要是依据国家颁布的有关技术规范和施工承包合同，对以下几方面进行检查或检验：

(1) 检查、核实竣工项目准备移交给业主所有技术资料的完整性，准确性。
(2) 按照设计文件和合同检查已完建工程是否有漏项。
(3) 检查工程质量、稳蔽工程验收资料，关键部位的施工记录等，考查施工质量是否达到合同要求。
(4) 检查试车记录及试车中所发现的问题是否已得到改正。
(5) 在交工验收中发现需要返工、修补的工程，明确规定完成期限。
(6) 其他涉及的有关问题。

验收合格后，业主和承包商共同签署《交工验收证书》。然后由业主将有关技术资料，连同试车记录、试车报告和交工验收证书一并上报主管部门，经批准后该部分工程即可投入使用。

验收合同的单项工程，在全部工程验收时，原则上不再办理验收手续。

3. 全部工程的竣工验收

全部工程施工完成后,由国家有关主管部门组织的竣工验收,又称为动用验收。业主参与全部工程竣工验收分为验收准备、预验收和正式验收三个阶段。各阶段的工作内容和程序见表2-14所示。

全部工程竣工验收工作内容　　　　　表2-14

工作阶段	职　　责	工　作　内　容
验收准备	业主组织施工、设计、监理、单位共同进行	1. 核实建筑安装工程的完成情况,列出已交工工程和未完成工程一览表(包括工程量、预算价值、完工日期等) 2. 提出财务决算分析 3. 检查工程质量,查明须返工或补修工程,提出具体修竣时间 4. 整理汇总项目档案资料,将所有档案资料整理装订成册,分类编目,绘制好工程竣工图 5. 登载固定资产,编制固定资产构成分析表 6. 落实生产准备工作,提出试车检查的情况报告 7. 编写竣工验收报告
预验收	上级主管部门或业主会同施工、设计、监理、使用单位及有关部门组成预验小组	1. 检查、核实竣工项目所有档案资料的完整性、准确性是否符合归档要求 2. 检查项目建设标准,评定质量,对隐患和遗留问题提出处理意见 3. 检查财务账表是否齐全,数据是否真实,开支是否合理 4. 检查试车情况和生产准备情况 5. 排除验收中有争议的问题,协调项目与有关方面、部门的关系 6. 督促返工、补做工程的修竣及收尾工程的完工 7. 编写竣工预验收报告和移交生产准备情况报告 8. 预验收合格后,业主向主管部门提出正式验收报告
正式验收	由国家有关部门组成的验收委员会主持,业主及有关单位参加	1. 听取业主对项目建设的工作报告 2. 审查竣工项目移交生产使用的各种档案资料 3. 评审项目质量。对主要工程部位的施工质量进行复验、鉴定,对工程设计的先进性、合理性、经济性进行鉴别和评审 4. 审查试车规程,检查投产试车情况 5. 核定尾工项目对遗留问题提出处理意见 6. 审查竣工验收鉴定报告,签署《国家验收鉴定书》,对整个项目做出总的验收鉴定,对项目动用的可靠性做出结论

整个工程项目进行竣工验收后,业主应迅速办理固定资产交付使用手续。在进行竣工验收时,已验收过的单项工程可以不再办理验收手续,但应将单项工程交工验收证书作为最终验收的附件而加以说明。

4. 竣工验收中遗留问题的处理

一个大型工程建设项目,在竣工验收时不可能什么问题都已处理干净,不留尾巴。因此,即使已达到竣工验收标准,办理了验收和移交固定资产手续的投资项目,可能还存在某些影响生产和使用的遗留问题。

《建设项目(工程)竣工验收办法》规定,"不合格的工程不予验收,对遗留问题提出具体解决意见，限期落实完成。"对这些问题，应实事求是地妥善加以处理，常见的遗留问题主要有以下几个方面。

（1）遗留的尾工又分三种情况：

1）属于承包合同范围内遗留的尾工，要求承包商在限定的时间内扫尾完成。

2）属于各承包合同之外的工程少量尾工，业主可以一次或分期划给生产单位包干实施。基本建设的投资（包括贷款）仍由银行监督结转使用，但从包干投资划归生产单位起，大中型项目即从计划中销号，不再列为大中型工程收尾项目。

3）分期建设分期投产的工程项目，前一期工程验收时遗留的少量尾工，可以在建设后一期工程时一并组织实施。

（2）协作配套问题应考虑两种情况：

1）投产后原材料、协作配套供应的物资等外部条件不落实或发生变化，验收交付使用后由业主和有关主管部门抓紧解决。

2）由于产品成本高、价格低或产品销路不畅，验收投产后要发生亏损的工业项目，仍应按时组织验收。交付生产后，业主应抓好经营管理、提高生产技术水平、增收节支等措施解决亏损。

（3）"三废"治理："三废"治理工程必须严格按照规定与主体工程同时建成交付使用。对于不符合要求的情况，验收委员会会同地方环保部门，根据"三废"危害程度予以区别对待：

1）危害很严重，"三废"治理未解决前不允许投料试车，否则要追究责任。

2）危害后果不很严重，为了迅速发挥投资效益，可以同意办理固定资产移交手续，但要安排足够的投资、材料，限期完成治理工程。在限期内，环保部门根据具体情况，如果同意，可酌情减免排污费，到期没有完成时，环保部门有权勒令停产或征收排污费。

（4）劳保安全措施：劳动保护措施必须严格按照规定与主体工程同时建成，同时交付使用。对竣工时遗留的或试车中发现必须新增的安全、卫生保护设施，要安排投资和材料限期完成。

（5）工艺技术和设备缺陷：对于工艺技术有问题、设备有缺陷的项目，除应追究有关方的经济责任和索赔外，可根据不同情况区别对待：

1）经过投料试车考核，证明设备性能确定达不到设计能力的项目，在索赔之后征得原批准单位同意，可在验收中根据实际情况重新核定设计能力。

2）经主管部门审查同意，继续作为投资项目调整、攻关、以期达到预期生产能力或另行调整用途。

第三章 建筑施工质量员工作要求及职责

"百年大计、质量第一"建筑工程施工质量管理是质量员重要的工作任务,各级质量员肩负着极其艰巨的使命,尤其是项目质量员对现场质量管理全权负责,因此质量员的人选和配备非常重要。

第一节 质量员的岗位条件及素质

一、质量员应有很强的事业心和责任感,敬业爱岗,勤奋工作,敢于创新,勇于开拓,大公无私,积极奉献。

二、质量员应有较强的管理能力和一定的工作经验,管理大胆,监督严格,能于组织,善于协调。

三、质量员应有较高的技术水平和熟练的专业知识。质量员的工作具有很强的专业性和技术性,必须由专业技术人员担任,一般要求应连续从事本专业工作三年以上,施工过3个以上中小型工程,对设计、施工、材料、测量、计量、检验、评定等各方面的专业知识都应了解、精通、熟练。

四、质量员应能主动交流,广泛沟通,搞好上下内外关系。

第二节 质量员的工作职能

一、质量保证职能

质量员的工作任务和职责应能在自己本职范围内,管理范围内保证各项工作做到管理到位,把握好各个环节,各个关口,使材料质量,工序质量,产品质量均处在受控状态,具有不断改进,不断提高的趋势,保证工程产品质量持续稳定上升。

二、质量预防职能

质量员要勤于检查、善于发现、及时分析,使质量问题早发现、早处理、早解决,对共性问题认真分析、采取措施、认真整改、使类似问题不再重复出现。

三、质量报告职能

质量员应对自己职权范围内无力解决的问题要及时向有关领导和上级质量部门报告,为改进设计、改进工艺、提高质量、加强管理提供必要的依据。

四、质量创优职能

质量员应有很强的创优意识,在保证质量合格的基础上积极争创优质品牌工程、积累自身和企业的质量业绩。

五、质量职能活动内容

依据保证、预防、报告、创优四大职能,企业应深入大力开展以下质量职能活动:
1．制定工程的检验计划;
2．开展样板间的检验;
3．开展工序间的检验;
4．开展检验批、分项、分部、单位工程的检验;
5．开展质量攻关、竞赛、观摩交流活动;
6．实施不合格品的控制;
7．开展 QC 小组活动;
8．采取纠正预防预控措施;
9．实施测量和试验设备的控制;
10．做好检验记录、报告及档案工作;
11．坚持质量体系运行内审外审;
12．及时偏制质量规划、计划等工作;
13．大力开展创优活动,争创优质品牌工程。

第三节 质量员的工作职责

一、公司级质量员职责

1．执行国家、行业、地方、企业的技术标准和质量验收规范、标准,对工程施工质量监督检查评定负责。
2．掌握分公司、项目部质量动态,及时分析,提出建议和反馈情况。
3．参加分管的重点和重要工程的施工组织设计、方案、质量计划和单位工程质量目标预控设计的讨论,并提出保证工程质量及实现目标的意见。
4．经常深入现场检查抽查施工质量,发现问题及时提出,对违章施工并严重危害工程质量的行为有权制止,必要时可提出暂时停止施工的要求,并及时向上级反映。
5．参加重要采购物资的验证和验收工作。
6．参加对分包施工的工程质量验证,参加样板间和主要样板项的鉴定。
7．检查过程控制程序的执行情况,参加单位工程的最终验收。
8．发生工程质量事故及时报告,参加事故的调查分析并跟踪检查纠正措施的执行情况。
9．参加分管的重点工程协调会。
10．检查质量体系评审,组织申报创优工程和 QC 小组成果。

二、分公司或项目部质量员职责

1. 熟悉审查设计图纸,参加设计交底,领会设计意图,掌握技术要点,对设计图纸中有不能保证工程质量的问题,应积极提出意见。
2. 参加施工组织设计、施工方案、质量计划和单位工程、质量预控的讨论制定,提出保证工程质量的意见。
3. 经常深入现场进行过程检验,发现不合格项及时提出。对违章施工,严重危害工程质量的行为有权制止,必要时可提出暂时停止施工的要求并及时向上级反映。
4. 督促班组自检、互检、交接检工作,协助项目部做好产品标识工作。
5. 参加采购物资的验证和验收,及时检查施工记录和试验结果。
6. 参加对分包方施工的工程质量验证,参加样板间和样板项的鉴定。
7. 参加并签证工程预检、隐检工程验收。
8. 负责检验批、分项、分部、单位工程质量的核定,负责班组任务书结算时的质量签证。
9. 参加质量事故调查分析,并跟踪纠正措施的执行落实情况。
10. 负责项目质量体系运行效果的评审考核工作。
11. 负责特殊工艺的质量培训工作。

三、公司级内业资料员质量职责

1. 负责全公司质量文件,质量资料的收发交验工作。
2. 负责国家和上级的质量规范、规程、标准整理发放工作。
3. 收集、整理、分析质量记录,及时反馈质量信息。
4. 负责月、季、年工作质量情况统计报表,参加质量联检。
5. 跟踪检查和修订《产品标识和可追溯性工作程序》、《过程控制检验程序》、《最终检验程序》、《不合格控制程序》。
6. 经常深入现场检查、指导、帮助项目质量资料的整理工作,建好质量台账。
7. 协调做好公司及部室的规划,总结及质量宣传工作。负责编写有关质量简报,报道工作。
8. 负责质量工具用具书报表格的保管发放工作。

四、分公司项目部内业资料员质量职责

1. 认真贯彻执行国家和上级颁发的规范、规程、质量标准等有关技术,质量文件和规定。
2. 发放文件有效版本,回收失效或作废的质量技术文件,收集文件修改意见。
3. 汇总检验批、分项、分部质量评定表和竣工工程质量评定表,及时呈报上级业务部门,并建立台账。
4. 填报工程质量,月、季、年事故报表。
5. 认真审查质量员交来的各种原始资料和质量报表。
6. 参加分公司、项目部组织的各项质量活动、会议、并认真做好记录,负责编写简报。

7. 经常深入现场检查，帮助质量员和项目部做好质量记录工作。

8. 负责分公司，项目部及科内质量记录的收集、整理、存档工作。

五、质量员不同阶段的工作职责

1. 施工准备阶段的工作职责

在正式施工开始前进行的质量控制为工前控制，工前控制对保证质量目标的实现非常重要，在此阶段主要做好三方面的工作：

(1) 编制质量目标设计，建立质量控制体系

根据施工合同或协议的质量要求，编制质量目标设计，制定质量保证措施和质量管理制度工作计划。建立质量控制体系，完善创新计量、质量检测技术和手段，购置必要的质量工具、用具等。组织好整个工程项目的质量保证活动。

(2) 优化方案，优化队伍，优化物资

根据工程规模、特点、难点、质量等级，对人、财、物认真研究，慎重选择，质量员要参与施工组织设计，施工方案，施工队伍的评审和选定工作。做到优化资源配置，为实现质量目标创造条件。

(3) 进行质量检查和控制工作

对工程项目施工所需要的原材料、半成品、配件附件进行质量考察，对重要的定货加工品应先提交样品然后再确定采购和定货加工，凡进场所有原材料均应有产品合格证和质量证明书，凡发现不能满足工程质量要求的立即重新购买、更换。此外根据工程材料（半成品、构配件）的用途，来源等情况，质量员可决定质量检验工作的方法，抓好材料质量的源头。

(4) 参与图纸会审，设计交底

质量员应积极主动参与图纸会审设计交底工作，了解领会设计意图，掌握设计要求。并把会审中发现因设计缺陷影响工程质量的问题解决在开工之前。

2. 施工过程中的质量职责

施工过程中进行质量控制为施工中控制。施工中控制是施工单位质量控制的重点，在施工过程中质量控制任务是非常繁重的。质量员在施工阶段应（按照质量控制点，搞好工序控制程序）。

工序是生产和检验原材料与产品质量的具体阶段，也是构成生产制造过程的基本单元。工序是人、机、料、法、环五大因素对产品质量发挥综合作用的过程。工序控制是质量控制的重中之重。因此要编好工序质量控制计划，对工序活动实行动态跟踪。

3. 工程施工后的质量职责

对施工后的产品进行质量控制为工后控制，工后控制的目的是对工程产品进行验收把关，以避免不合格产品投入使用，此阶段的工作职责是：

(1) 按设计文件要求和质量验收规范的检验批分项、分部、单位工程进行验收评定，作出质量结论，确定质量等级。

(2) 办理验收手续，填写验收记录，整理技术质量文件并编目组卷，装订移交。

(3) 编写工程竣工验收报告，报送建设单位组织工程四方验收工作。

第四章 给水排水及采暖工程质量验收

第一节 总则与基本规定

一、总则

建筑给水排水及采暖工程是建筑单位工程中的一个分部工程，该分部工程是由10个子分部工程、39个分项工程组成。

建筑给水排水及采暖工程施工所采用的工程技术文件、承包合同文件对施工质量验评的要求不得低于本教材中的标准。

给水排水及采暖工程施工质量的验评除应执行《建筑给水排水及采暖工程施工质量验收规范》(GB 50242—2002)外，还应执行符合国家现行有关规范、标准和地区、企业标准。

建筑给水排水及采暖工程施工质量验收规范必须与《建筑工程施工质量验收统一标准》(GB 50300—2001)配套使用。

二、质量管理基本规定

建筑给水排水及采暖工程施工现场应具有必要的技术标准、健全的质量管理体系和工程质量检验制度，实现全过程的质量控制。

1. 建筑给水排水及采暖工程应按照批准的工程设计文件、图纸、图集、技术规程和批准的施工方案、技术交底、质量目标设计进行施工。修改设计应有设计单位出具的设计变更通知单。施工方案、技术交底变更应有变更手续，施工操作人员不得随意改变设计和施工方案。

2. 建筑给水排水及采暖工程的分项工程，应按系统、区域、施工流水段或楼层划分。分项工程应划分成若干个检验批进行检评。

3. 建筑给水排水及采暖工程的施工单位应具有相应的资质，质量员应具备本专业的业务能力、质量员的岗位证书，质量员应配备必要的检测工具、用具，满足质检工作的需要。质量验收规范统一标准（GB 50300—2001）附录A规定了施工现场质量管理检查项目表，表中11项内容均应齐全完整，这是对施工企业现场质量管理情况的检评。

三、强制性标准

该分部工程共有20条强制性标准，这些强制性标准是保证该分部工程的使用和安全功能、使用安全的重要检验项目，必须认真控制，严格验评。

第二节 给水排水及采暖工程检验和检测

一、设备、材料管理

1. 建筑给水排水及采暖工程所使用的主要设备、材料、成品、半成品、配件、附件必须具备中文质量合格证明文件。规格、型号及性能检测报告；产品使用说明书应符合国家材料标准和设计要求。进场开箱时应做检查验收并经监理工程师核查签字确认后方可使用。

2. 所有设备材料进场时应对品种、规格、型号、外观质量进行验收，包装应完好，表面无划痕及破损现象。

3. 主要设备、器具必须有完整的安装使用说明书、产品合格证、检验检测报告，在运输、保管和施工过程中应采取有效措施防止损坏或腐蚀。

4. 阀门进场验收

（1）阀门进场后，应做强度和严密性试验。试验应在每批（同牌号、同型号、同规格）数量中抽查10%，且不少于一个。对于安装在主管道上起切断作用的控制阀门应逐个作强度、严密性试验。

（2）阀门强度和严密性试验应符合以下规定：阀门的强度试验压力为公称压力的1.5倍；严密性试验压力为公称压力的1.1倍；试验压力在试验持续时间内应保持不变，且壳体、填料及阀瓣密封面无渗漏。阀门试验的试验持续时间应不少于表4-1规定。

阀门试验持续时间　　　　　　表4-1

公称直径 DN（mm）	最短试验持续时间（s）		
	严密性试验		强度试验
	金属密封	非金属密封	
≤50	15	15	15
65～200	30	15	60
250～450	60	30	180

5. 管道上使用冲压弯头时，所使用的冲压弯头外径应与管道外径相同，不得缩小管径，减少流量。

二、施工过程控制管理

在施工过程中，质量控制是关键的环节，主要有：

1. 建筑给水排水及采暖工程与各专业之间应进行交接质量检验，并形成记录。交接时对质量情况遗留问题、工序要求、注意事项、成品保护等记录清楚完整。

2. 隐蔽工程应在隐蔽前经验收各方检验合格后才能隐蔽，并形成记录，按隐检记录表的内容如实填写详细。

3. 地下室或地下建筑物外墙有管道穿过时，应采取防水措施。对有严格防水要求的建筑物必须采用柔性防水套管。

4. 管道穿过结构伸缩缝、抗震缝及沉降缝时应根据情况采取下列保护措施：
(1) 在墙体两侧采取柔性连接。
(2) 在管道或保温层外皮上、下部留有不小于150mm的净空。
(3) 在穿墙处做成方形补偿器，水平安装。

5. 在同一房间内同类型的设备、卫生器具及管道配件，除有特殊要求外应安装在同一高度上。

6. 明装管道成排安装时，直线部分应互相平行，曲线部分当管道水平或垂直并行时，应与直线部分保持等距，管道水平上下并行时，弯管部分的曲率半径应一致。

7. 管道支、吊、托架的安装应符合下列规定：
(1) 位置要正确，埋设应平整牢固。
(2) 固定支架与管道接触应紧密，固定应牢靠。
(3) 滑动支架应灵活，滑托与滑槽两侧间应留有3~5mm的间隙，纵向移动量应符合设计要求。
(4) 无热伸长管道的吊架、吊杆应垂直安装。有热伸长的管道的吊架、吊杆应向热膨胀的反方向偏移。
(5) 固定在建筑结构上的管道支、吊架不得影响结构的安全。

8. 不同材质不同用途的管道，支、吊架间距不同，其主要有：
(1) 钢管水平安装的支、吊架间距不应大于表4-2的规定。

钢管管道的最大间距 表4-2

公称直径(mm)		15	20	25	32	40	50	70	80	100	125	150	200	250	300
支架的最大间距(m)	保温管	2	2.5	2.5	2.5	3	3	4	4	4.5	6	7	7	8	8.5
	不保温管	2.5	3	3.5	4	4.5	5	6	6	6.5	7	8	9.5	11	12

(2) 采暖、给水及热水供应系统的塑料管及复合管垂直或水平安装的支架间距应符合表4-3的规定。采用金属制作的管道支架应在管道与支架间加衬非金属垫或套管。

塑料管及复合管管道支架最大间距 表4-3

管径(mm)		12	14	16	18	20	25	32	40	50	63	75	90	110
最大间距(m)	立管	0.5	0.6	0.7	0.8	0.9	1.0	1.1	1.3	1.6	1.8	2.0	2.2	2.4
	水平管 冷水管	0.4	0.4	0.5	0.5	0.6	0.7	0.8	0.9	1.0	1.1	1.2	1.35	1.55
	水平管 热水管	0.2	0.2	0.25	0.3	0.3	0.35	0.4	0.5	0.6	0.7	0.8		

(3) 铜管垂直或水平安装的支架间距应符合表4-4的规定。

铜管管道支架的最大间距 表4-4

公称直径(mm)		15	20	25	32	40	50	65	80	100	125	150	200
支架最大间距(m)	垂直管	1.8	2.4	2.4	3.0	3.0	3.0	3.5	3.5	3.5	3.5	4.0	4.0
	水平管	1.2	1.8	1.8	2.4	2.4	2.4	3.0	3.0	3.0	3.5	3.5	3.5

9. 采暖、给水及热水供应系统的金属管道立管管卡安装应符合下列规定：

(1) 楼层高度小于或等于5m，每层必须安装一个卡子。楼层高度大于5m，每层不得少于2个卡子。

(2) 管卡安装高度距地面应为1.5~1.8m，2个以上管卡应均匀安装，同一房间管卡应在同一高度上。

(3) 管道及管道支墩（座）严禁铺设在冻土和未经夯实的松土上。

10. 有热胀冷缩的管道穿墙和穿楼板时，应设置金属或塑料套管，安装在楼板内的套管，其顶部应高出净地面20mm，安装在卫生间、浴室、厨房间的套管其顶部应高出净地面50mm，底部与楼板底饰面相平。安装在墙上的套管其两端与墙饰面相平，穿过楼板的套管与管道之间的缝隙应用阻燃密实的材料和防水油膏填实，端面应光滑，穿墙套管与管道之间的缝隙宜用阻燃密实的材料填实，且端面应光滑，管道的接口不得在套管、墙、板内。

11. 钢管弯制时其弯曲半径应符合下列规定：

(1) 热弯：应不小于管道外径的3.5倍；冷弯：应不小于管道外径的4倍；

(2) 焊接弯头：应不小于管道外径的1.5倍；

(3) 冲压弯头：应不小于管道的外径，应与管道同径。

12. 管道接口应符合下列规定：

(1) 管道采用粘接接口，管端插入承口的深度应不得小于表4-5的规定。

管端插入口的深度　　　　　　　　表4-5

公称直径（mm）	20	25	32	40	50	75	100	125	150
插入深度（mm）	16	19	22	26	31	44	61	69	80

(2) 热熔连接管道的结合面应有一均匀的熔接圈，不得出现局部熔接圈凹凸不平现象。

(3) 采用橡胶圈接口的管道，允许沿曲线敷设，每个接口的最大偏转度不得超过2°。

(4) 法兰连接时衬垫不得凹入管内，其外边缘以接近螺栓孔为宜。不得安放双层垫或偏垫。连接法兰的螺栓，直径和长度应符合标准。拧紧后，突出螺母的长度不应大于螺栓直径的1/2，且螺母应在同一侧。

(5) 螺纹连接管道安装拧紧后的外露丝扣不少于2~3扣，丝头的填料外露部分应清理干净。

(6) 管道承插连接时，水泥应捻入并密实饱满，其接口面凹入承口边缘的深度不得大于2mm。

(7) 卡箍（套）式连接两管口端应平整无缝隙，沟槽应均匀。卡紧螺栓后管道应平直，卡箍（套）安装方向应一致。

(8) 管道焊接接口，管壁厚度大于3mm时管道应打坡口，管径小于200mm的焊口应焊两遍成型，大于200mm的焊口应3~4遍成型。焊口应密实饱满，焊缝的宽度、厚度应均匀一致，焊渣应清理干净，焊口应按要求及时做好防腐处理。

13. 各种承压管道系统和设备应做水压试验。非承压管道系统和设备应做灌水试验。

14. 管洞、管道预留预埋，该项目看起来简单，但非常重要，预留预埋质量决定设备、管道的安装质量。常出现的漏留、漏埋或预埋不准确给后期安装造成很大困难，而且保证不了安装质量。因此要重视加强预留预埋工作，为后期设备管道安装创造良好条件，打好质量基础。

第三节　室内给水系统安装

一、一般规定

本项适用于工作压力不大于 1.0MPa 的室内给水（消火栓）系统管道安装工程的质量检查与验收。

1. 给水管道必须采用与管材相适应的管件。生活给水系统所涉及的材料必须达到饮用水卫生标准。

2. 不同材质给水管道的连接

（1）管径小于或等于 100mm 的镀锌钢管应采用螺纹连接，套丝扣时破坏的镀锌层表面及外露螺纹部分应做防腐处理，管径大于 100mm 的镀锌钢管应采用法兰或卡套式专用管件连接，镀锌钢管与法兰的焊接处应二次镀锌。

（2）给水塑料管和复合管可以采用橡胶圈接口、粘接接口、热熔连接、专用管件连接及法兰连接等形式。塑料管和复合管与金属管件、阀门等的连接应用专用管件连接，不得在塑料管上套丝。

（3）给水铸铁管管道应采用水泥捻口或橡胶圈接口方式进行连接。

（4）铜管连接可采用专用接头或焊接，当管径小于 22mm 时，宜采用承插或套管焊接，承口应随介质流向安装。当管径大于或等于 22mm 时宜采用对口焊接。

3. 给水立管和装有 3 个或 3 个以上配水点的支管始端均应安装可拆卸的连接件。

4. 冷、热水管道同时安装应符合下列规定：

（1）上、下平行安装时热水管应在冷水管的上方。

（2）垂直平行安装时，热水管应在冷水管的左侧。

二、给水管道及配件安装主控项目

1. 室内给水管道的水压试验必须符合设计要求，当设计未注明时，各种材质的给水管道系统试验压力均为工作压力的 1.5 倍，但不得小于 0.6MPa。

检验方法：金属及复合管给水管道系统在试验压力下观测 10min，压力降不应大于 0.02MPa，然后降到工作压力进行检查，应不渗不漏。使用塑料管的给水系统应在试验压力下稳压 1h，压力降不得超过 0.05MPa，然后在工作压力的 1.15 倍状态下稳压 2h，压力降不得超过 0.03MPa，同时检查各连接处不得渗漏。

2. 给水系统交付使用前必须进行通水试验并做好记录。

检验方法：观察和开启阀门，水嘴放水检查。

3. 生活给水系统管道在交付使用前必须冲洗和消毒，并经有关部门取样检验，符合国家生活饮用水卫生标准方可使用。

检验方法：检查有关部门提供的检验报告。

4. 室内直埋给水管道（塑料管和复合管除外）应做防腐处理，埋地管道防腐层材质和结构应符合设计要求。

检验方法：观察或局部解剖检查。

三、给水管道及配件安装一般项目

1. 给水引入管与排水排出管的水平净距不得小于 1m，室内给水与排水管道平行铺设时，两管间的水平净距不得小于 0.5m，交叉铺设时垂直净距不得小于 0.15m。给水管应铺设在排水管的上面，若给水管道必须铺在排水管的下面时，给水管应加套管，其长度不得小于排水管管径的 3 倍。

检验方法：尺量检查。

2. 管道及管件焊接的焊缝表面质量应符合下列要求：

焊接外型尺寸应符合图纸和工艺文件的规定，焊缝高度不得低于母材表面，焊缝与母材应圆滑过渡。焊缝及热影响区表面应无裂纹、未熔合、未焊透、夹渣、咬边和气孔等缺陷。

检查方法：观察检查。

3. 给水水平管道应有 2%～5% 的坡度坡向泄水装置。

检验方法：水平尺和尺量检查。

4. 给水管道及阀门安装的允许偏差，应符合表 4-6 的规定。

管道和阀门安装允许偏差和检验方法　　　　表 4-6

项次	项目			允许偏差（mm）	检验方法
1	水平管道纵横方向弯曲	钢管	每 1m	1	用水平尺、直尺、拉线和尺量检验
			全长 25m 以上	≥25	
		塑料管复合管	每 1m	1.5	
			全长 25m 以上	≥25	
		铸铁管	每 1m	2	
			全长 25m 以上	≥25	
2	立管垂直度	钢管	每 1m	3	吊线和尺量检验
			全长 5m 以上	≥8	
		塑料管复合管	每 1m	2	
			全长 5m 以上	≥8	
		铸铁管	每 1m	3	
			全长 5m 以上	≥10	
3	成排管段和成排阀门		在同一平面上间距	3	尺量检查

5. 管道的支、吊架安装应平整牢固，其间距应符合表 4-2、4-3、4-4 的规定。

检验方法：观察、尺量及手扳检查。

6. 水表安装在便于检修、观察、不受暴晒、污染和冻结的地方，安装螺翼式水表，表前与阀门应有不小于 8 倍水表接口直径的直线管段。表外壳距墙面净距为 10～30mm。水表进水口中心标高按设计要求允许偏差 ±10mm。

检查方法：观察和尺量检查。

在施工中室内给水管道及配件安装容易出现和发生的问题有：

试验项目不齐全、试验时间、标准不正确，该有的项目没有，甚至有超压试验现象。

黑白管材、管件混用。特别是生活用水管道混用黑管材、黑管件。

支、吊架安装不齐全，位置不正确，型号和规格偏小。这些都是违犯强制性条文的做法会影响管道的安全性和功能性。

四、室内消火栓系统安装主控项目

室内消火栓系统安装完成后应取屋顶层（或水箱间内）试验消火栓和首层取两处做试射试验，达到设计要求为合格。

检验方法：实地试射检查。

五、室内消火栓系统安装一般项目

1．安装消火栓水龙带，水龙带与水栓和快速接头绑扎好后，应根据箱内构造将水龙带挂放在箱内的挂钉、托盘或支架上。

检验方法：观察检查。

2．箱式消火栓的安装应符合下列规定：

(1) 栓口应朝外并不应安装在门轴一侧，即开门见栓。

(2) 栓口中心距地面1.1m，允许偏差±20mm。

(3) 阀门中心距箱侧面为140mm，距箱后内面为100mm，允许偏差±5mm。

(4) 消火栓箱体安装垂直度允许偏差为3mm。

检验方法：观察和尺量检查。

(5) 水龙带盘法要正确（龙带不可捆绑），否则火灾时，龙带不能迅速展开。

六、室内给水设备安装主控项目

1．水泵就位前的基础混凝土强度、坐标、标高、尺寸和螺栓孔位置必须符合设计规定。

检验方法：对照图纸用仪器和尺量检查。

2．水泵试运转的轴承温升必须符合设备说明书的规定。

检验方法：温度计实测检查。

3．敞口水箱的满水试验和密闭水箱（灌）的水压试验必须符合设计与规范的规定。

检验方法：满水试验静置24h观察，不渗不漏；水压试验在试验压力下10min压力不降，不渗不漏。

七、室内给水设备安装一般项目

1．水箱支架或底座安装，其尺寸及位置应符合设计规定，埋设平整牢固。

检验方法：对照图纸、尺量检验。

2．水箱溢流管和泄水管应设置在排水地点附近，但不得与排水管直接连接。溢流管出水口应加设防虫网。

检验方法：观察检查。

3．立式水泵的减振装置不应采用弹簧减振器。

检验方法：观察检查。

4. 室内给水设备安装的允许偏差应符合表4-7的规定。

室内给水设备安装的偏差和检验方法 表4-7

项次	项目		允许偏差（mm）	检验方法
1	静置设备	坐标	15	经纬仪或拉线尺量
		标高	±5	水准仪或拉线尺量
		垂直度（每米）	5	吊线和尺量检查
2	离心式水泵	立式泵体垂直度（每米）	0.1	水平尺或塞尺检查
		卧式泵体水平度（每米）	0.1	水平尺或塞尺检查
	联轴器同心度	轴向倾斜（每米）	0.8	在联轴器互相垂直的四个位置上，用水准仪百分表和塞尺检查
		径向位移	0.1	

5. 管道及设备保温层的厚度和平整度的允许偏差应符合表4-8的规定。保温、非保温范围要划分明确，保温到位。

管道及设备保温层的允许偏差和检验方法 表4-8

项次	项目		允许偏差（mm）	检验方法
1	厚度		$+0.1\delta$ -0.05δ	用钢针刺入
2	表面平整度	卷材	5	用2m靠尺或塞尺检查
		涂抹	10	

注：δ 为保温层厚度。

第四节 室内排水系统安装

一、一般规定

该项适用于室内排水管道，雨水管道安装工程的质量检验与验收。

不同使用功能采用不同材质管道：

1. 生活污水管道应使用塑料管、铸铁管或混凝土管（由成组洗脸盆或饮用水器到共用水封之间的排水管和连接卫生器具的排水短管可使用钢管）。雨水管道宜用塑料管、铸铁管、镀锌管和非镀锌管或混凝土管等。

2. 悬吊式雨水管道应选用钢管、铸铁管或塑料管，易受振动的雨水管道（如桥下、锻造车间等）应使用钢管。

二、排水管道及配件安装主控项目

1. 隐蔽或埋地的排水管道在隐蔽前必须做灌水试验，其灌水高度应不低于底层卫生器具的上边缘或底层地面高度。

检验方法：满水15min水面下降后，再灌满观察5min，液面不下降、管道及接口无渗漏为合格。

2. 生活污水管道坡度必须符合设计要求或表4-9、表4-10的规定。

生活污水铸铁管道的坡度　　表 4-9

项次	管径（mm）	标准坡度（‰）	最小坡度（‰）
1	50	35	25
2	75	25	15
3	100	20	12
4	125	15	10
5	150	10	7
6	200	8	5

检验方法：水平尺、拉线尺量检查。

生活污水塑料管的坡度　　表 4-10

项次	管径（mm）	标准坡度（‰）	最小坡度（‰）
1	50	25	12
2	75	15	8
3	110	12	6
4	125	10	5
5	160	7	4

检验方法：水平尺、拉线尺量检查。

3．排水塑料管必须按设计要求及位置装设伸缩节。如设计无要求时，伸缩节的间距不得大于 4m。高层建筑中明设排水塑料管道应按设计要求设置阻火圈或防火套管。

检验方法：观察检查。

4．排水主立管及水平干管管道均应做通球试验，通球球径不小于排水管管径的 2/3。通球率必须达到 100%。

检验方法：通球检查。

三、排水管道及配件安装一般项目

1．在生活污水管道上设置的检查口、清扫口，当设计无要求时应符合下列要求。

（1）在立管上应每隔一层设置一个检查孔，但在最底层和有卫生器具的最高层必须设置。如两层建筑时可仅在底层设置立管检查孔，如有乙字弯时，则在该层乙字弯管的上部设置检查孔。检查孔中心高度距地面一般为 1m，允许偏差 ±20mm。检查孔的朝向应便于检修，暗装立管在检查孔处应安装检修门。

（2）在连接 2 个及 2 个以上大便器或 3 个以上的卫生器具的污水横管上应设置清扫口。当污水管在楼板下悬吊敷设时，可将清扫口设在上一层楼地面上。污水管道起点的清扫口与管道相垂直的墙面距离不得小于 200mm，若污水管起点设置堵头代替清扫口时与墙面距离不得小于 400mm。

（3）在转角小于 135°的污水横管上，应设置检查孔或清扫口。

（4）污水横管的直线管段，应按设计要求的距离设置检查口。

检验方法：观察和尺量检查。

2．埋在地下或地板下的排水管道的检查口，应设在检查井内。井底表面标高与检查口的法兰相平，井底表面应有 5% 的坡度坡向检查口。

检验方法：尺量检查。

3．金属排水管道上的吊钩或卡箍应固定在承重结构上，固定架间距、横管不大于2m，立管不大于 3m，楼层高度小于或等于 4m，立管可安一个固定卡。立管底部的弯管处应设支墩或采取固定措施。

检验方法：观察和尺量检查。

4．排水塑料管道支、吊架间距应符合表 4-11 的规定。

排水塑料管道支、吊架最大间距（单位：m）　　表 4-11

管径（mm）	50	75	110	125	160
立管	1.2	1.5	2.0	2.0	2.0
横管	0.5	0.75	1.10	1.30	1.60

检验方法：尺量检查。

5. 排水通气管不得与风道或烟道连接，且符合下列规定：

(1) 通气管应高出屋面 300mm，但必须大于最大积雪厚度。

(2) 在通气管出口 4m 以内有门、窗时，通气管应高出门、窗顶部 600mm 或引向无门、窗的一侧。

(3) 在经常有人停留的平屋顶上，通气管应高出屋面 2m 并根据防雷要求设置防雷装置。

(4) 屋顶有隔热层应从隔热层面算起。

6. 安装未经消毒的医院含菌的污水管道，不得与其他排水管道连接。

检验方法：观察检查。

7. 饮食业工艺设备引出的排水管及饮用水箱的溢流管不得与污水管道直接连接。并应留出不小于 100mm 的隔断空间。

检验方法：观察和尺量检查。

8. 通向室外的排水管，穿越墙壁或基础必须下返时，应采用 45°弯头连接，并应在垂直管段顶部设置清扫口。由室内通向室外排水检查井的排水管，井内引入管应高于排出管或两管顶相平，并有不小于 90°的水流转角，如跌落差大于 300mm 可不受角度限制。

检验方法：观察和尺量检查。

9. 用于室内排水的水平管道与水平管道、水平管道与立管的连接，应采用 45°三通或 45°四通和 90°斜三通或 90°斜四通。立管及排出管端部的连接应采用 45°弯头或曲率半径不小于 4 倍管径的 90°弯头。

检验方法：观察和尺量检查。

10. 室内排水管道的允许偏差应符合表 4-12 的规定。

室内排水和雨水管道安装的允许偏差及检验方法　　　　表 4-12

项次	项	目		允许偏差（mm）	检验方法
1	坐　标			15	
2	标　高			±15	
3	横管纵横方向弯曲	铸铁管	每 1m	≥1	用水准仪（水平尺）直尺拉线和尺量检查
			全长（25m 以上）	≥25	
		钢　管	每 1m 管径小于或等于 100mm	1	
			管径大于 100mm	1.5	
			全　长 管径小于或等于 100mm	≥25	
			(25mm 以上) 管径大于 100mm	≥38	
		塑料管	每 1m	1.5	
			全长（25m 以上）	≥38	
		钢筋混凝土管、混凝土管	每 1m	3	
			全长（25m 以上）	≥75	
4	立管垂直度	铸铁管	每 1m	3	吊线或尺量检查
			全长（5m 以上）	≥15	
		钢　管	每 1m	3	
			全长（5m 以上）	≥10	
		塑料管	每 1m	3	
			全长（5m 以上）	≥15	

四、雨水管道及配件安装主控项目

1. 室内的雨水管道安装后应做灌水试验，灌水高度必须到每根立管上部的雨水斗。

检验方法：灌水试验持续1h，不渗不漏。

2. 雨水管道如采用塑料管，其伸缩节安装应符合设计要求。

检验方法：对照图纸检查。

3. 悬吊式雨水管道的敷设坡度不得小于5‰。埋地雨水管的最小坡度，应符合表4-13的规定。

地下埋设排水、雨水管道的最小坡度 表4-13

项 次	管径（mm）	最小坡度（‰）	项 次	管径（mm）	最小坡度（‰）
1	50	20	4	125	6
2	75	15	5	150	5
3	100	8	6	200~400	4

检验方法：水平尺、拉线尺量检查。

五、雨水管道及配件安装一般项目

1. 雨水管道不得与生活污水管道相连接。

检验方法：观察检查。

2. 雨水斗管的连接应固定在屋面承重的结构上。雨水斗边沿与屋面相连接处应严密不渗漏。连接管管径当设计无要求时，不得小于100mm。

检验方法：观察和尺量检查。

3. 悬吊式雨水管道的检查口或带法兰堵口的三通的间距不得大于表4-14的规定。

检验方法：拉线、尺量检查。

悬吊管检查口间距 表4-14

项 次	悬吊管直径（mm）	检查口间距（m）
1	≤150	≥15
2	≥200	≥20

4. 雨水管道安装的允许偏差应符合表4-12的规定。

5. 雨水钢管管道焊接的接口允许偏差应符合表4-15的规定。

钢管管道焊口允许偏差及检验方法 表4-15

项次	项 目		允许偏差（mm）	检验方法
1	焊口平直度	管壁厚10mm以内	管壁厚1/4	焊接检验尺和游标尺检查
2	焊接加强面	高度	+1mm	
		宽度		
3	咬边	深度	小于0.5mm	直尺检查
		连续长度	25mm	
		长度 总长度（两侧）	小于焊接长度的10%	

另外施工中还应注意，该做的试验项目要齐全，试压标准、试验方法要正确。检查孔、清扫口应按图纸或有关规定设置，位置应正确，便于使用。任何部位都不得使用淘汰

或不合格产品。

第五节 室内热水供应系统安装

一、一般规定

该项适用于工作压力不大于 1.0MPa，热水温度不超过 75℃ 的室内热水供应管道安装工程的质量检验与验收。

1. 热水供应系统的管道应采用塑料管、复合管、镀锌钢管和铜管等。
2. 热水供应管道及配件安装应按给水系统管道及配件安装的要求。

二、管道及配件安装主控项目

1. 热水供应系统安装完毕，管道保温之前应进行水压试验。试验压力应符合设计要求，当设计未注明时热水供应系统试验压力应为系统顶点的工作压力加 0.1MPa，同时在系统顶点的试验压力不小于 0.3MPa。

检验方法：钢管或复合管在试验压力下 10min 内压力降不大于 0.02MPa，然后降至工作压力检查，压力应不降且不渗不漏。塑料管在试验压力下稳压 1h，压力降不得超过 0.05MPa，然后在工作压力 1.15 倍状态下稳压 2h，压力降不得超过 0.03MPa，连接处不渗不漏。

2. 热水供应管道应尽量利用自然弯补偿热伸缩，直线段过长应设置补偿器，补偿器型号规格、位置应符合设计要求，并进行预拉伸试验。

检验方法：对照设计图纸检查。

3. 热水供应系统竣工后必须进行冲洗。

检验方法：现场观察检查。

三、管道及配件安装一般项目

1. 管道安装坡度应符合设计规定。

检验方法：水平尺、拉线尺量检查。

2. 温度控制器及阀门应安装在便于观察和维护的位置。

标准方法：观察检查。

3. 热水供应管道和阀门安装的允许偏差同给水管道和阀门安装允许偏差的规定相同。

4. 热水供应系统管道应保温（浴室明装管道除外）。保温材料、厚度、保温壳等应符合设计规定。保温层厚度和平整度的允许偏差应符合相应规定。

四、辅助设备安装主控项目

1. 在安装太阳能集热器玻璃前，应对集热排管和上、下集热管作水压试验，试验压力为工作压力的 1.5 倍。

检验方法：试验压力下 10min 内压力不降，不渗不漏。

2. 热交换器应以工作压力的 1.5 倍作水压试验，蒸气部分应不低于蒸气供气压力加

0.3MPa，热水部分应不低于0.4MPa。

检验方法：试验压力下10min内压力不降，不渗不漏。

五、辅助设备安装一般项目

1．安装固定式太阳能热水器，朝向应向正南。如受条件限制时，其偏移角不得大于15°。集热器的倾角，对于春、夏、秋三个季节使用的，应采用当地纬度减少10°。

检验方法：观察和分度仪检查。

2．由集水器上、下集管接往热水箱的循环管道应有不小于5‰的坡度。自然循环的热水箱底部与集热器上集管之间的距离为0.3~1.0m。

检验方法：尺量检查。

3．制作吸热钢板凹槽时，其圆度应准确，间距应一致。安装集热排管时，应用卡箍和钢丝紧固在钢板凹槽内。

4．太阳能热水器的最低处应安装泄水装置。

检验方法：观察检查。

5．热水箱及上、下集管，循环管均应进行保温。凡以水作介质的太阳能热水器，在0°以下地区使用应采取防冻措施。

检验方法：观察检查。

6．热水供应辅助设备安装的允许偏差同室内给水设备允许偏差的规定。

7．太阳能热水器安装的允许偏差应符合表4-16的规定。

太阳能热水器安装允许偏差及检验方法 表4-16

项 目			允许偏差	检验方法
板式直管太阳能热水器	标 高	中心线距地面（mm）	±20	尺量
	固定安装朝向	最大偏移度	不大于15°	分度仪检查

第六节 室内卫生器具安装

一、一般规定

本项适用于室内洗脸盆、洗涤盆、盥洗槽、浴盆、淋浴器、大便器、小便器、小便槽、妇女卫生盆、化验盆、排水栓、地漏、加热器、消毒器、软水器等卫生器具安装质量检验与验收。

卫生器具的安装应采用预埋螺栓或膨胀螺栓安装固定。

（1）卫生器具安装高度如设计无要求时应符合表4-17的规定。

卫生器具的安装高度 表4-17

项次	卫生器具名称		卫生器具安装高度（mm）		备 注
			住宅和公建	幼儿园	
1	污水盆（池）	架空式	800	800	
		落地式	500	500	

续表

项次	卫生器具名称		卫生器具安装高度（mm）		备注
			住宅和公建	幼儿园	
2	洗脸盆、洗手盆（有塞、无塞）		800	500	自地面至器具上边缘
3	盥洗槽		800	500	
4	洗涤盆（池）		800	800	
5	浴盆		≥520		
6	蹲式便器	高水箱	1800	1800	台阶面至高水箱底
		低水箱	900	900	台阶面至低水箱底
7	坐式便器	高水箱	1800	1800	自地面至高水箱底
		低水箱 外露排水管式	510	—	自地面至低水箱底
		低水箱 虹吸喷射式	470	370	
8	小便器	挂式	600	450	自地面至便器下边缘
9	小便槽		200	150	自地面至台阶面
10	大便槽冲洗水箱		≥2000		自台阶面至水箱底
11	妇女卫生盆		360		自地面至器具上边缘
12	化验盆		800		自地面至器具上边缘

（2）卫生器具给水配件的安装高度，如设计无要求时，应符合表4-18的规定。

卫生器具给水配件的安装高度　　　　　表4-18

项次	给水配件名称		配件中心距地面高度（mm）	冷热水龙头距离（mm）
1	架空式污水盆（池）水龙头		1000	—
2	落地式污水盆（池）水龙头		800	—
3	洗涤盆（池）水龙头		1000	150
4	住宅集中给水龙头		1000	—
5	洗手盆水龙头		1000	—
6	洗脸盆	水龙头（上配水）	1000	150
		水龙头（下配水）	800	150
		角阀（下配水）	450	—
7	盥洗槽	水龙头	1000	150
		冷热水管上下并行 其中热水龙头	1100	150
8	浴盆	水龙头（上配水）	670	—
9	淋浴器	截止阀	1150	150
		混合阀	1150	150
		淋浴喷头下沿	2100	150
10	蹲式便器台阶面算起	高水箱角阀、截止阀	2040	95
		低水箱角阀	250	—
		手动式自闭冲洗阀	600	—

续表

项次	给水配件名称		配件中心距地面高度（mm）	冷热水龙头距离（mm）
10	蹲式便器台阶面算起	脚踏式自闭冲洗阀	150	—
		拉管式冲洗阀（从地面算起）	1600	—
		带防污助冲器阀门（从地面算起）	900	—
11	坐式大便器	高水箱角阀及截止阀	2040	—
		低水箱角阀	150	—
12		大便槽冲洗水箱和截止阀（从台阶面算起）	≮2400	—
13		立式小便器角阀	1130	—
14		挂式小便器角阀、截止阀	1050	—
15		小便器多孔冲洗管	1100	—
16		实验室化验水龙头	1000	—
17		妇女卫生盆混合阀	360	—

注：装设在幼儿园内的洗手盆、洗脸盆和盥洗槽的水嘴中心离地面安装高度应为700mm，其他卫生器具的给水配件的安装高度，应根据卫生器具实际尺寸相应减少。

二、卫生器具安装主控项目

1. 排水栓和地漏安装应平正、牢固，低于排水表面，周边无渗漏。地漏水封深度不得小于50mm。

检验方法：试水观察检查。

2. 卫生器具交工前应做满水和通水试验。

检验方法：满水后各连接件不渗不漏；通水试验给、排水畅通。

三、卫生器具安装一般项目

1. 卫生器具安装的允许偏差，应符合表4-19的规定。

卫生器具安装的允许偏差和检验方法　　　　　表4-19

项次	项目		允许偏差（mm）	检验方法
1	坐标	单独器具	10	拉线、吊线和尺量检查
		成排器具	5	
2	标高	单独器具	±15	
		成排器具	±10	
3	器具水平度		2	用水平尺或尺量检查
4	器具垂直度		3	吊线或尺量检查

2. 有饰面的浴盆，在浴盆排水口附近应有检修门。

检验方法：观察检查。

3. 小便槽冲洗管，应采用镀锌钢管或硬质塑料管。冲洗管孔应斜下方安装，冲洗水流同墙面成 45°角。

4. 卫生器具的支、托架必须防腐良好，安装平整、牢固，与器具接触紧密、平稳。

检验方法：观察和手扳检查。

四、卫生器具给水配件安装主控项目

卫生器具给水配件应完好无损伤，接口严密，启闭部分灵活。

检验方法：观察及手扳检查。

五、卫生器具排水管道安装主控项目

1. 卫生器具给水配件安装高度的允许偏差应符合表 4-20 的规定。

卫生器具给水配件安装标高的允许偏差和检验方法　　表 4-20

项次	项　　目	允许偏差（mm）	检验方法
1	大便器高、低水箱角阀及截止阀	±10	尺量检查
2	水嘴	±10	
3	淋浴器喷头下沿	±15	
4	浴盆软管淋浴挂钩	±20	

2. 浴盆软管淋浴器挂钩的高度，如设计无要求时，应距地面 1.8m。

六、卫生器具排水管道安装主控项目

1. 与排水横管连接的各卫生器具的受水口和立管均应采取妥善可靠的固定措施；管道与楼板的接合部应采取牢固可靠的防渗、防漏措施。

检验方法：观察和手扳检查。

2. 连接卫生器具的排水管连接口应紧密不漏，其固定支架、管卡等支撑位置正确、牢固，管道的接触应平整、严密。

检验方法：观察及通水检查。

七、卫生器具排水管道安装一般项目

1. 卫生器具排水管道安装的允许偏差应符合表 4-21 的规定。

卫生器具排水管道安装的允许偏差及检验方法　　表 4-21

项次	检查项目		允许偏差（mm）	检验方法
1	横管弯曲度	每 1m 长	2	用水平尺尺量检查
		横管长度≤10m 全长	<8	
		横管长度>10m 全长	10	
2	卫生器具的排水管口	单独器具	10	用水平尺尺量检查
		成排器具	5	
3	卫生器具的接口标高	单独器具	±10	
		成排器具	±5	

2. 连接卫生器具的排水管管径和最小坡度，如设计无要求时，应符合表4-22的规定。

连接卫生器具的排水管管径和最小坡度　　　表4-22

项次	卫生器具名称		排水管管径（mm）	管道的最小坡度（‰）
1	污水盆（池）		50	25
2	单、双格洗涤盆（池）		50	25
3	洗手盆、洗脸盆		32～50	20
4	浴盆		50	20
5	淋浴器		50	20
6	大便器	高、低水箱	100	12
		自闭式冲洗阀	100	12
		拉管式冲洗阀	100	12
7	小便器	手动、自闭式冲洗阀	40～50	20
		自动冲洗水箱	40～50	20
8	化验盆（无塞）		40～50	25
9	净身器		40～50	20
10	饮水器		20～50	10～20
11	家用洗衣机		50（软管为30）	

检验方法：用水平尺和尺量检查。

在施工中还要特别注意以下几点：

（1）在洗脸盆、洗手盆、小便斗等排水连接口处封闭严密。
（2）地漏、地面清扫口的安装标高要保证排水通畅。
（3）污水连接口、检查孔连接要严密不得渗水、漏水。
（4）排水管道要通畅。
（5）各种洁具的安装不得歪斜，要满足装饰的要求。
（6）各种试验项目不得遗漏并要全部符合规定。

第七节　室内采暖系统安装

一、一般规定

本项适用于饱和蒸汽压力不大于0.7MPa，热水温度不超过130℃的室内采暖系统安装工程的质量检验与验收。

管道连接要求：

1. 焊接钢管管径小于或等于32mm，应采用螺纹连接；管径大于32mm，采用焊接。
2. 镀锌钢管的连接按前述规定。

二、管道及配件安装主控项目

1. 管道安装坡度，当设计未注明时，应符合下列规定：

(1) 汽、水同向流动的热水采暖管道和汽、水同向流动的蒸汽管道及凝结水管道，坡度应为3‰，不得小于2‰。

(2) 汽、水逆向流动的热水采暖管道和汽、水逆向流动的蒸汽管道，坡度不得小于5‰。

(3) 散热器支管的坡度应为1%，坡向应利于排气和泄水。

检验方法：观察，水平尺、拉线、尺量检查。

2．补偿器的型号、安装位置及预拉伸和固定支架的构造及安装位置应符合设计要求。

检验方法：对照图纸，现场观察，检查预拉伸记录。

3．平衡阀及调节阀的型号、规格、公称压力及安装位置应符合设计要求。安装完后应根据系统平衡要求进行调试并作出标志。

检验方法：对照图纸查验产品合格证和现场查看。

4．蒸汽减压阀和管道及设备上的安全阀的型号、规格、公称压力及安装位置应符合设计要求。安装完后应根据系统工作压力进行调试，并做出标志。

检验方法：对照图纸查验产品合格证，并现场查看。

5．方形补偿器制作时，应用整根无缝钢管煨制，如需要接口，其接口应设在垂直臂的中间位置，且接口必须焊接。方形补偿器应水平安装，并与管道的坡度一致，如其臂长方向垂直安装必须设排气和泄水装置。

检验方法：观察检查。

三、管道及配件安装一般项目

1．热量表、疏水器、除污器、过滤器及阀门的型号规格，公称压力及安装位置应符合设计要求。

检验方法：对照图纸查验产品合格证。

2．采暖系统入口装置及分户热计量系统入户装置应符合设计要求，安装位置应便于检修，维护和观察。

检验方法：现场观察。

3．散热器支管长度超过1.5m时，应在支管上安装管卡。

检验方法：尺量和观察检查。

4．上供下回式系统的热水干管变径应顶平偏心连接，蒸汽干管变径应底平连接。

检验方法：观察检查。

5．在管道干管上焊接垂直水平分支管道时，干管开孔所产生的钢渣及管壁等废弃物不得残留在管内、且分支管道在焊接时不得插入管内。

检验方法：观察检查。

6．膨胀水箱的膨胀管及循环管上不得安装阀门。

检验方法：观察检查。

7．当采暖热媒为110～130℃的高温水时，管道可拆卸件应用法兰连接，不得使用长丝和活接头。法兰垫料应使用耐热橡胶板。

检验方法：观察和查验进料单。

8．焊接钢管管径大于32mm的管道转弯，在作为自然补偿时应使用煨弯。塑料管及复合管除必须使用直角弯头的场合外应使用管道直接弯曲转弯。

检验方法：观察检查。

9. 管道、金属支架和设备的防腐和涂漆应附着良好无脱皮、起泡、流坠和漏涂等缺陷。

10. 采暖管道安装的允许偏差，应符合表 4-23 的规定。

采暖管道安装的允许偏差和检验方法 表 4-23

项次	项	目		允许偏差（mm）	检验方法
1	横管道纵横方向弯曲（mm）	每 1m	管径≤100mm	1	用水平尺、直尺、拉线和尺量检查
			管径>100mm	1.5	
		全长（25m 以上）	管径≤100mm	≥13	
			管径>100mm	≥25	
2	立管垂直度（mm）	每 1m		2	吊线和尺量检查
		全长（5m 以上）		≥10	
3	弯管	椭圆率 $D_{max} - D_{min}/D_{max}$	管径≤100mm	10%	用外卡钳和尺量检查
			管径>100mm	8%	
		折皱不平度（mm）	管径≤100mm	4	
			管径>100mm	5	

注：D_{max} 与 D_{min} 分别为管子最大外径及最小外径。

四、辅助设备及散热器等安装主控项目

1. 散热器组对后，以及整组出厂的散热器在安装之前应做水压试验。试验压力如设计无要求时应为工作压力的 1.5 倍，但不得小于 0.6MPa，且不允许有压降。

检验方法：试压时间为 2~3min，压力不降且不渗不漏。

2. 水泵、水箱、热交换器等辅助设备安装的质量检验同给水设备安装的质量规定。

五、辅助设备及散热器安装一般项目

1. 散热器组对应平直紧密，组对后的平直度应符合表 4-24 的规定。

组对后的散热器平直度允许偏差 表 4-24

项次	散热器类型	片数	允许偏差（mm）	项次	散热器类型	片数	允许偏差（mm）
1	长翼型	2~4	4	2	铸铁片式	3~15	4
		5~7	6		钢制片式	16~25	6

检验方法：尺量和拉线检查。

2. 组对散热器的垫片应符合下列规定：

(1) 组对散热器垫片应使用成品，组对后垫片外露不应大于 1mm。

(2) 散热器垫片材质当设计无要求时，应采用耐热橡胶垫。

检验方法：观察和尺量检查。

3. 散热器支托架安装，位置应准确，埋设牢固。支托架数量，应符合设计或产品使

用说明书的要求，如设计无要求时应符合表 4-25 的规定。

散热器支、托架数量　　　　　　　　　　　　　　　表 4-25

项次	散热器形式	安装方法	每组片数	上部托钩或卡架数	下部托钩或卡架数	合　计
1	长翼型	挂墙	2～4	1	2	3
			5	2	2	4
			6	2	3	5
			7	2	4	6
2	柱型柱翼型	挂墙	3～8	1	2	3
			9～12	1	3	4
			13～16	2	4	6
			17～20	2	5	7
			21～25	2	6	8
3	柱型柱翼型	带足落地安装	3～8	1	—	1
			9～12	1	—	1
			13～16	2	—	2
			17～20	2	—	2
			21～25	2	—	2

检验方法：现场清点检查。

4. 散热器背面与装饰后的墙内表面安装距离应符合设计要求或产品说明书要求，如设计未注明，应为 30mm。

检验方法：尺量检查。

5. 铸铁或钢制散热器表面的防腐及面漆应附着良好、色泽均匀，无脱皮、起泡、流坠和漏涂等缺陷。

检验方法：现场观察。

6. 散热器安装允许偏差应符合表 4-26 的规定。

散热器安装允许偏差和检验方法　　　　　　　　　　表 4-26

项次	项　　目	允许偏差（mm）	检验方法
1	散热器背面与墙内表面距离	3	尺量
2	与窗中心线或设计定位尺寸	20	尺量
3	散热器垂直度	3	吊线和尺量

六、金属辐射板安装主控项目

1. 辐射板在安装前应作水压试验，如设计无要求时，试验压力应为工作压力的 1.5 倍，但不得小于 0.6MPa。

检验方法：试验压力下 2～3min 压力不降且不渗不漏。

2. 水平安装的辐射板应有不小于 5‰ 的坡度坡向回水管。

检验方法：水平尺、拉线和尺量检查。

3. 辐射板管道及带状辐射板之间的连接应使用法兰连接。
检验方法：观察检查。

七、低温热水地板辐射采暖系统安装主控项目

1. 地面下敷设的盘管埋地部分不应有接头。
检验方法：隐蔽前现场查看。

2. 盘管隐蔽前必须进行水压试验，试验压力应为工作压力的1.5倍，但不得小于0.6MPa。
检验方法：稳压1h内压力降不大于0.05MPa，且不渗不漏。

3. 加热盘管弯曲部分不得出现硬折弯现象，曲率半径应符合下列规定：
（1）塑料管：不应小于管道外径的8倍。
（2）复合管：不应小于管道外径的5倍。
检验方法：尺量检查。

八、低温热水地板辐射采暖系统安装一般项目

1. 分、集水器型号、规格、公称压力及安装位置、高度应符合设计要求。
检验方法：对照图纸及产品说明书、尺量检查。

2. 加热盘管管径、间距和长度应符合设计要求。间距偏差不得大于±10mm。
检验方法：拉线和尺量检查。

3. 防潮层、防水层，隔热层及伸缩缝应符合设计要求。
检验方法：填充层浇筑前观察检查。

4. 填充层强度标号应符合设计要求。
检验方法：作试块抗压试验。

九、系统水压试验及调试主控项目

1. 采暖系统安装完毕，管道保温之前应进行水压试验。试验压力应符合设计要求，当设计未注明时，应符合下列规定：
（1）蒸汽、热水采暖系统，应以系统顶点工作压力加0.1MPa作水压试验。同时在系统顶点的试验压力不小于0.3MPa。
（2）高温热水采暖系统，试验压力应为系统顶点工作压力加0.4MPa。
（3）使用塑料管及复合管的热水系统，应以系统顶点工作压力加0.2MPa作水压试验，同时在系统顶点的试验压力不小于0.4MPa。
检验方法：使用钢管及复合管的采暖系统在试验压力下10min内压力降不大于0.02MPa，降至工作压力后检查不渗不漏。

使用塑料管的采暖系统应在试验压力下1h内压力降不大于0.05MPa，然后降至工作压力的1.15倍，稳压2h，压力降至大于0.03MPa，同时连接处不渗、不漏。

2. 系统试压合格后，应对系统进行冲洗并清除过滤器及除污器。
检验方法：现场观察，直至排出水不含泥沙、铁屑等杂物为合格。

3. 系统冲洗完毕应充水、加热，进行试运行和调试。

检验方法：观察、测量室温应满足设计要求。

施工中应注意采暖系统最高点一定要装排气装置，最低点装排污泄水装置，不管图纸是否标明。

第八节　室外给水管网安装

一、一般规定

本项适用于民用建筑群（住宅小区）及厂区的室外给水管网安装工程的质量检验与验收。

1. 输送生活给水的管道应采用塑料管、复合管、镀锌钢管或给水铸铁管。塑料管、复合管或铸铁管的管材、配件应是同一厂家的配套产品。

2. 架空或在地沟内敷设的室外给水管道其安装要求按室内给水管道的安装要求执行。塑料管道不得露天架空铺设，必须架空露天铺设时应有保温和防晒等措施。

3. 消防水泵接合器及室外消火栓的安装位置、型式必须符合设计要求。

二、给水管道安装主控项目

1. 给水管道在埋地敷设时，应在当地冰冻线以下，如必须在冰冻线以上敷设时，应做可靠的保温防潮措施。在无冰冻地区，埋地敷设时，管顶的覆土深度不得小于500mm，穿越道路部位的埋深不得小于700mm。

检验方法：现场观察检查。

2. 给水管道不得直接穿越污水井、化粪池、公共厕所等污染源区域。

检验方法：观察检查。

3. 管道接口法兰、卡扣、卡箍等应安装在检查井或地沟内，不应埋在土壤中。

检验方法：观察检查。

4. 给水管系统各种井室内的管道安装，如无设计要求，井壁距法兰或承口的距离，管径小于或等于450mm时，不得小于250mm；管径大于450mm时，不得小于350mm。

检验方法：尺量检查。

5. 管网必须进行水压试验，试验压力应为工作压力的1.5倍，但不得小于0.6MPa。

检验方法：管材为钢管、铸铁管时，试验压力下10min内压降不应大于0.05MPa，然后降至工作压力进行检查，压力应保持不变，不渗不漏；管材为塑料管时，试验压力下，稳压1h，压力降不大于0.05MPa，然后降至工作压力进行检查，压力应保持不变，不渗不漏。

6. 镀锌钢管，钢管的埋地防腐必须符合设计要求，如设计无规定时，可按表4-27的规定执行。卷材与管材间应粘贴牢固，无空鼓、滑移、接口不严等。

检验方法：观察或切开防腐层检查。

7. 给水管道在竣工后，必须对管道进行冲洗。饮用水管道还要在冲洗后进行消毒，满足饮用卫生要求。

检验方法：观察冲洗的浊度，查看相关部门提供的检验报告。

管道防腐层种类　　　　　　　　　　　表4-27

防腐层层次 （从金属面算起）	正常防腐层	加强防腐层	特加强防腐层
1	冷底子油	冷底子油	冷底子油
2	沥青涂层	沥青涂层	沥青涂层
3	外保护层	加强保护层 （封闭层）	加强保护层 （封闭层）
4	—	沥青涂层	沥青涂层
5	—	外保护层	加强保护层 （封闭层）
6	—	—	沥青涂层
7	—	—	外保护层
防腐层厚度不小于（mm）	3	6	9

三、给水管道安装一般项目

1．管道的坐标、标高、坡度，应符合设计要求，管道安装的允许偏差应符合表4-28的规定。

室外给水管道安装的允许偏差和检验方法　　　　表4-28

项次	项	目	允许偏差（mm）	检验方法
1	坐标	铸铁管 埋地	100	拉线和尺量检查
		铸铁管 敷在地沟内	50	
		钢管、塑料管 埋地	100	
		复合管 沟槽内或架空	40	
2	标高	铸铁管 埋地	±50	拉线和尺量检查
		铸铁管 地沟内	±30	
		钢管、塑料管 埋地	±50	
		复合管 地沟内或架空	±30	
3	水平管纵横向弯曲	铸铁管 直段（25m以上）起点～终点	40	拉线和尺量检查
		钢管、塑料管 复合管 直段（25m以上）起点～终点	30	

2．管道和金属支架的涂漆应附着良好，无脱皮、起泡，流淌和漏涂等缺陷。

检验方法：现场观察检查。

3．管道连接应符合工艺要求，阀门、水表等安装位置应正确。塑料给水管道上的阀门、水表等设施其重量或启闭装置的扭矩不得作用于管道上，当管径≥50mm时必须设独立的支承装置。

检验方法：现场观察检查。

4．给水管道与污水管道在不同标高平行敷设，其垂直间距在500mm以内时，给水管管径小于或等于200mm的，管壁水平间距不得小于1.5m；管径大于200mm的，不得小于3m。

检验方法：观察和尺量检查。

5. 铸铁管承插口连接对口间隙应不小于3mm，最大间隙不得大于表4-29的规定。

6. 铸铁管沿直线敷设，承插口连接的环型间隙应符合表4-30的规定。沿曲线敷设，每个接口允许有2°转角。

铸铁管承插捻口的对口最大间隙　　表4-29

管径（mm）	标准环型间隙（mm）	允许偏差（mm）
75	4	5
100～250	5	7～13
300～500	6	14～22

铸铁管承插捻口环型间隙　　表4-30

管径（mm）	标准环型间隙（mm）	允许偏差（mm）
75～200	10	+3 -2
250～450	11	+4 -2
500	12	+4 -2

检验方法：尺量检查。

7. 捻口用的油麻填料必须清洁，填塞后应捻实，其深度应占整个环型间隙深度的1/3。

检验方法：观察和尺量检查。

8. 捻口用水泥强度不得低于32.5MPa，接口水泥应密实饱满，其接口水泥面凹入承口边缘的深度不得大于2mm。

检验方法：观察和尺量检查。

9. 采用水泥捻口的给水铸铁管，在安装地点有侵蚀性的地下水时，应在接口处涂抹沥青防腐层。

检验方法：观察检查。

10. 采用橡胶圈捻口的埋地给水管道，在土壤或地下水对橡胶圈有腐蚀的地层，在回填土前应用沥青胶泥、沥青麻丝或沥青锯末等材料封闭橡胶圈接口。橡胶圈接口的管道，每个接口的最大偏转角不得超过表4-31的规定。

橡胶圈接口最大允许偏转角　　表4-31

公称直径（mm）	100	125	150	200	250	300	350	400
允许偏转角度	5°	5°	5°	5°	4°	4°	4°	3°

检验方法：观察和尺量检查。

四、消防水泵接合器及室外消火栓安装主控项目

1. 消防水系统必须进行水压试验，试验压力为工作压力的1.5倍，但不得小于0.6MPa。

检验方法：试验压力下，10min内压力降不大于0.05MPa，然后降至工作压力进行检查，压力保持不变，不渗不漏。

2. 消防管道在竣工前，必须对管道进行冲洗。

检验方法：观察冲洗出水的浊度。

3. 消防水泵接合器和消火栓的位置标志应明显。栓口的位置应方便操作。消火栓水泵接合器和室外消火栓当采用墙壁式时，如设计未要求，进出水栓口的中心安装高度距地

面为1.10m,其上方应设有防坠落物打击的措施。

检验方法:观察和尺量检查。

五、消防水泵接合器及室外消火栓安装一般项目

1. 室外消火栓和消防水泵接合器的各项安装尺寸应符合设计要求,栓口安装高度允许偏差为±20mm。

检验方法:尺量检查。

2. 地下式消防水泵接合器顶部进水口或地下式消火栓的顶部出水口与消防井盖底面的距离不得大于400mm,井内应有足够的操作空间,并设爬梯。寒冷地区井内应做防冻保护。

检验方法:观察和尺量检查。

六、管沟及井室主控项目

1. 沟内的基层处理和井室的基础必须符合设计要求。

检验方法:观察和尺量检查。

2. 各类井室的井盖应符合设计要求,应有明显的文字标示,各种井盖不得混用。

检验方法:现场观察检查。

3. 设在通车路面下或小区道路下的各种井室,必须使用重型井盖和井圈,井盖上表面应与路面相平,允许偏差为±5mm。绿化带上和不通车的地方,可采用轻型井圈、井盖,井盖的上表面应高出地面50mm。并在井口周围以2%向外的坡度做水泥砂浆护坡。

检验方法:观察和尺量检查。

4. 重型铸铁或混凝土井圈,不得直接放在井室的砖墙上,应做不少于80mm的细石混凝土垫层。

检验方法:观察和尺量检查。

七、管沟及井室一般项目

1. 管沟的坐标、位置、沟底标高应符合设计要求。

检验方法:观察和尺量检查。

2. 管沟的沟底层应是原土层或是夯实的回填土。管底应平整,坡度应顺畅,不得有尖硬的物体、块石等。

检验方法:观察检查。

3. 如沟底为岩石,不易清除的块石或为砾石层时,沟底应下挖100~200mm,填铺细砂或粒径不大于5mm的细土,夯实到沟底标高后,方可进行管道铺设。

检验方法:观察和尺量检查。

4. 管沟回填土,管顶上部200mm以内应用砂子或无石块及冻土块的土,并不得用机械回填。管顶上部500mm以内不得回填直径大于100mm的块石和冻土块,500mm以上部分回填土中的块石或冻土块不得集中。上部用机械回填时,机械不得在管沟上行走。

检验方法:观察和尺量检查。

5. 井室的砌筑应按设计或指定的标准图施工。井室的底标高在地下水位线以上时基层应为细土夯实。在地下水位线以下时,基层应打100mm厚的混凝土底板。砌筑应采用水泥砂浆，内表面抹灰后应严密不透水。

检验方法：观察和尺量检查。

6．管道穿过井壁处，应用水泥砂浆分二次填塞严密、抹平，不得渗漏。

检验方法：观察检查。

第九节　室外排水管网安装

一、一般规定

本项适用于民用建筑群（住宅小区）及厂区的室外排水管网安装的质量检验与验收。

1．室外排水管道应采用混凝土管、钢筋混凝土管、排水铸铁管或塑料管。其规格及质量必须符合现行国家标准及设计要求。

2．排水管沟及井池的土方工程、沟底的处理、管道穿井壁处的处理、管沟及井池周围要求，均参照执行给水管沟及井室的规定。

3．各种排水井、池应按设计给定的标准图施工，各种排水井和化粪池均应用混凝土做底板（雨水井除外），厚度不小于100mm。

二、排水管道安装主控项目

1．排水管道的坡度必须符合设计要求，严禁无坡或倒坡。

检验方法：用水准仪、拉线和尺量检查。

2．管道埋设前必须做灌水试验和通水试验，排水应畅通，无堵塞，管接口无渗漏。

检验方法：按排水检查井分段试验，试验水头应以试验段上游管顶加1m，时间不少于30min，逐段观察。

三、排水管道安装一般项目

1．管道的坐标和标高应符合设计要求，安装的允许偏差应符合表4-32的规定。

室外排水管道安装的允许偏差和检验方法　　　　表4-32

项次	项	目	允许偏差（mm）	检验方法
1	坐标	埋地	100	拉线尺量
		敷设在沟槽内	50	
2	标高	埋地	±20	用水平仪、拉线和尺量
		敷设在沟槽内	±20	
3	水平管道纵横向弯曲	每5m长	10	拉线尺量
		全长（两井间）	30	

2．排水铸铁管道采用水泥捻口时，油麻填塞应密实，接口水泥应饱满，其接口面凹入承口边缘且深度不得大于2mm。

检验方法：观察和尺量检查。

3．排水铸铁管外壁在安装前应除锈，涂二遍石油沥青漆。

检验方法：观察检查。

4. 承插接口的排水管道安装时，管道和管件的承口应与水流方向相反。

检验方法：观察检查。

5. 混凝土管或钢筋混凝土管采用抹带接口时，应符合下列规定：

（1）抹带前应将管口的外壁凿毛、扫净。当管径小于或等于500mm时，抹带可一次完成；大于500mm时，应分二次完成，抹带不得有裂缝。

（2）钢丝网应在管道就位前放入下方，抹压砂浆时应将钢丝网抹压牢固，钢丝网不得外露。

（3）抹带厚度不得小于管壁的厚度，宽度宜为80~200mm。

检验方法：观察和尺量检查。

四、排水管沟及井池主控项目

1. 沟基的处理和井池的底板强度必须符合设计要求。

检验方法：现场观察和尺量检查，检查混凝土强度报告。

2. 排水检查井、化粪池的底板及进、出水管的标高，必须符合设计要求，其允许偏差为±15mm。

检验方法：用水准仪和尺量检查。

五、排水管沟及井池一般项目

1. 井、池的规格、尺寸和位置应正确，砌筑和抹灰符合要求。

检验方法：观察和尺量检查。

2. 井盖选用应正确，标志应明显、标高应符合设计要求。

检验方法：观察和尺量检查。

第十节 室外供热管网安装

一、一般规定

本项适用于厂区及民用建筑群（住宅小区）的饱和蒸汽压力不大于0.7MPa，热水温度不超过130℃的室外供热管网安装质量的检验与验收。

供热管网的管材应按设计要求。当设计未注明时，应符合下列规定：

1. 管径小于或等于40mm时，应使用焊接钢管。
2. 管径50~200mm时，应使用焊接钢管或无缝钢管。
3. 管径大于200mm时，应使用螺旋焊接钢管。

室外供热管道连接均应采用焊接连接。

二、管道及配件安装主控项目

1. 平衡阀及调节阀型号、规格及公称压力应符合设计要求。安装后应根据规定要求进行调试，并作出标志。

检验方法：对照图纸及产品合格证，并现场观察调试结果。

2．直埋无补偿供热管道预热伸长及三通加固应符合设计要求。回填前应注意检查预制保温层外壳及接口的完好性。回填应按设计要求进行。

检验方法：回填前现场检验和观察。

3．补偿器的位置必须符合设计要求，并应按设计要求或产品说明书进行预拉伸。管道固定支架的位置和构造必须符合设计要求。

检验方法：对照图纸，检查拉伸记录。

4．检查井室、用户入口处管道布置应便于操作及维修，支、吊、托架稳固，满足设计要求。

检验方法：对照图纸，观察检查。

5．直埋管道的保温应符合设计要求，接口在现场发泡时，接头处厚度应与管道保温层厚度一致。接头处保温层必须与管道保护层成一体，满足防潮防水要求。

检验方法：对照图纸，观察检查。

三、管道及配件安装一般项目

1．管道水平敷设坡度应符合设计要求。

检验方法：对照图纸，用水准仪（水平尺）、拉线和尺量检查。

2．除污器构造应符合设计要求，安装位置及方向应正确，管网冲洗后应清除内部污物。

检验方法：打开清扫口检查。

3．室外供热管道安装的允许偏差和检验方法应符合表 4-33 的规定。

室外供热管道安装的允许偏差及检验方法　　　　　　表 4-33

项次	项　目		允许偏差（mm）	检验方法
1	坐标（mm）	敷设在沟槽内及架空	20	用水准仪、水平尺、直尺、拉线
		埋地	50	
2	标高（mm）	敷设在沟槽内及架空	±10	尺量检查
		埋地	±15	
3	水平管道纵、横方向弯曲（mm）	每1m　管径≤100mm	1	用水准仪（水平尺）、直尺、拉线和尺量检查
		每1m　管径>100mm	1.5	
		全长（25m以上）管径≤100mm	≥13	
		全长（25m以上）管径>100mm	≥25	
4	弯　管	椭圆率　管径≤100mm	8%	用外长钳和尺量检查
		椭圆率　管径>100mm	5%	
		折皱不平度（mm）管径≤100mm	4	
		折皱不平度（mm）管径125～200mm	5	
		折皱不平度（mm）管径250～400mm	7	

4．管道焊口的允许偏差应符合表 4-15 的规定。

5．管道及管件焊接的焊缝表面质量应符合下列规定：

(1) 焊缝的外形尺寸应符合图纸和工艺文件的规定，焊缝高度不得低于母材表面，焊缝与母材应圆滑过渡。

(2) 焊缝与热影响区表面应无裂纹、未熔合未焊透、夹渣、咬边和气孔等缺陷。

检验方法：观察检查。

6. 供热管网的供水管或蒸汽管，如设计无规定时，应敷设在载热介质前进方向的右侧或上方。

检验方法：对照图纸观察检查。

7. 地沟内的管道安装位置，其净距（保温层外表面）应符合下列规定：

与沟壁　100~150mm
与沟底　100~200mm
与沟顶（不通行地沟）50~100mm
（半通行或通行地沟）200~300mm

检验方法：尺量检查。

8. 架空敷设的供热管道安装高度，如设计无规定时，应符合下列规定（保温层外表面计算）：

(1) 行人地区　不小于2.5m
(2) 行车地区　不小于4.5m
(3) 跨越铁路　距轨顶不小于6m

检验方法：尺量检查。

9. 防锈漆的厚度应均匀，不得有脱皮起泡、流坠和漏刷等缺陷。

检验方法：保温前观察检查。

10. 管道保温的厚度和平整度的允许偏差应符合表4-8的规定。

四、系统水压试验及调试主控项目

1. 供热管道的水压试验压力应为工作压力的1.5倍，但不得小于0.6MPa。

检验方法：在试验压力下10min内压力降不大于0.05MPa，然后降至工作压力下检查，不渗不漏。

2. 管道试压合格后，应进行冲洗。

检验方法：现场观察，以水色不浑浊为合格。

3. 管道冲洗完毕应通水、加热，进行试运行和调试。当不具备加热条件时，应延期进行。

检验方法：测量各建筑物热力入口处，供回水温度及压力。

4. 供热管道做水压试验时，试验管道上的阀门应开启，试验管道与非试验管道应隔断。

检验方法：开启和关闭阀门检查。

施工时还特别应注意：

(1) 伸缩器的预拉伸长度要正确，安装位置一定要正确。

(2) 减压阀、单向阀、调压阀、除污器、过滤器等附件安装方向与位置一定要正确。除污器、过滤器污物及时清除。

(3) 热入口装置安装不得遗漏，位置正确。
(4) 系统的排气、泄水装置位置正确。

第十一节 建筑中水系统及游泳池水系统安装

一、一般规定

1. 中水系统中的原水管道管材及配件要求及中水系统给水管道及排水管道检验标准按室内给、排水系统的规定执行。
2. 游泳池排水系统安装，检验标准按室内给、排水系统的规定执行。
3. 游泳池水加热系统安装，检验标准按热水系统的规定执行。

二、建筑中水系统管道及辅助设备安装主控项目

1. 中水高位水箱应与生活高位水箱分设在不同的房间内，如条件不允许只能设在同一房间时，与生活高位水箱的净距应大于2m。
   检验方法：观察和尺量检查。
2. 中水给水管道不得装设取水水嘴。便器冲洗宜采用密闭型设备和器具。绿化、浇洒、汽车冲洗宜采用壁式或地下的给水栓。
   检验方法：观察检查。
3. 中水供水管道严禁与生活饮用水给水管道连接，并采取下列措施：
   (1) 中水管道外壁应涂绿色标志。
   (2) 中水池（箱）、阀门、水表及给水栓均应有"中水"标志。
   检验方法：观察检查。
4. 中水管道不得暗装于墙体和楼板内。如必经暗装时，必须在管道上标有明显不易脱落的标志。
   检验方法：观察检查。

三、建筑中水系统管道及辅助设备安装一般项目

1. 中水给水管道管材及配件应采用耐腐蚀的给水管材及附件。
   检验方法：观察检查。
2. 中水管道与生活饮用水管道、排水管道平行埋设时，其水平净距离不得小于0.5m；交叉埋设时，中水管道应敷设于生活饮用水管道的下面，排水管道的上面，其净距不应小于0.15m。
   检验方法：观察和尺量检查。

四、游泳池水系统安装主控项目

1. 游泳池的给水口、回水口、泄水口应采用耐腐蚀的铜、不锈钢、塑料等材质制造。溢流槽、格栅应为耐腐蚀材料制造，并为组装型。安装时其表面应与池壁或池底面相平。
   检验方法：观察检查。

2. 游泳池的毛发集聚器应采用铜或不锈钢等耐腐蚀材料制造,过滤筒(网)的孔径应不小于3mm,其面积应为连接管截面积的1.5~2倍。

检验方法:观察尺量计算检查。

3. 游泳池地面,应采取有效措施防止冲洗排水流入池内。

检验方法:观察检查。

五、游泳池水系统安装一般项目

1. 游泳池循环水系统加药(混凝剂)的药品溶解池、溶液池及定量投加设备应采用耐腐蚀材料制造。输送溶液的管道应采用塑料管、胶管或铜管。

检验方法:观察检查。

2. 游泳池的浸脚、浸腰消毒池的给水管、投药管、溢流管、循环管和泄空管应采用耐腐蚀材料制成。

检验方法:观察检查。

第五章 通风与空调工程施工质量验收

第一节 通风与空调工程检验和检测

一、通风与空调分部工程的子分部划分

通风与空调工程作为建筑工程的分部工程施工时,其子分部与分项工程的划分应按表5-1的规定执行。当通风与空调工程作为单位工程独立验收时,子分部上升为分部。

通风与空调分部工程的子分部划分表　　　　　表5-1

子分部工程	分 项 工 程	
送、排风系统	风管与配件制作 部件制作 风管系统安装 风管与设备防腐 风机安装 系统调试	通风设备安装,消声设备制作与安装
防、排烟系统		排烟风口、常闭正压风口与设备安装
除尘系统		除尘与排污设备安装
空调系统		空调设备安装,消声设备制作与安装,风管与设备绝热
净化空调系统		系统调试、空调设备安装,消声设备制作与安装,风管与设备绝热,高效过滤器安装,净化设备安装
制冷系统	制冷机组安装,制冷剂管道及配件安装,制冷附属设备安装,管道及设备的防腐与绝热,系统调试	
空调水系统	冷热水管道系统安装,冷却水管道系统安装,冷凝水管道系统安装,阀门及部件安装,冷却塔安装,水泵及附属设备安装,管道与设备的防腐与绝热,系统调试	

二、通风与空调工程检验和检测应包括的主要内容

1. 通风与空调工程施工质量的验收,除应符合规范 GB 50243—2002 的规定外,还应按照被批准的设计图纸、合同约定的内容和相关技术标准的规定进行。施工图纸修改必须有设计单位的设计变更通知书或技术核定签证。

2. 施工企业承担通风与空调工程施工图纸深化设计及施工时,还必须具有相应的设计资质及其质量管理体系,并应取得原设计单位的书面同意或签字认可。

3. 通风与空调工程所使用的主要原材料、成品、半成品和设备的进场,必须对其进行验收。验收应经监理工程师认可,并应形成相应的质量记录。通风与空调工程的施工,应把每一个分项施工工序作为工序交接检验点,并形成相应的质量记录。

4. 通风与空调工程施工过程中发现设计文件有差错的,应及时提出修改意见或更正建议,并形成书面文件及归档。

5. 通风与空调工程的施工应按规定的程序进行,并与土建及其他专业工种互相配合。与通风与空调系统有关的土建工程施工完毕后,应由建设或总承包、监理、设计及施工单

位共同会检。会检的组织宜由建设、监理或总承包单位负责。

6. 通风与空调工程分项工程施工质量的验收，应按本规范对应分项的具体条文规定执行。子分部中的各个分项，可根据施工工程的实际情况一次验收或数次验收。

7. 通风与空调工程中的隐蔽工程，在隐蔽前必须经监理人员验收及认可签证。

8. 通风与空调工程竣工的系统调试，应在建设和监理单位的共同参与下进行，施工企业应有专业检测人员和符合有关标准规定的测试仪器。

9. 分项工程检验批验收合格质量应符合下列规定：

（1）具有施工单位相应分项合格质量的验收记录。

（2）主控项目的质量抽样检验应全数合格。

（3）一般项目的质量抽样检验，除有特殊要求外，计数合格率不应小于80%，且不得有严重缺陷。

第二节 通风与空调工程制作安装规定

一、风管制作

1. 一般规定

（1）对风管制作质量的验收，应按其材料、系统类别和使用场所的不同分别进行。主要包括风管的材质、规格、强度、严密性与成品外观质量等项内容。

（2）风管制作质量的验收，按设计图纸与本规范的规定执行。工程中所选用的外购风管，还必须提供相应的产品合格证明文件或进行强度和严密性的验证，符合要求的方可使用。

（3）通风管道规格的验收，风管以外径或外边长为准，风道以内径或内边长为准。通风管道的规格宜按照表5-2、表5-3的规定。圆形风管应优先采用基本系列。非规则椭圆形风管参照矩形风管，并以长径平面边长及短径尺寸为准。

圆形风管规格（mm） 表5-2

风管直径 D			
基本系列	辅助系列	基本系列	辅助系列
100	80	250	240
	90	280	260
120	110	320	300
140	130	360	340
160	150	400	380
180	170	450	420
200	190	500	480
220	210	560	530
630	600	1250	1180
700	670	1400	1320
800	750	1600	1500
900	850	1800	1700
1000	950	2000	1900
1120	1060		

矩形风管规格（mm） 表5-3

风管边长				
120	320	800	2000	4000
160	400	1000	2500	—
200	500	1250	3000	—
250	630	1600	3500	—

（4）风管系统按其系统的工作压力划分为三个类别，其类别划分应符合表5-4的规定。

风管系统类别划分 表5-4

系统类别	系统工作压力 P（Pa）	密封要求
低压系统	$P \leqslant 500$	接缝和接管连接处严密
中压系统	$500 < P \leqslant 1500$	接缝和接管连接处增加密封措施
高压系统	$P > 1500$	所有的拼接缝和接管连接处，均应采取密封措施

（5）镀锌钢板及各类含有复合保护层的钢板，应采用咬口连接或铆接，不得采用影响其保护层防腐性能的焊接连接方法。

（6）风管的密封，应以板材连接的密封为主，可采用密封胶嵌缝和其他方法密封。密封胶性能应符合使用环境的要求，密封面宜设在风管的正压侧。

2. 主控项目内容

（1）风管制作安装主控项目见表5-5。

主控项目内容一览表 表5-5

项次	项目	规范编号	质量验收标准	检查数量	检查方法
1	材质种类、性能及厚度	第4.2.1条	金属风管的材料品种、规格、性能与厚度等应符合设计和现行国家产品标准的规定。当设计无规定时，应按规范执行。钢板或镀锌钢板的厚度不得小于表5-6的规定；不锈钢板的厚度不得小于表5-7的规定；铝板的厚度不得小于表5-8的规定	按材料与风管加工批数量抽查10%，不得少于5件	查验材料质量合格证明文件、性能检测报告、尺量、观察检查
		第4.2.2条	非金属风管的材料品种、规格、性能与厚度等应符合设计和现行国家产品标准的规定。当设计无规定时，应按本规范执行。硬聚氯乙烯风管板材的厚度，不得小于表5-9或表5-10的规定；有机玻璃钢风管板材的厚度，不得小于表5-11的规定；无机玻璃钢风管板材的厚度应符合表5-12的规定，相应的玻璃布层数不应少于表5-13的规定，其表面不得出现返卤或严重泛霜 用于高压风管系统的非金属风管厚度应按设计规定		

续表

项次	项目	规范编号	质量验收标准	检查数量	检查方法
2	防火风管材料及密封垫材料	第4.2.3条	防火风管的本体、框架与固定材料、密封垫料必须为不燃材料，其耐火等级应符合设计的规定	按材料与风管加工批数量抽查10%，不得少于5件	查验材料质量合格证明文件、性能检测报告，观察检查与点燃试验
	复合材料风管的材料	第4.2.4条	复合材料风管的覆面材料必须为不燃材料，内部的绝热材料应为不燃或难燃 B_1 级，且对人体无害的材料		
3	风管强度及严密性、工艺性能检测	第4.2.5条	风管必须通过工艺性的检测或验证，其强度和严密性要求应符合设计或下列规定： 1. 风管的强度应能满足在1.5倍工作压力下接缝处无开裂 2. 矩形风管的允许漏风量应符合以下规定 低压系统风管 $Q_L \leqslant 0.1056 P^{0.65}$ 中压系统风管 $Q_M \leqslant 0.0352 P^{0.65}$ 高压系统风管 $Q_H \leqslant 0.0117 P^{0.65}$ 式中 Q_L、Q_M、Q_H——系统风管在相应工作压力下，单位面积风管单位时间内的允许漏风量 [$m^3/(h \cdot m^2)$] P——风管系统的工作压力 (Pa) 3. 低压、中压圆形金属风管、复合材料风管以及采用非法兰形式的非金属风管的允许漏风量，应为矩形风管规定值的50% 4. 砖、混凝土风道的允许漏风量不应大于矩形低压系统风管规定值的1.5倍 5. 排烟、除尘、低温送风系统按中压系统风管的规定，1~5级净化空调系统按高压系统风管的规定	按风管系统的类别和材质分别抽查，不得少于3件及15m^2	检查产品合格证明文件和测试报告，或进行风管强度和漏风量测试
4	风管的连接	第4.2.6条	金属风管的连接应符合下列规定 1. 风管板材拼接的咬口缝应错开，不得有十字形拼接缝 2. 金属风管法兰材料规格不小于表5-14和表5-15的规定。中、低压系统风管法兰的螺栓及铆钉孔的孔距不得大于150mm；高压系统风管不得大于100mm。矩形风管法兰的四角部位应设有螺孔 当采用加固方法提高了风管法兰部位的强度时，其法兰材料规格相应的使用条件可适当放宽 无法兰连接风管的薄钢板法兰高度应参照金属法兰风管的规定执行	按加工批数量抽查5%，不得少于5件	尺量、观察检查
		第4.2.7条	非金属（硬聚氯乙烯、有机玻璃钢）风管的连接还应符合下列规定 1. 法兰的规格应符合有关规定，其螺栓孔的间距不得大于120mm；矩形风管法兰的四角处，应设有螺孔 2. 采用套管连接时，套管厚度不得小于风管板材厚度		

续表

项次	项目	规范编号	质量验收标准	检查数量	检查方法
5	复合材料风管法兰连接	第4.2.8条	复合材料风管采用法兰连接时,法兰与风管板材的连接应可靠,其绝热层不得外露,不得采用降低板材强度和绝热性能的连接方法	按加工批数量抽查5%,不得少于5件	尺量、观察检查
6	砖、混凝土风道的变形缝	第4.2.9条	砖、混凝土风道的变形缝,应符合设计要求,不应渗水和漏风	全数检查	观察检查
7	风管的加固	第4.2.10条	金属风管的加固应符合下列规定 1. 圆形风管(不包括螺旋风管)直径大于等于800mm,且其管段长度大于1250mm或总表面积大于4m²均应采取加固措施 2. 矩形风管边长大于630mm、保温风管边长大于800mm,管段长度大于1250mm或低压风管单边平面积大于1.2m²,中、高压风管大于1.0m²,均应采取加固措施 3. 非规则椭圆风管的加固,应参照矩形风管执行	按加工批数量抽查5%,不得少于5件	尺量、观察检查
		第4.2.11条	非金属风管的加固,还应符合下列规定 1. 硬聚氯乙烯风管的直径或边长大于500mm时,其风管与法兰的连接处应设加强板,且间距不得大于450mm 2. 有机及无机玻璃钢风管的加固,应为本体材料或防腐性能相同的材料,并与风管成一整体		
8	矩形弯管制作及导流片	第4.2.12条	矩形风管弯管的制作,一般应采用曲率半径为一个平面边长的内外同心弧形弯管。当采用其他形式的弯管,平面边长大于500mm时,必须设置弯管导流片	其他形式的弯管抽查20%,不得少于2件	观察检查
9	净化空调风管	第4.2.13条	净化空调系统风管还应符合下列规定 1. 矩形风管边长小于或等于900mm时,底面板不应有拼接缝;大于900mm时,不应有横向拼接缝 2. 风管所用的螺栓、螺母、垫圈和铆钉均应采用与管材性能相匹配、不会产生电化学腐蚀的材料,或采取镀锌或其他防腐措施,并不得采用抽芯铆钉 3. 不应在风管内设加固框及加固筋,风管无法兰连接不得使用S形插条、直角形插条及立联合角形插条等形式 4. 空气洁净度等级为1~5级的净化空调系统风管不得采用按扣式咬口 5. 风管的清洗不得用对人体和材质有危害的清洁剂 6. 镀锌钢板风管不得有镀锌层严重损坏的现象,如表层大面积白花、锌层粉化等	按风管数抽查20%,不得少于5个	查验材料质量合格证明文件和观察检查,白绸布擦拭

本表质量标准中"规范编号",系指《通风与空调工程施工质量验收规范》(GB 50243—2002) 中的条文编号。

(2) 各类风管板材厚度见表 5-6 ~ 表 5-12,相应的玻璃布层数见表 5-13。

钢板风管板材厚度 (mm)　　　　　表 5-6

类别 风管直径 D 或长边尺寸 b	圆形风管	矩形风管		除尘系统风管
		中、低压系统	高压系统	
$D(b) \leq 320$	0.5	0.5	0.75	1.5
$320 < D(b) \leq 450$	0.6	0.6	0.75	1.5
$450 < D(b) \leq 630$	0.75	0.6	0.75	2.0
$630 < D(b) \leq 1000$	0.75	0.75	1.0	2.0
$1000 < D(b) \leq 1250$	1.0	1.0	1.0	2.0
$1250 < D(b) \leq 2000$	1.2	1.0	1.2	按设计
$2000 < D(b) \leq 4000$	按设计	1.2	按设计	

注:1. 螺旋风管的钢板厚度可适当减小 10% ~ 15%。
2. 排烟系统风管钢板厚度可按高压系统。
3. 特殊除尘系统风管钢板厚度应符合设计要求。
4. 不适用于地下人防与防火隔墙的预埋管。

高、中、低压系统不锈钢板风管板材厚度 (mm)　表 5-7

序号	风管直径或长边尺寸 b	不锈钢板板材厚度
1	$b \leq 500$	0.5
2	$500 < b \leq 1120$	0.75
3	$1120 < b \leq 2000$	1.0
4	$2000 < b \leq 4000$	1.2

中、低压系统铝板风管板材厚度 (mm)　表 5-8

序号	风管直径或长边尺寸 b	铝板板材厚度
1	$b \leq 320$	1.0
2	$320 < b \leq 630$	1.5
3	$630 < b \leq 2000$	2.0
4	$2000 < b \leq 4000$	按设计

中、低压系统硬聚氯乙烯圆形风管板材厚度 (mm)　表 5-9

序号	风管直径 D	板材厚度
1	$D \leq 320$	3.0
2	$320 < D \leq 630$	4.0
3	$630 < D \leq 1000$	5.0
4	$1000 < D \leq 2000$	6.0

中、低压系统硬聚氯乙烯矩形风管板材厚度 (mm)　表 5-10

序号	风管直径或长边尺寸 b	板材厚度
1	$b \leq 320$	3.0
2	$320 < b \leq 500$	4.0
3	$500 < b \leq 800$	5.0
4	$800 < b \leq 1250$	6.0
5	$1250 < b \leq 2000$	8.0

中、低压系统有机玻璃钢风管板材厚度（mm）

表 5-11

序号	风管直径 D 或长边尺寸 b	壁 厚
1	$D(b) \leq 200$	2.5
2	$200 < D(b) \leq 400$	3.2
3	$400 < D(b) \leq 630$	4.0
4	$630 < D(b) \leq 1000$	4.8
5	$1000 < D(b) \leq 2000$	6.2

中、低压系统无机玻璃钢风管板材厚度（mm）

表 5-12

序号	风管直径 D 或长边尺寸 b	壁 厚
1	$D(b) \leq 300$	2.5～3.5
2	$300 < D(b) \leq 500$	3.5～4.5
3	$500 < D(b) \leq 1000$	4.5～5.5
4	$1000 < D(b) \leq 1500$	5.5～6.5
5	$1500 < D(b) \leq 2000$	6.5～7.5
6	$D(b) > 2000$	7.5～8.5

中、低压系统无机玻璃钢风管玻璃纤维布厚度与层数（mm） 表 5-13

风管直径 D 或长边尺寸 b	风管管体玻璃纤维布厚度		风管法兰玻璃纤维布厚度	
	0.3	0.4	0.3	0.4
	玻璃布层数			
$D(b) \leq 300$	5	4	8	7
$300 < D(b) \leq 500$	7	5	10	8
$500 < D(b) \leq 1000$	8	6	13	9
$1000 < D(b) \leq 1500$	9	7	14	10
$1500 < D(b) \leq 2000$	12	8	16	14
$D(b) > 2000$	14	9	20	16

（3）各类风管法兰及螺栓规格见表 5-14、表 5-15。

金属圆形风管法兰及螺栓规格（mm） 表 5-14

序 号	风管直径 D	法兰材料规格		螺栓规格
		扁 钢	角 钢	
1	$D \leq 140$	20×4	—	M6
2	$140 < D \leq 280$	25×4	—	M6
3	$280 < D \leq 630$	—	25×3	M8
4	$630 < D \leq 1250$	—	30×3	M8
5	$1250 < D \leq 2000$	—	40×4	M8

金属矩形风管法兰及螺栓规格（mm） 表 5-15

序 号	风管长边尺寸 b	法兰材料规格	螺栓规格
1	$b \leq 630$	25×3	M6
2	$630 < b \leq 1500$	30×3	M8
3	$1500 < b \leq 2500$	40×4	M8
4	$2500 < b \leq 4000$	50×5	M10

3. 风管制作一般项目内容见表 5-16、表 5-17

一般项目内容及验收要求　　　　　表 5-16

项次	项目	规范编号	质量验收标准	检查数量	检查方法
1	风管制作	第 4.3.1 条	风管的制作应符合下列规定 1. 圆形弯管的曲率半径（以中心线计）和最少分节数量应符合表 5-17 中的规定。圆形弯管的弯曲角度及圆形三通、四通支管与总管夹角的制作偏差不应大于 3° 2. 风管与配件的咬口缝应紧密、宽度应一致；折角应平直，圆弧应均匀；两端面平行。风管无明显扭曲与翘角；表面应平整，凹凸不大于 10mm 3. 风管外径或外边长的允许偏差：当小于或等于 300mm 时，为 2mm；当大于 300mm 时，为 3mm。管口平面度的允许偏差为 2mm，矩形风管两条对角线长度之差不应大于 3mm；圆形法兰任意正交两直径之差不应大于 2mm 4. 焊接风管的焊缝应平整，不应有裂缝、凸瘤、穿透的夹渣、气孔及其他缺陷等，焊接后板材的变形应矫正，并将焊渣及飞溅物清除干净	通风与空调工程按制作数量 10% 抽查，不得少于 5 件；净化空调工程按制作数量抽查 20%，不得少于 5 件	查验测试记录，进行装配试验，尺量、观察检查
2	法兰风管制作	第 4.3.2 条	金属法兰连接风管的制作还应符合下列规定 1. 风管法兰的焊缝应熔合良好、饱满，无假焊和孔洞；法兰平面度的允许偏差为 2mm，同一批量加工的相同规格法兰的螺孔排列应一致，并具有互换性 2. 风管与法兰采用铆接连接时，铆接应牢固，不应有脱铆和漏铆现象；翻边应平整，紧贴法兰，其宽度应一致，且不应小于 6mm；咬缝与四角处不应有开裂与孔洞 3. 风管与法兰采用焊接连接时，风管端面不得高于法兰接口平面。除尘系统的风管，宜采用内侧满焊、外侧间断焊形式，风管端面距法兰接口平面不应小于 5mm 当风管与法兰采用点焊固定连接时，焊点应熔合良好，间距不应大于 100mm；法兰与风管应紧贴，不应有穿透的缝隙或孔洞 4. 当不锈钢板或铝板风管的法兰采用碳素钢时，其规格应符合表 5-14 和表 5-15 的规定，并应根据设计要求做防腐处理；铆钉应采用与风管材质相同或不产生电化学腐蚀的材料	通风与空调工程按制作数量抽查 10%，不得少于 5 件；净化空调工程按制作数量抽查 20%，不得少于 5 件	查验测试记录，进行装配试验，尺量、观察检查

续表

项次	项目	规范编号	质量验收标准	检查数量	检查方法
3	无法兰圆形风管制作	第4.3.3条	无法兰连接风管的制作还应符合下列规定 1.无法兰连接风管的接口及连接件，应符合规范要求。圆形风管的芯管连接应符合有关要求 2.薄钢板法兰矩形风管的接口及附件，其尺寸应准确，形状应规则，接口处应严密 薄钢板法兰的折边（或法兰条）应平直，弯曲度不应大于5/1000；弹性插条或弹簧夹应与薄钢板法兰相匹配；角件与风管薄钢板法兰四角接口的固定应稳固、紧贴，端面应平整，相连处不应有缝隙大于2mm的连续穿透缝 3.采用C、S形插条连接的矩形风管，其边长不应大于630mm；插条与风管加工插口的宽度应匹配一致，其允许偏差为2mm；连接应平整、严密，插条两端压倒长度不应小于20mm 4.采用立咬口、包边立咬口连接的矩形风管，其立筋的高度应大于或等于同规格风管的角钢法兰宽度。同一规格风管的立咬口、包边立咬口的高度应一致，折角应倾角、直线度允许偏差为5/1000；咬口连接铆钉的间距不应大于150mm；间隔应均匀；立咬口四角连接处的铆钉，应紧密、无孔洞	按制作数量抽查10%，不得少于5件；净化空调工程抽查20%，不得少于5件	查验测试记录，进行装配试验，尺量、观察检查
4	风管的加固	第4.3.4条	风管的加固应符合下列规定 1.风管的加固可采用楞筋、立筋、角钢（内、外加固）、扁钢、加固筋和管内支撑等形式 2.楞筋或楞线的加固，排列应规则，间隔应均匀，板面不应有明显的变形 3.角钢、加固筋的加固，应排列整齐、均匀对称，其高度应小于或等于风管的法兰宽度。角钢、加固筋与风管的铆接应牢固、间隔应均匀，不应大于220mm；两相交处应连接成一体 4.管内支撑与风管的固定应牢固，各支撑点之间或与风管的边沿或法兰的间距应均匀，不应大于950mm 5.中压和高压系统风管的管段，其长度大于1250mm时，还应有加固框补强。高压系统金属风管的单咬口缝，还应有防止咬口缝胀裂的加固或补强措施	按制作数量抽查10%，净化空调系统抽查20%，均不得少于5件	查验测试记录，进行装配试验，观察和尺量检查

续表

项次	项目	规范编号	质量验收标准	检查数量	检查方法
5	硬聚氯乙烯风管	第4.3.5条	硬聚氯乙烯风管除应执行规范第4.3.1条第1、3款和第4.3.2条第1款外,还应符合下列规定 1. 风管的两端面平行,无明显扭曲,外径或外边长的允许偏差为2mm;表面平整、圆弧均匀,凹凸不应大于5mm 2. 焊缝的坡口形式和角度应符合规范规定 3. 焊缝应饱满,焊条排列应整齐,无焦黄、断裂现象 4. 用于洁净室时,还应按本规范4.3.11条的有关规定执行	按风管总数抽查10%,法兰数抽查5%,不得少于5件	尺量、观察检查
6	有机玻璃钢风管	第4.3.6条	有机玻璃钢风管除应执行规范第4.3.1条第1~3款和第4.3.2条第1款外,还应符合下列规定 1. 风管不应有明显扭曲、内表面应平整光滑,外表面应整齐美观,厚度应均匀,且边缘无毛刺,并无气泡及分层现象 2. 风管的外径或外边长尺寸的允许偏差为3mm,圆形风管的任意正交两直径之差不应大于5mm;矩形风管的两对角线之差不应大于5mm 3. 法兰应与风管成一整体,并应有过渡圆弧,并与风管轴线成直角,管口平面度的允许偏差为3mm;螺孔的排列应均匀,至管壁的距离应一致,允许偏差为2mm 4. 矩形风管的边长大于900mm,且管段长度大于1250mm时,应加固。加固筋的分布应均匀、整齐	按风管总数抽查10%,法兰数抽查5%,不得少于5件	尺量、观察检查
7	无机玻璃钢风管	第4.3.7条	无机玻璃钢风管除应执行规范第4.3.1条第1~3款和第4.3.2条第1款外,还应符合下列规定 1. 风管的表面应光洁、无裂纹、无明显泛霜和分层现象 2. 风管的外形尺寸的允许偏差应符合相关规定 3. 风管法兰的规定与有机玻璃钢法兰相同	按风管总数抽查10%,法兰数抽查5%,不得少于5件	尺量、观察检查

续表

项次	项目	规范编号	质量验收标准	检查数量	检查方法
8	砖、混凝土风管	第4.3.8条	砖、混凝土风道内表面水泥砂浆应抹平整、无裂缝,不渗水	按风道总数抽查10%,不得少于一段	观察检查
9	双面铝箔绝热板风管	第4.3.9条	双面铝箔绝热板风管除应执行规范第4.3.1条第2、3款和第4.3.2条第2款外,还应符合下列规定 1. 板材拼接宜采用专用的连接构件,连接后板面平面度的允许偏差为5mm 2. 风管的折角应平直,拼缝粘接应牢固、平整,风管的粘结材料宜为难燃材料 3. 风管采用法兰连接时,其连接应牢固,法兰平面度的允许偏差为2mm 4. 风管的加固,应根据系统工作压力及产品技术标准的规定执行	按风管总数抽查10%,法兰数抽查5%,不得少于5件	尺量、观察检查
10	铝箔玻璃纤维板风管	第4.3.10条	铝箔玻璃纤维板风管除应执行规范第4.3.1条第2、3款和第4.3.2条第2款外,还应符合下列规定 1. 风管的离心玻璃纤维板材应干燥、平整;板外表面的铝箔隔气保护层应与内芯玻璃纤维材料粘合牢固;内表面应有防纤维脱落的保护层,并应对人体无危害 2. 当风管连接采用插入接口形式时,接缝处的粘结应严密、牢固,外表面铝箔胶带密封的每一边粘贴宽度不应小于25mm,并应有辅助的连接固定措施 当风管的连接采用法兰形式时,法兰与风管的连接应牢固,并应能防止板材纤维逸出和冷桥 3. 风管表面应平整、两端面平行,无明显凹穴、变形、起泡,铝箔无破损等 4. 风管的加固,应根据系统工作压力及产品技术标准的规定执行	按风管总数抽查10%,不得少于5件	尺量、观察检查

续表

项次	项目	规范编号	质量验收标准	检查数量	检查方法
11	净化空调风管	第4.3.11条	净化空调系统风管还应符合以下规定 1.现场应保持清洁，存放时应避免积尘和受潮。风管的咬口缝、折边和铆接等处有损坏时，应做防腐处理 2.风管法兰铆钉孔的间距，当系统洁净度的等级为1～5级时，不应大于65mm；为6～9级时，不应大于100mm 3.静压箱本体、箱内固定高效过滤器的框架及固定件应做镀锌、镀镍等防腐处理 4.制作完成的风管，应进行第二次清洗，经检查达到清洁要求后应及时封口	抽查20%，法兰数抽查10%，不得少于5件	查阅风管清洗记录，用白绸布擦拭

本表质量标准中"规范编号"，系指《通风与空调工程施工质量验收规范》（GB 50243—2002）中的条文编号。

圆形弯管曲率半径和最少节数　　　　　　　　　　表 5-17

弯管直径 D/mm	曲率半径 R	弯管角度和最少节数							
		90°		60°		45°		30°	
		中节	端节	中节	端节	中节	端节	中节	端节
80～220	≥1.5D	2	2	1	2	1	2	—	2
220～450	D～1.5D	3	2	2	2	1	2	—	2
450～800	D～1.5D	4	2	2	2	1	2	1	2
800～1400	D	5	2	3	2	2	2	1	2
1400～2000	D	8	2	5	2	3	2	2	2

二、风管系统

1. 一般规定

（1）风管系统安装后，必须进行严密性检验，合格后方能交付下道工序。风管系统严密性检验以主、干管为主。在加工工艺得到保证的前提下，低压风管系统可采用漏光法检测。

（2）风管系统吊、支架采用膨胀螺栓等胀锚方法固定时，必须符合其相应技术文件的规定。

2. 主控项目内容见表5-18

主 控 内 容 表   表 5-18

项次	规范编号	质量验收标准	检查数量	检查方法
1	第6.2.1条	在风管穿过需要封闭的防火、防爆的墙体或楼板时，应预埋管或防护套管，其钢板厚度不应小于1.6mm。风管与防护套管之间，应用不燃且对人体无危害的柔性材料封堵	按数量抽查20%，不得少于1个系统	尺量、观察检查
2	第6.2.2-1条	风管内严禁其他管线穿越	按数量抽查20%，不得少于1个系统	手扳、尺量、观察检查
3	第6.2.2-2条	输送含有易燃、易爆气体或安装在易燃、易爆环境的风管系统应有良好的接地，通过生活区或其他辅助生产房间时必须严密，并不得设置接口	按数量抽查20%，不得少于1个系统	手扳、尺量、观察检查
4	第6.2.2-3条	室外立管的固定拉索严禁拉在避雷针或避雷网上	按数量抽查20%，不得少于1个系统	手扳、尺量、观察检查
5	第6.2.3条	输送空气温度高于80℃的风管，应按设计规定采取防护措施	按数量抽查20%，不得少于1个系统	观察检查
6	第6.2.4条	风管部件安装必须符合下列规定 1. 各类风管部件及操作机构的安装，应能保证其正常的使用功能，并便于操作 2. 斜插板风阀的安装，阀板必须为向上拉启；水平安装时，阀板还应为顺气流方向插入 3. 止回风阀、自动排气活门的安装方向应正确	按数量抽查20%，不得少于5件	尺量、观察检查，动作试验
7	第6.2.5条	防火阀、排烟阀（口）的安装方向、位置正确 防火分区隔墙两侧的防火阀，距墙表面不应大于200mm	按数量抽查20%，不得少于5件	尺量、观察检查，动作试验
8	第6.2.6条	净化空调系统风管的安装还应符合下列规定 1. 风管、静压箱及其他部件，必须擦拭干净，做到无油污和浮尘，当施工停顿或完毕时，端口应封好 2. 法兰垫片应为不产尘、不易老化和具有一定强度和弹性的材料，厚度为5～8mm，不得采用乳胶海绵；法兰垫片应尽量减少拼接，并不允许直缝对接连接，严禁在垫料表面涂涂料 3. 风管与洁净室吊顶、隔墙等围护结构的接缝处应严密	按数量抽查20%，不得少于1个系统	观察、用白绸布擦拭
9	第6.2.7条	集中式真空吸尘系统的安装应符合下列规定 1. 真空吸尘系统弯管的曲率半径不应小于4倍管径，弯管的内壁面应光滑，不得采用褶皱弯管 2. 真空吸尘系统三通的夹角不得大于45°；四通制作应采用两个斜三通的做法	按数量抽查20%，不得少于2件	尺量、观察检查

续表

项次	规范编号	质量验收标准	检查数量	检查方法
10	第6.2.8条	风管系统安装完毕后，应按系统类别进行严密性检验，漏风量应符合设计与规范第4.2.5条的规定。风管系统的严密性检验，应符合下列规定 1. 低压系统风管的严密性检验应采用抽检，抽检率为5%，且不得少于1个系统。在加工工艺得到保证的前提下，采用漏光法检测。检测不合格时，应按规定的抽检率做漏风量测试 中压系统风管的严密性检验，应在漏光法检测合格后，对系统漏风量测试进行抽检，抽检率为20%，且不得少于1个系统 高压系统风管的严密性检验，为全数进行漏风量测试 系统风管严密性检验的被抽检系统，应全数合格，则视为通过；如有不合格时，则应再加倍抽检，直至全数合格 2. 净化空调系统风管的严密性检验，1~5级的系统按高压系统风管的规定执行；6~9级的系统按规范第4.2.5条的规定执行	按条文中的规定	按规范附录A的规定进行严密性测试
11	第6.2.9条	手动密闭阀安装，阀门上标志的箭头方向必须与受冲击方向一致	全数检查	观察、核对检查

本表质量标准中规范条目，系指《通风与空调工程施工质量验收规范》(GB 50243—2002) 中的条文编号。

3．一般项目内容见表5-19

一般项目内容　　　　　表5-19

项次	规范编号	质量验收标准	检查数量	检查方法
1	第6.3.1条	风管的安装应符合下列规定 1. 风管安装前，应清除内、外杂物，并做好清洁和保护工作 2. 风管安装的位置、标高、走向，应符合设计要求。现场风管接口的配置，不得缩小其有效截面 3. 连接法兰的螺栓应均匀拧紧，其螺母宜在同一侧 4. 风管接口的连接应严密、牢固。风管法兰的垫片材质应符合系统功能的要求，厚度不应小于3mm。垫片不应凸入管内，亦不宜突出法兰外 5. 柔性短管的安装，应松紧适度，无明显扭曲 6. 可伸缩性金属或非金属软风管的长度不宜超过2m，并不应有死弯或塌凹 7. 风管与砖、混凝土风道的连接接口，应顺着气流方向插入，并应采取密封措施。风管穿出屋面处应设有防雨装置 8. 不锈钢板、铝板风管与碳素钢支架的接触处，应有隔绝或防腐绝缘措施	按数量抽查10%，不得少于1个系统	尺量、观察检查

续表

项次	规范编号	质量验收标准	检查数量	检查方法
2	第6.3.2条	无法兰连接风管的安装还应符合下列规定 1.风管的连接处,应完整无缺损、表面应平整,无明显扭曲 2.承插式风管的四周缝隙应一致,无明显的弯曲或褶皱;内涂的密封胶应完整,外粘的密封胶带,应粘贴牢固、完整无缺损 3.薄钢板法兰形式风管的连接,弹性插条、弹簧夹或紧固螺栓的间隔不应大于150mm,且分布均匀,无松动现象 4.插条连接的矩形风管,连接后的板面应平整、无明显弯曲	按数量抽查10%,不得少于1个系统	尺量、观察检查
3	第6.3.3条	风管的连接应平直、不扭曲。明装风管水平安装,水平度的允许偏差为3/1000,总偏差不应大于20mm。明装风管垂直安装,垂直度的允许偏差为2/1000,总偏差不应大于20mm。暗装风管的位置,应正确、无明显偏差 除尘系统的风管,宜垂直或倾斜敷设,与水平夹角宜大于或等于45°,小坡度和水平管应尽量短 对含有凝结水或其他液体的风管,坡度应符合设计要求,并在最低处设排液装置	按数量抽查10%,但不得少于1个系统	尺量、观察检查
4	第6.3.4条	风管支、吊架的安装应符合下列规定 1.风管水平安装,直径或长边尺寸小于等于400mm,间距不应大于4m;大于400mm,不应大于3m。螺旋风管的支、吊架间距可分别延长至5m和3.75m;对于薄钢板法兰的风管,其支、吊架间距不应大于3m 2.风管垂直安装,间距不应大于4m,单根直管至少应有2个固定点 3.风管支、吊架宜按国标图集与规范选用强度和刚度相适应的形式和规格。对于直径或边长大于2500mm的超宽、超重等特殊风管的支、吊架应按设计规定 4.支、吊架不宜设置在风口、阀门、检查门及自控机构处,离风口或插接管的距离不宜小于200mm 5.当水平悬吊的主、干风管长度超过20m时,应设置防止摆动的固定点,每个系统不应少于1个 6.吊架的螺孔应采用机械加工。吊杆应平直,螺纹完整、光洁。安装后各副支、吊架的受力应均匀,无明显变形 风管或空调设备使用的可调隔振支、吊架的拉伸或压缩量应按设计的要求进行调整 7.抱箍支架,折角应平直,抱箍应紧贴并箍紧风管。安装在支架上的圆形风管应设托座和抱箍,其圆弧应均匀,且与风管外径相一致	按数量抽查10%,不得少于1个系统	尺量、观察检查

续表

项次	规范编号	质量验收标准	检查数量	检查方法
5	第6.3.5条	非金属风管的安装还应符合下列的规定 1. 风管连接两法兰端面应平行、严密,法兰螺栓两侧应加镀锌垫圈 2. 应适当增加支、吊架与水平风管的接触面积 3. 硬聚氯乙烯风管的直段连续长度大于20m时,应按设计要求设置伸缩节;支管的重量不得由干管来承受,必须自行设置支、吊架 4. 风管垂直安装,支架间距不应大于3m	按数量抽查10%,不得少于1个系统	尺量、观察检查
6	第6.3.6条	复合材料风管的安装还应符合下列规定 1. 复合材料风管的连接处,接缝应牢固,无孔洞和开裂。当采用插接连接时,接口应匹配、无松动,端口缝隙不应大于5mm 2. 采用法兰连接时,应有防冷桥的措施 3. 支、吊架的安装宜按产品标准的规定执行	按数量抽查10%,但不得少于1个系统	尺量、观察检查
7	第6.3.7条	集中式真空吸尘系统的安装应符合下列规定 1. 吸尘管道的坡度宜为5/1000,并坡向立管或吸尘点 2. 吸尘嘴与管道的连接,应牢固、严密	按数量抽查20%,不得少于5件	尺量、观察检查
8	第6.3.8条	各类风阀应安装在便于操作及检修的部位,安装后的手动或电动操作装置应灵活、可靠,阀板关闭应保持严密 防火阀直径或长边尺寸大于或等于630mm时,宜设独立支、吊架 排烟阀(排烟口)及手控装置(包括预埋套管)的位置应符合设计要求。预埋套管不得有死弯及瘪陷 除尘系统吸入管段的调节阀,宜安装在垂直管段上	按数量抽查10%,不得少于5件	尺量、观察检查
9	第6.3.9条	风帽安装必须牢固,连接风管与屋面或墙面的交接处不应渗水	按数量抽查10%,不得少于5件	尺量、观察检查
10	第6.3.10条	排、吸风罩的安装位置应正确,排列整齐,牢固可靠	按数量抽查10%,不得少于5件	尺量、观察检查
11	第6.3.11条	风口与风管的连接应严密、牢固,与装饰面相紧贴;表面平整、不变形,调节灵活、可靠。条形风口的安装,接缝处应衔接自然,无明显缝隙。同一厅室、房间内的相同风口的安装高度应一致,排列应整齐 明装无吊顶的风口,安装位置和标高偏差不应大于10mm 风口水平安装,水平度的偏差不应大于3/1000 风口垂直安装,垂直度的偏差不应大于2/1000	按数量抽查10%,不得少于1个系统或不少于5件和2个房间的风口	尺量、观察检查
12	第6.3.12条	净化空调系统风口安装还应符合下列规定 1. 风口安装前应清扫干净,其边框与建筑顶棚或墙面间的接缝处应加设密封垫料或密封胶,不应漏风 2. 带高效过滤器的送风口,应采用可分别调节高度的吊杆	按数量抽查20%,不得少于1个系统或不少于5件和2个房间的风口	尺量、观察检查

本表质量标准中规范条目,系指《通风与空调工程施工质量验收规范》(GB 50243—2002)中的条文编号。

三、通风与空调设备安装

1. 一般规定

(1) 通风与空调设备应有装箱清单、设备说明书、产品质量合格证书和产品性能检测报告等随机文件,进口设备还应具有商检合格的证明文件。

(2) 设备安装前,应进行开箱检查,并形成验收文字记录。参加人员为建设、监理、施工和厂商等各方单位的代表。

(3) 设备就位前应对其基础进行验收,合格后方能安装。

(4) 设备的搬运和吊装必须符合产品说明书的有关规定,并应做好设备的保护工作,防止因搬运或吊装而造成设备损伤。

2. 主控项目内容见表 5-20

主控项目内容 表 5-20

项次	项目	规范编号	质量验收标准	检查数量	检查方法
1	通风机安装	第 7.2.1 条	通风机的安装应符合下列规定 1. 型号、规格应符合设计规定,其出口方向应正确 2. 叶轮旋转应平稳,停转后不应每次停留在同一位置上 3. 固定通风机的地脚螺栓应拧紧,并有防松动措施	全数检查	依据设计图核对、观察检查
2	通风机安全措施	第 7.2.2 条	通风机传动装置的外露部位以及直通大气的进、出口,必须装设防护罩(网)或采取其他安全设施	全数检查	依据设计图核对、观察检查
3	空调机组的安装	第 7.2.3 条	空调机组的安装应符合下列规定 1. 型号、规格、方向和技术参数应符合设计要求 2. 现场组装的组合式空气调节机组应做漏风量的检测,其漏风量必须符合现行国家标准《组合式空调机组》(GB/T 14294)的规定	按总数抽检 20%。不得少于 1 台 净化空调系统的机组,1~5 级全数检查,6~9 级抽查 50%	依据设计图核对、检查测试记录
4	除尘器安装	第 7.2.4 条	除尘器的安装应符合下列规定 1. 型号、规格、进出口方向必须符合设计要求 2. 现场组装的除尘器壳体应做漏风量检测,在设计工作压力下允许漏风率为 5%,其中离心式除尘器为 3% 3. 布袋除尘器、电除尘器的壳体及辅助设备接地应可靠	按总数抽查 20%,不得少于 1 台;接地全数检查	按图核对、检查测试记录和观察检查

续表

项次	项目	规范编号	质量验收标准	检查数量	检查方法
5	高效过滤器安装	第7.2.5条	高效过滤器应在洁净室及净化空调系统进行全面清扫和系统连续试车12h以上后，在现场拆开包装并进行安装 安装前需进行外观检查和仪器检漏。目测不得有变形、脱落、断裂等破损现象；仪器抽检检漏应符合产品质量文件的规定 合格后立即安装，其方向必须正确，安装后的高效过滤器四周及接口，应严密不漏；在调试前应进行扫描检漏	高效过滤器的仪器抽检检漏按批抽5%，不得少于1台	观察检查、按本规范GB 50243—2002附录B规定扫描检测或查看检测记录
6	净化空调设备安装	第7.2.6条	净化空调设备的安装还应符合下列规定 1. 净化空调设备与洁净室围护结构相连的接缝必须密封 2. 风机过滤器单元（FFU与FMU空气净化装置）应在清洁的现场进行外观检查，目测不得有变形、锈蚀、漆膜脱落、拼接板破损等现象；在系统试运转时，必须在进风口处加装临时中效过滤器作为保护	全数检查	按设计图核对、观察检查
7	静电空气过滤器安装	第7.2.7条	静电空气过滤器金属外壳接地必须良好	按总数抽查20%，不得少于1台	核对材料、观察检查或电阻测定
8	电加热器的安装	第7.2.8条	电加热器的安装必须符合下列规定 1. 电加热器与钢构架间的绝热层必须为不燃材料；接线柱外露的应加安全防护罩 2. 电加热器的金属外壳接地必须良好 3. 连接电加热器的风管的法兰垫片，应采用耐热不燃材料	按总数抽查20%，不得少于1台	核对材料、观察检查或电阻测定
9	干蒸汽加湿器安装	第7.2.9条	干蒸汽加湿器的安装，蒸汽喷管不应朝下	全数检查	观察检查
10	过滤吸收器安装	第7.2.10条	过滤吸收器的安装方向必须正确，并应设独立支架，与室外的连接管段不得泄漏	全数检查	观察或检测

3. 一般项目内容见表5-21

一般项目内容　　　　　　　　　　　　　　　表5-21

项次	项目	规范编号	质量验收标准	检查数量	检查方法
1	叶轮与机壳安装	第7.3.1-1条	通风机的安装，应符合相关的规定，叶轮转子与机壳的组装位置应正确；叶轮进风口插入风机机壳进风口或密封圈的深度，应符合设备技术文件的规定，或为叶轮外径值的1/100	按总数抽查20%，不得少于1台	尺量、观察或检查施工记录
2	轴流风机叶片安装	第7.3.1-2条	现场组装的轴流风机叶片安装角度应一致，达到在同一平面内运转，叶轮与筒体之间的间隙应均匀，水平度允许偏差为1/1000	按总数抽查20%，不得少于1台	尺量、观察或检查施工记录

续表

项次	项目	规范编号	质量验收标准	检查数量	检查方法
3	隔振器地面	第7.3.1-3条	安装隔振器的地面应平整，各组隔振器承受荷载的压缩量应均匀，高度误差应小于2mm	按总数抽查20%，不得少于1台	尺量、观察或检查施工记录
4	隔振器支、吊架	第7.3.1-4条	安装风机的隔振钢支、吊架，其结构形式和外形尺寸应符合设计或设备技术文件的规定；焊接应牢固，焊缝应饱满、均匀	按总数抽查20%，不得少于1台	尺量、观察或检查施工记录
5	组合式空调机组的安装	第7.3.2条	组合式空调机组及柜式空调机组的安装应符合下列规定 1. 组合式空调机组各功能段的组装，应符合设计规定的顺序和要求；各功能段之间的连接应严密，整体应平直 2. 机组与供回水管的连接应正确，机组下部冷凝水排放管的水封高度应符合设计要求 3. 机组应清扫干净，箱体内应无杂物、垃圾和积尘 4. 机组内空气过滤器（网）和空气热交换器翅片应清洁、完好	按总数抽查20%，不得少于1台	观察检查
6	现场组装的空气处理室安装	第7.3.3条	空气处理室的安装应符合下列规定 1. 金属空气处理室壁板及各段的组装位置应正确，表面平整，连接严密、牢固 2. 喷水段的本体及其检查门不得漏水，喷水管和喷嘴的排列、规格应符合设计的规定 3. 表面式换热器的散热面应保持清洁、完好。当用于冷却空气时，在下部应设有排水装置，冷凝水的引流管或槽应畅通，冷凝水不外溢 4. 表面式换热器与围护结构间的缝隙，以及表面式热交换器之间的缝隙，应封堵严密 5. 换热器与系统供回水管的连接应正确，且严密不漏	按总数抽查20%，不得少于1台	观察检查
7	单元式空调机组的安装	第7.3.4条	单元式空调机组的安装应符合下列规定 1. 分体式空调机组的室外机和风冷整体式空调机组的安装，固定应牢固、可靠；除应满足冷却风循环空间的要求外，还应符合环境卫生保护有关法规的规定 2. 分体式空调机组的室内机的位置应正确、并保持水平，冷凝水排放应畅通。管道穿墙处必须密封，不得有雨水渗入 3. 整体式空调机组管道的连接应严密、无渗漏，四周应留有相应的维修空间	按总数抽查20%，不得少于1台	观察检查

续表

项次	项目	规范编号	质量验收标准	检查数量	检查方法
8	除尘设备安装	第7.3.5条	除尘设备的安装应符合下列规定 1. 除尘器的安装位置应正确、牢固平稳，允许误差应符合设计的规定 2. 除尘器的活动或转动部件的动作应灵活、可靠，并应符合设计要求 3. 除尘器的排灰阀、卸料阀、排泥阀的安装应严密，并便于操作与维护修理	按总数抽查20%，不得少于1台	尺量、观察检查及检查施工记录
9	现场组装静电除尘器安装	第7.3.6条	现场组装的静电除尘器的安装，还应符合设备技术文件及下列规定 1. 阳极板组合后的阳极排平面度允许偏差为5mm，其对角线允许偏差为10mm 2. 阴极小框架组合后主平面的平面度允许偏差为5mm，其对角线允许偏差为10mm 3. 阴极大框架的整体平面度允许偏差为15mm，整体对角线允许偏差为10mm 4. 阳极板高度小于或等于7m的电除尘器，阴、阳极间距允许偏差为5mm。阳极板高度大于7m的电除尘器，阴、阳极间距允许偏差为10mm 5. 振打锤装置的固定，应可靠；振打锤的转动，应灵活。锤头方向应正确；振打锤头与振打砧之间应保持良好的线接触状态，接触长度应大于锤头厚度的0.7倍	按总数抽查20%，不得少于1组	尺量、观察检查及检查施工记录
10	现场组装布袋除尘器安装	第7.3.7条	现场组装布袋除尘器的安装，还应符合下列规定 1. 外壳应严密、不漏，布袋接口应牢固 2. 分室反吹袋式除尘器的滤袋安装，必须平直。每条滤袋的拉紧力应保持在25～35N/m；与滤袋连接接触的短管和袋帽，应无毛刺 3. 机械回转扁袋袋式除尘器的旋臂，转动应灵活可靠，净气室上部的顶盖，应密封不漏气，旋转应灵活，无卡阻现象 4. 脉冲袋式除尘器的喷吹孔，应对准文氏管的中心，同心度允许偏差为2mm	按总数抽查20%，不得少于1台	尺量、观察检查及检查施工记录
11	净化室设备安装	第7.3.8条	洁净室空气净化设备的安装，应符合下列规定 1. 带有通风机的气闸室、吹淋室与地面间应有隔振垫 2. 机械式余压阀的安装，阀体、阀板的转轴均应水平，允许偏差为2/1000。余压阀的安装位置应在室内气流的下风侧，并不应在工作面高度范围内 3. 传递窗的安装，应牢固、垂直，与墙体的连接处应密封	按总数抽查20%，不得少于1件	尺量、观察检查

续表

项次	项目	规范编号	质量验收标准	检查数量	检查方法
12	装配式洁净室安装	第7.3.9条	装配式洁净室的安装应符合下列规定 1. 洁净室的顶板和壁板（包括夹芯材料）应为不燃材料 2. 洁净室的地面应干燥、平整，平整度允许偏差为1/1000 3. 壁板的构配件和辅助材料的开箱，应在清洁的室内进行，安装前应严格检查其规格和质量。壁板应垂直安装，底部宜采用圆弧或钝角交接；安装后的壁板之间、壁板与顶板间的拼缝，应平整严密，墙板的垂直允许偏差为2/1000，顶板水平度的允许偏差与每个单间的几何尺寸的允许偏差均为2/1000 4. 洁净室吊顶在受荷载后应保持平直，压条全部紧贴。洁净室壁板若为上、下槽形板时，其接头应平整、严密；组装完毕的洁净室所有拼接缝，包括与建筑的接缝，均应采取密封措施，做到不脱落，密封良好	按总数抽查20%，且不得少于5处	尺量、观察检查及检查施工记录
13	洁净层流罩安装	第7.3.10条	洁净层流罩的安装应符合下列规定 1. 应设独立的吊杆，并有防晃动的固定措施 2. 层流罩安装的水平度允许偏差为1/1000，高度的允许偏差为±1mm 3. 层流罩安装在吊顶上，其四周与顶板之间应设有密封及隔振措施	按总数抽查20%，且不得少于5处	尺量、观察检查及检查施工记录
14	风机过滤器单元安装	第7.3.11条	风机过滤器单元（FFU、FMU）的安装应符合下列规定 1. 风机过滤器单元的高效过滤器安装前应进行外观检查和仪器检漏，合格后进行安装，方向必须正确；安装后的FFU或FMU机组应便于检修 2. 安装后的FFU风机过滤器单元，应保持整体平整，与吊顶衔接良好。风机箱与过滤器之间的连接、过滤器单元与吊顶框架间应有可靠的密封措施	按总数抽查20%，且不得少于2个	尺量、观察检查及检查施工记录
15	高效过滤器安装	第7.3.12条	高效过滤器的安装应符合下列规定 1. 高效过滤器采用机械密封时，须采用密封垫料，其厚度为6~8mm，并定位贴在过滤器边框上，安装后垫料的压缩应均匀，压缩率为25%~50% 2. 采用液槽密封时，槽架安装应水平，不得有渗漏现象，槽内无污物和水分，槽内密封液高度宜为2/3槽深。密封液的熔点宜高于50℃	按总数抽查20%，且不得少于5个	尺量、观察检查

续表

项次	项目	规范编号	质量验收标准	检查数量	检查方法
16	消声器的安装	第7.3.13条	消声器的安装应符合下列规定 1. 消声器安装前应保持干净，做到无油污和浮尘 2. 消声器安装的位置、方向应正确，与风管的连接应严密，不得有损坏与受潮。两组同类型消声器不宜直接串联 3. 现场安装的组合式消声器，消声组件的排列、方向和位置应符合设计要求。单个消声器组件的固定应牢固 4. 消声器、消声弯管均应设独立支、吊架	整体安装的消声器，按总数抽查10%，且不得少于5台。现场组装的消声器全数检查	手扳和观察检查、核对安装记录
17	粗、中效空气过滤器安装	第7.3.14条	空气过滤器的安装应符合下列规定 1. 安装平整、牢固，方向正确。过滤器与框架、框架与围护结构之间应严密无穿透缝 2. 框架式或粗效、中效袋式空气过滤器的安装，过滤器四周与框架应均匀压紧，无可见缝隙，并应便于拆卸和更换滤料 3. 卷绕式过滤器的安装，框架应平整，展开的滤料应松紧适度，上下筒体应平行	按总数抽查10%，且不得少于1台	观察检查
18	风机盘管机组安装	第7.3.15条	风机盘管机组舱安装应符合下列规定 1. 机组安装前宜进行单机三速试运转及水压检漏试验。试验压力为系统工作压力的1.5倍，试验观察时间为2min，不渗漏为合格 2. 机组应设独立支、吊架，安装的位置、高度及坡度应正确、固定牢固 3. 机组与风管、回风箱或风口的连接，应严密、可靠	按总数抽查10%，且不得少于1台	观察检查、查阅检查试验记录
19	转轮式换热器安装	第7.3.16条	转轮式换热器安装的位置、转轮旋转方向及接管应正确，运转应平稳	按总数抽查20%，且不得少于1台	观察检查
20	转轮式去湿器安装	第7.3.17条	转轮去湿机安装应牢固，转轮及传动部件应灵活、可靠，方向正确；处理空气与再生空气接管应正确；排风水平管须保持一定的坡度，并坡向排出方向	按总数抽查20%，且不得少于1台	观察检查
21	蒸汽加湿器安装	第7.3.18条	蒸汽加湿器的安装应设置独立支架，并固定牢固；接管尺寸正确、无渗漏	全数检查	观察检查
22	空气风幕机的安装	第7.3.19条	空气风幕机的安装，位置方向应正确、牢固可靠，纵向垂直度与横向水平度的偏差均不应大于2/1000	按总数抽查10%，且不得少于1台	观察检查
23	变风量末端装置	第7.3.20条	变风量末端装置的安装，应设独立支、吊架，与风管连接前宜做动作试验	按总数抽查10%，且不得少于1台	观察检查、查阅检查试验记录

四、空调制冷系统安装

1. 一般规定

(1) 制冷设备、制冷附属设备、管道、管件及阀门的型号、规格、性能及技术参数等必须符合设计要求。设备机组的外表应无损伤,密封应良好,随机文件和配件应齐全。

(2) 与制冷机组配套的蒸汽、燃油、燃气供应系统和蓄冷系统的安装,还应符合设计文件、有关消防规范与产品技术文件的规定。

(3) 空调用制冷设备的搬运和吊装,应符合产品技术文件和 GB 50243 中第 7.1.5 条的规定。

(4) 制冷机组本体的安装、试验、试运转及验收还应符合现行国家标准《制冷设备、空气分离设备安装工程施工及验收规范》GB 50274—98 有关条文的规定。

2. 主控项目内容见表 5-22

主 控 项 目 内 容　　　　　　　　表 5-22

项次	项目	规范编号	质量验收标准	检查数量	检查方法
1	制冷设备与附属设备安装	第 8.2.1-1,3 条	制冷设备与附属设备的安装应符合下列规定 1. 制冷设备、制冷附属设备的型号、规格和技术参数必须符合设计要求,并具有产品合格证书、产品性能检验报告 2. 设备安装的位置、标高和管口方向必须符合设计要求。用地脚螺栓固定的制冷设备或制冷附属设备,其垫铁的放置位置应正确、接触紧密;螺栓必须拧紧,并有防松动措施	全数检查	查阅图纸核对设备型号、规格,产品合格证书和性能检验报告
2	设备混凝土基础验收	第 8.2.1-2 条	设备的混凝土基础必须进行质量交接验收,合格后方可安装	全数检查	查阅图纸核对设备型号、规格,产品质量合格证和性能检验报告
3	表面式冷却器的安装	第 8.2.2 条	直接膨胀表面式冷却器的外表应保持清洁、完整,空气与制冷剂应呈逆向流动;表面式冷却器与外壳四周的缝隙应堵严,冷凝水排放应畅通	全数检查	观察检查
4	燃油、燃气系统设备安装	第 8.2.3 条	燃油系统的设备与管道,以及储油罐及日用油箱的安装,位置和连接方法应符合设计与消防要求。 燃气系统设备的安装应符合设计和消防要求。调压装置、过滤器的安装和调节应符合设备技术文件的规定,且应可靠接地	全数检查	按图纸核对,观察、查阅接地测试记录
5	制冷设备严密性试验及试运行	第 8.2.4 条	制冷设备的各项严密性试验和试运行的技术数据,均应符合设备技术文件的规定。对组装式的制冷机组和现场充注制冷剂的机组,必须进行吹污、气密性试验、真空试验和充注制冷剂检漏试验,其相应的技术数据必须符合产品技术文件和有关现行国家标准、规范的规定	全数检查	旁站观察、检查和查阅试运行记录

续表

项次	项目	规范编号	质量验收标准	检查数量	检查方法
6	制冷系统管道及管配件安装	第8.2.5条	制冷系统管道、管件和阀门的安装应符合下列规定 1. 制冷系统的管道、管件和阀门的型号、材质及工作压力等必须符合设计要求，并应具有出厂合格证、质量证明书 2. 法兰、螺纹等处的密封材料应与管内的介质性能相适应 3. 制冷剂液体管不得向上装成"Ω"形。气体管道不得向下装成"U"形（特殊回油管除外）；液体支管引出时，必须从干管底部或侧面接出；气体支管引出时，必须从干管顶部或侧面接出；有两根以上的支管从干管引出时，连接部位应错开，间距不应小于2倍支管直径，且不小于200mm 4. 制冷机与附属设备之间制冷剂管道的连接，其坡度与坡向应符合设计及设备技术文件要求。当设计无规定时，应符合下表的规定 | 管道名称	坡向	坡度
---	---	---
压缩机吸气水平管（氟）	压缩机	≥10/1000
压缩机吸气水平管（氨）	蒸发器	≥3/1000
压缩机排气水平管	油分离器	≥10/1000
冷凝器水平供液管	贮液器	(1~3)/1000
油分离器至冷凝器水平管	油分离器	(3~5)/1000	 5. 制冷系统投入运行前，应对安全阀进行调试校核，其开启和回座压力应符合设备技术文件的要求	按总数抽检20%，且不得少于5件。安全阀全数检查	核查合格证明文件，观察、水平仪测量，查阅调校记录
7	燃油管道系统接地	第8.2.6条	燃油管道系统必须设置可靠的防静电接地装置，其管道法兰应采用镀锌螺栓连接或在法兰处用铜导线进行跨接，且接合良好	系统全数检查	观察检查、查阅试验记录
8	燃气系统安装	第8.2.7条	燃气系统管道与机组的连接不得使用非金属软管。燃气管道的吹扫和压力试验应为压缩空气或氮气，严禁用水。当燃气供气管道压力大于0.005MPa时，焊缝的无损检测的执行标准应按设计规定。当设计无规定，且采用超声波探伤时，应全数检测，以质量不低于Ⅱ级为合格	系统全数检查	观察检查、查阅探伤报告和试验记录

续表

项次	项目	规范编号	质量验收标准	检查数量	检查方法
9	氨管道焊缝无损检测	第8.2.8条	氨制冷剂系统管道、附件、阀门及填料不得采用铜或铜合金材料（磷青铜除外），管内不得镀锌。氨系统的管道焊缝应进行射线照相检验，抽检率为10%，以质量不低于Ⅲ级为合格。在不易进行射线照相检验操作的场合，可用超声波检验代替，以不低于Ⅱ级为合格	系统全数检查	观察检查、查阅探伤报告和试验记录
10	乙二醇管道系统规定	第8.2.9条	输送乙二醇溶液的管道系统，不得使用内镀锌管道及配件	按系统的管段抽查20%，且不得少于5件	观察检查、查阅安装记录
11	制冷剂管道试验	第8.2.10条	制冷管道系统应进行强度、气密性试验及真空试验，且必须合格	系统全数检查	旁站观察、检查和查阅试验记录

3. 一般项目内容见表5-23

一般项目内容　　　　　　　　　　表5-23

项次	项目	规范编号	质量验收标准	检查数量	检查方法
1	制冷机组与制冷附属设备的安装	第8.3.1条	制冷机组与制冷附属设备的安装应符合下列规定 1. 制冷设备及制冷附属设备安装位置、标高的允许偏差，应符合规范要求 2. 整体安装的制冷机组，其机身纵、横向水平度的允许偏差为1/1000，并应符合设备技术文件的规定 3. 制冷附属设备安装的水平度或垂直度允许偏差为1/1000，并应符合设备技术文件的规定 4. 采用隔振措施的制冷设备或制冷附属设备，其隔振器安装位置应正确；各个隔振器的压缩量，应均匀一致，偏差不应大于2mm 5. 设置弹簧隔振的制冷机组，应设有防止机组运行时水平位移的定位装置	全数检查	在机座或指定的基准面上用水平尺、水准仪等检测，尺量与观察检查
2	模块式冷水机组安装	第8.3.2条	模块式冷水机组单元多台并联组合时，接口应牢固，且严密不漏。连接后机组的外表，应平整、完好，无明显的扭曲	全数检查	尺量、观察检查
3	泵安装	第8.3.3条	燃油系统油泵和蓄冷系统载冷剂泵的安装，纵、横向水平度允许偏差为1/1000，联轴器两轴芯轴向倾斜允许偏差为0.2/1000，径向位移为0.05mm	全数检查	在机座或指定的基准面上，用水平尺、水准仪等检测，尺量、观察检查

续表

项次	项目	规范编号	质量验收标准	检查数量	检查方法
4	制冷剂管道安装	第8.3.4-1,2,3,4条	制冷系统管道、管件的安装应符合下列规定 1. 管道、管件的内外壁应清洁、干燥；铜管管道支吊架的形式、位置、间距及管道安装标高应符合设计要求，连接制冷机的吸、排气管道应设单独支架；管径小于或等于20mm的铜管道，在阀门处应设置支架；管道上下平行敷设时，吸气管应在下方 2. 制冷剂管道弯管的弯曲半径不应小于3.5D（管道直径），其最大外径与最小外径之差不应大于0.08D，且不应使用焊接弯管及皱褶弯管 3. 制冷剂管道分支管应按介质流向弯成90°与主管连接，不宜使用弯曲半径小于1.5D的压制弯管 4. 铜管切口应平整、不得有毛刺、凹凸等缺陷，切口允许倾斜偏差为管径的1%，管口翻边后应保持同心，不得有开裂及皱褶，并应有良好的密封面	按系统抽查20%，且不得少于5件	尺量、观察检查
5	管道焊接	第8.3.4-5,6条	管道焊接应符合下列规定 1. 采用承插钎焊焊接连接的铜管，其插接深度应符合有关规定，承插的扩口方向应迎介质流向。当采用套接钎焊接连接时，其插接深度应不小于承插连接的规定 采用对接焊缝组对管道的内壁应齐平，错边量不大于0.1倍壁厚，且不大于1mm 2. 管道穿越墙体或楼板时，管道的支吊架和钢管的焊接应按GB 50243—2002第9章的有关规定执行	按系统抽查20%，且不得少于5件	尺量、观察检查
6	阀门安装	第8.3.5-2～5条	阀门的安装应符合下列规定 1. 位置、方向和高度应符合设计要求 2. 水平管道上的阀门的手柄不应朝下；垂直管道上的阀门手柄应朝向便于操作的地方 3. 自控阀门安装的位置应符合设计要求。电磁阀、调节阀、热力膨胀阀、升降式止回阀等的阀头均应向上；热力膨胀阀的安装位置应高于感温包，感温包应装在蒸发器末端的回气管上，与管道接触良好，绑扎紧密 4. 安全阀应垂直安装在便于检修的位置，其排气管的出口应朝向安全地带，排液管应装在泄水管上	按系统抽查20%，且不得少于5件	尺量、观察检查、旁站或查阅试验记录
7	阀门试压	第8.3.5-1条	制冷剂阀门安装前应进行强度和严密性试验。强度试验压力为阀门公称压力的1.5倍，时间不得少于5min；严密性试验压力为阀门公称压力的1.1倍，持续时间30s不漏为合格。合格后应保持阀体内干燥。如阀门进、出口封闭破损或阀体锈蚀的还应进行解体清洗	抽查20%，不得少于5件	尺量、观察检查、旁站或查阅试验记录
8	制冷系统吹扫	第8.3.6条	制冷系统的吹扫排污应采用压力为0.6MPa的干燥压缩空气或氮气，以浅色布检查5min，无污物为合格。系统吹扫干净后，应将系统中阀门的阀芯拆下清洗干净	全数检查	旁站观察或查阅试验记录

五、空调水系统管道与设备安装

1. 一般规定

（1）镀锌钢管应采用螺纹连接。当管径大于DN100时，可采用卡箍式、法兰或焊接连接，但应对焊缝及热影响区的表面进行防腐处理。

(2) 从事金属管道焊接的企业，应具有相应项目的焊接工艺评定，焊工应持有相应类别焊接的焊工合格证书。

(3) 空调用蒸汽管道的安装，应按现行国家标准《建筑给水、排水及采暖工程施工质量验收规范》GB 50242—2002 的规定执行。

2．主控项目内容见表 5-24

主控项目内容　　　　　　　　　　　　　　　　表 5-24

项次	项 目	规范编号	质量验收标准	检查数量	检查方法
1	系统的管材与配件验收	第9.2.1条	空调工程水系统的设备与附属设备、管道、管配件及阀门的型号、规格、材质及连接形式应符合设计规定	按总数抽查10%，且不得少于5件	观察检查外观质量并检查产品质量证明文件、材料进场验收记录
2	隐蔽管道验收	第9.2.2-1条	隐蔽管道在隐蔽前必须经监理人员验收及认可签证	管道、部件数量抽查10%，且不得少于5件	尺量、观察检查，旁站或查阅试验记录，隐蔽工程记录
	管道柔性接管安装	第9.2.2-3条	管道与设备的连接，应在设备安装完毕后进行，与水泵、制冷机组的接管必须为柔性接口。柔性短管不得强行对口连接，与其连接的管道应设置独立支架		
	系统与设备贯通冲洗、排污	第9.2.2-4条	冷热水及冷却水系统应在系统冲洗、排污合格（目测：以排出口的水色和透明度与入水口对比相近，无可见杂物），再循环试运行 2h 以上，且水质正常后才能与制冷机组、空调设备相贯通		
	管道套管	第9.2.2-5条	固定在建筑结构上的管道支、吊架，不得影响结构的安全。管道穿越墙体或楼板处应设钢制套管，管道接口不得置于套管内，钢制套管应与墙体饰面或楼板底部平齐，上部应高出楼层地面 20～50mm，并不得将套管作为管道支撑。保温管道与套管四周间隙应使用不燃绝热材料填塞紧密		
3	系统试压	第9.2.3条	管道系统安装完毕，外观检查合格后，应按设计要求进行水压试验。当设计无规定时，应符合下列规定： 1. 冷热水、冷却水系统的试验压力，当工作压力小于或等于 1.0MPa 时，为 1.5 倍工作压力，但最低不小于 0.6MPa；当工作压力大于 1.0MPa 时，为工作压力加 0.5MPa 2. 对于大型或高层建筑垂直位差较大的冷（热）媒水、冷却水管道系统宜采用分区、分层试压和系统试压相结合的方法。一般建筑可采用系统试压方法分区、分层试压；对相对独立的局部区域的管道进行试压。在试验压力下，稳压 10min，压力不得下降，再将系统压力降至工作压力，在 60min 内压力不得下降、外观检查无渗漏为合格 系统试压：在各分区管道与系统主、干管全部连通后，对整个系统的管道进行系统的试压。试验压力以最低点的压力为准，但最低点的压力不得超过管道与组成件的承受压力。压力试验升至试验压力后，稳压 10min，压力下降不得大于 0.02MPa，再将系统压力降至工作压力，外观检查无渗漏为合格	系统全数检查	旁站观察或查阅试验记录

续表

项次	项目	规范编号	质量验收标准	检查数量	检查方法
3	系统试压	第9.2.3条	3. 各类耐压塑料管的强度试验压力为1.5倍工作压力，严密性工作压力为1.15倍的设计工作压力 4. 凝结水系统采用充水试验，应以不渗漏为合格	系统全数检查	旁站观察或查阅试验记录
4	阀门安装	第9.2.4-1、2条	阀门的安装应符合下列规定 1. 阀门的安装位置、高度、进出口方向必须符合设计要求，连接应牢固紧密 2. 安装在保温管道上的各类手动阀门，手柄均不得向下	抽查5%，且不得少于1个 对于安装在主干管上起切断作用的闭路阀门，全数检查	按设计图核对、观察检查，旁站或查阅试验记录
5	阀门试压	第9.2.4-3条	阀门安装前必须进行外观检查，阀门的铭牌应符合现行国家标准《通用阀门标志》(GB 12220)的规定。对于工作压力大于1.0MPa及在主干管上起到切断作用的阀门，应进行强度和严密性试验，合格后方准使用。其余阀门可不单独进行试验，待在系统试压中检验 强度试验时，试验压力为公称压力的1.5倍，持续时间不少于5min，阀门的壳体、填料应无渗漏 严密性试验时，试验压力为公称压力的1.1倍；试验压力在试验持续的时间内应保持不变，时间应符合有关规定，以阀瓣密封面无渗漏为合格	从每批（同牌号、同规格、同型号）数量中抽查20%，且不得少于1个	按设计图核对、观察检查，旁站或查阅试验记录
6	管道补偿器安装及固定支架	第9.2.5条	补偿器的补偿量和安装位置必须符合设计及产品技术文件的要求，并应根据设计计算的补偿量进行预拉伸或预压缩 设有补偿器（膨胀节）的管道应设置固定支架，其结构形式和固定位置应符合设计要求，并应在补偿器的预拉伸（或预压缩）前固定；导向支架的设置应符合所安装产品技术文件的要求	抽查20%，且不得少于1个	观察检查，旁站或查阅补偿器的预拉伸或预压缩记录
7	冷却塔安装	第9.2.6条	冷却塔的型号、规格、技术参数必须符合设计要求。对含有易燃材料冷却塔的安装，必须严格执行施工防火安全的规定	全数检查	按图纸核对，监督执行防火规定
8	水泵安装	第9.2.7条	水泵的规格、型号、技术参数应符合设计要求和产品性能指标。水泵正常连续试运行的时间，不应少于2h	全数检查	按图纸核对，实测或查阅水泵试运行记录
9	其他附属设备安装	第9.2.8条	水箱、集水缸、分水缸、储冷罐的满水试验或水压试验必须符合设计要求。储冷罐内壁防腐涂层的材质、涂抹质量、厚度必须符合设计或产品技术文件要求，储冷罐与底座必须进行绝热处理	全数检查	尺量、观察检查，查阅试验记录

3. 一般项目内容见表 5-25

一般项目内容　　　　　　表 5-25

项次	项目	规范编号	质量验收标准	检查数量	检查方法
1	有机材料管道连接	第 9.3.1 条	当空调水系统的管道，采用建筑用硬聚氯乙烯（PVC-U）、聚丙烯（PP-R）、聚丁烯（PB）与交联聚乙烯（PEX）等有机材料管道时，其连接方法应符合设计和产品技术要求的规定	按总数抽查 20%，且不得少于 2 处	尺量、观察检查，验证产品合格证书和试验记录
2	管道焊接连接	第 9.3.2 条	金属管道的焊接应符合下列规定 1. 管道焊接材料的品种、规格、性能应符合设计要求。管道对接焊口的组对和坡口形式等应符合相关规定；对口的平直度为 1/100，全长不大于 10mm。管道的固定焊口应远离设备，且不宜与设备接口中心线相重合。管道对接焊缝与支、吊架的距离应大于 50mm 2. 管道焊缝表面应清理干净，并进行外观质量的检查。焊缝外观质量不得低于现行国家标准《现场设备、工业管道焊接工程施工及验收规范》（GB 50236）中第 11.3.3 条的 Ⅳ 级规定（氨管为 Ⅲ 级）	按总数抽查 20%，且不得少于 1 处	尺量、观察检查
3	管道螺纹连接	第 9.3.3 条	螺纹连接的管道，螺纹应清洁、规整，断丝或缺丝不大于螺纹全扣数的 10%；连接牢固；接口处根部外露螺纹为 2~3 扣，无外露填料；镀锌管道的镀锌层应注意保护，对局部的破损处，应做防腐处理	按总数抽查 5%，且不得少于 5 处	尺量、观察检查
4	管道法兰连接	第 9.3.4 条	法兰连接的管道，法兰面应与管道中心线垂直，并同心。法兰对接应平行，其偏差不应大于其外径的 1.5/1000，且不得大于 2mm；连接螺栓长度应一致、螺母在同侧、均匀拧紧。螺栓紧固后不应低于螺母平面。法兰的衬垫规格、品种与厚度应符合设计的要求	按总数抽查 5%，且不得少于 5 处	尺量、观察检查
5	钢制管道的安装	第 9.3.5 条	钢制管道的安装应符合下列规定 1. 管道和管件在安装前，应将其内、外壁的污物和锈蚀清除干净。当管道安装间断时，应及时封闭敞开的管口 2. 管道弯制弯管的弯曲半径，热弯不应小于管道外径的 3.5 倍、冷弯不应小于 4 倍，焊接弯管不应小于 1.5 倍；冲压弯管不应小于 1 倍。弯管的最大外径与最小外径的差不应大于管道外径的 8/100，管壁减薄率不应大于 15% 3. 冷凝水排水管坡度，应符合设计文件的规定。当设计无规定时，其坡度宜大于或等于 8‰；软管连接的长度，不宜大于 150mm 4. 冷热水管道与支、吊架之间，应有绝热衬垫（承压强度能满足管道重量的不燃、难燃硬质绝热材料或经防腐处理的木衬垫），其厚度不应小于绝热层厚度，宽度应大于支、吊架支承面的宽度。衬垫的表面应平整、衬垫接合面的空隙应填实 5. 管道安装的坐标、标高和纵、横向的弯曲度应符合相关的规定。在吊顶内等暗装管道的位置应正确，无明显偏差	按总数抽查 10%，且不得少于 5 处	尺量、观察检查

续表

项次	项目	规范编号	质量验收标准	检查数量	检查方法
6	钢塑复合管道安装	第9.3.6条	钢塑复合管道的安装，当系统工作压力不大于1.0MPa时，可采用涂（衬）塑焊接钢管螺纹连接，与管道配件的连接深度和扭矩应符合相关的规定；当系统工作压力为1.0～2.5MPa时，可采用涂（衬）塑无缝钢管法兰连接或沟槽式连接，管道配件均为无缝钢管涂（衬）塑管件 沟槽式连接的管道，其沟槽与橡胶密封圈和卡箍套必须为配套合格产品；支、吊架的间距应符合相关规定	按总数抽查10%，且不得少于5处	尺量、观察检查、查阅产品合格证明文件
7	风机盘管机组等与管道连接	第9.3.7条	风机盘管机组及其他空调设备与管道的连接，宜采用弹性接管或软接管（金属或非金属软管），其耐压值应大于或等于1.5倍的工作压力。软管的连接应牢固、不应有强扭和瘪管	按总数抽查10%，且不得少于5处	观察、查阅产品合格证明文件
8	管道支、吊架	第9.3.8条	金属管道的支、吊架的形式、位置、间距、标高应符合设计或有关技术标准的要求。设计无规定时，应符合下列规定 1. 支、吊架的安装应平整牢固，与管道接触紧密。管道与设备连接处，应设独立支、吊架 2. 冷（热）媒水、冷却水系统管道机房内总、干管的支、吊架，应采用承重防晃管架；与设备连接的管道管架宜有减振措施。当水平支管的管架采用单杆吊架时，应在管道起始点、阀门、三通、弯头及长度每隔15m设置承重防晃支、吊架 3. 无热位移的管道吊架，其吊杆应垂直安装；有热位移的，其吊杆应向热膨胀（或冷收缩）的反方向偏移安装，偏移量按计算确定 4. 滑动支架的滑动面应清洁、平整，其安装位置应从支承面中心向位移反方向偏移1/2位移值或符合设计文件规定 5. 竖井内的立管，每隔2～3层应设导向支架。在建筑结构负重允许的情况下，水平安装管道支、吊架的间距应符合相关的规定 6. 管道支、吊架的焊接应由合格持证焊工施焊，并不得有漏焊、欠焊或焊缝裂纹等缺陷。支架与管道焊接时，管道侧的咬边量，应小于0.1管壁厚	按系统支架数量抽查5%，且不得少于5个	尺量、观察检查
9	有机管道安装	第9.3.9条	采用建筑用硬聚氯乙烯（PVC-U）、聚丙烯（PP-R）与交联聚乙烯（PEX）等管道时，管道与金属支、吊架之间应有隔绝措施，不可直接接触。当为热水管道时，还应加宽其接触的面积。支、吊架的间距应符合设计和产品技术要求的规定	按系统支架数量抽查5%，且不得少于5个	观察检查

续表

项次	项目	规范编号	质量验收标准	检查数量	检查方法
10	阀门及其他部件安装	第9.3.10条	阀门、集气罐、自动排气装置、除污器（水过滤器）等管道部件的安装应符合设计要求，并应符合下列规定 1. 阀门安装的位置、进出口方向应正确，并便于操作；连接应牢固紧密，启闭灵活；成排阀门的排列应整齐美观，在同一平面上的允许偏差为3mm 2. 电动、气动等自控阀门在安装前应进行单体的调试，包括开启、关闭等动作试验 3. 冷冻水和冷却水的除污器（水过滤器）应安装在进机组前的管道上，方向正确且便于清污；与管道连接牢固、严密，其安装位置应便于滤网的拆装和清洗。过滤器滤网的材质、规格和包扎方法应符合设计要求 4. 闭式系统管路应在系统最高处及所有可能积聚空气的高点设置排气阀，在管路最低点应设置排水管及排水阀	按规格、型号抽查10%，且不得少于2个	对照设计文件尺量、观察和操作检查
11	冷却塔安装	第9.3.11条	冷却塔安装应符合下列规定 1. 基础标高应符合设计的规定，允许误差为±20mm。冷却塔地脚螺栓与预埋件的连接或固定应牢固，各连接部件应采用热镀锌或不锈钢螺栓，其紧固力应一致、均匀 2. 冷却塔安装应水平，单台冷却塔安装水平度和垂直度允许偏差均为2/1000。同一冷却水系统的多台冷却塔安装时，各台冷却塔的水面高度应一致，高差不应大于30mm 3. 冷却塔的出水口及喷嘴的方向和位置应正确，积水盘应严密无渗漏；分水器布水均匀。带转动布水器的冷却塔，其转动部分应灵活，喷水出口按设计或产品要求，方向应一致 4. 冷却塔风机叶片端部与塔体四周的径向间隙应均匀。对于可调整角度的叶片，角度应一致	全数检查	尺量、观察检查，积水盘做充水试验或查阅试验记录
12	水泵及附属设备安装	第9.3.12条	水泵及附属设备的安装应符合下列规定 1. 水泵的平面位置和标高允许偏差为±10mm，安装的地脚螺栓应垂直、拧紧，且与设备底座接触紧密 2. 垫铁组放置位置正确、平稳，接触紧密，每组不超过3块 3. 整体安装的泵，纵向水平偏差不应大于0.1/1000，横向水平偏差不应大于0.2/1000；解体安装的泵纵、横向安装水平偏差均不应大于0.05/1000 水泵与电机采用联轴器连接时，联轴器两轴芯的允许偏差，轴向倾斜不应大于0.2/1000，径向位移不应大于0.05mm 小型整体安装的管道水泵不应有明显偏斜 4. 减振器与水泵及水泵基础连接牢固、平稳、接触紧密	全数检查	扳手试拧、观察检查，用水平尺和塞尺测量或查阅设备安装记录

续表

项次	项目	规范编号	质量验收标准	检查数量	检查方法
13	水箱、集水缸、分水缸、储冷罐等设备安装	第9.3.13条	水箱、集水器、分水器、储冷罐等设备的安装，支架或底座的尺寸、位置符合设计要求。设备与支架或底座接触紧密，安装平正、牢固。平面位置允许偏差为15mm，标高允许偏差为±5mm，垂直度允许偏差为1/1000 膨胀水箱安装的位置及接管的连接，应符合设计文件的要求	全数检查	尺量、观察检查，旁站或查阅试验记录

六、防腐与绝热

1. 一般规定

（1）风管与部件及空调设备绝热工程施工应在风管系统严密性检验合格后进行。

（2）空调工程的制冷系统管道，包括制冷剂和空调水系统绝热工程的施工，应在管路系统强度与严密性检验合格和防腐处理结束后进行。

（3）普通薄钢板在制作风管前，宜预涂防锈漆一遍。

（4）支、吊架的防腐处理应与风管或管道相一致，其明装部分必须涂面漆。

（5）油漆施工时，应采取防火、防冻、防雨等措施，并不应在低温或潮湿环境下作业。明装部分的最后一遍色漆，宜在安装完毕后进行。

2. 主控项目内容见表5-26

主控项目内容　　　　　　　　　　　　　　　表5-26

项次	项目	规范编号	质量验收标准	检查数量	检查方法
1	材料的验证	第10.2.1条	风管和管道的绝热，应采用不燃或难燃材料，其材质、密度、规格与厚度应符合设计要求。如采用难燃材料时，应对其难燃性进行检查，合格后方可使用	按批随机抽查1件	观察、检查材料合格证，并做点燃试验
2	防腐涂料或油漆质量	第10.2.2条	防腐涂料和油漆，必须是在有效保质期限内的合格产品	按批检查	观察、检查材料合格证
3	电加热器与防火墙附近管道绝热材料	第10.2.3条	在下列场合必须使用不燃绝热材料： 1. 电加热器前后800mm的风管和绝热层 2. 穿越防火隔墙两侧2m范围内风管、管道和绝热层	全数检查	观察、检查材料合格证与做点燃试验
4	低温风管的绝热	第10.2.4条	输送介质温度低于周围空气露点温度的管道，当采用非闭孔性绝热材料时，隔汽层（防潮层）必须完整，且封闭良好	按数量抽查10%，且不得少于5段	观察检查
5	洁净室内风管	第10.2.5条	位于洁净室内的风管及管道的绝热，不应采用易产尘的材料（如玻璃纤维、短纤维矿棉等）	全数检查	观察检查

3．一般项目内容见表5-27

一般项目内容　　　　　　　　　　　　　　表5-27

项次	项目	规范编号	质量验收标准	检查数量	检查方法
1	防腐涂层质量	第10.3.1条	喷、涂油漆的漆膜，应均匀、无堆积、皱纹、气泡、掺杂、混色与漏涂等缺陷	按面积抽查10%	观察检查
2	空调设备、部件油漆或绝热	第10.3.2条	各类空调设备、部件的油漆喷、涂，不得遮盖铭牌标志和影响部件的功能使用	按数量抽查10%，且不得少于2个	观察检查
		第10.3.3条	风管系统部件的绝热，不得影响其操作功能		
3	绝热材料厚度及平整度	第10.3.4条	绝热材料层应密实，无裂缝、空隙等缺陷。表面应平整，当采用卷材或板材时，允许偏差为5mm；采用涂抹或其他方式时，允许偏差为10mm。防潮层（包括绝热层的端部）应完整，且封闭良好；其搭接缝应顺水	管道按轴线长度抽查10%；部件、阀门抽查10%，且不得少于2个	观察检查、用钢丝刺入保温层、尺量
4	风管绝热层粘结固定	第10.3.5条	风管绝热层采用粘结方法固定时，施工应符合下列规定 1．粘结剂的性能应符合使用温度和环境卫生的要求，并与绝热材料相匹配 2．粘结材料宜均匀地涂在风管、部件或设备的外表面上，绝热材料与风管、部件及设备表面应紧密贴合，无空隙 3．绝热层纵、横向的接缝，应错开 4．绝热层粘贴后，如进行包扎或捆扎，包扎的搭接处应均匀、贴紧；捆扎的应松紧适度，不得损坏绝热层	按数量抽查10%	观察检查和检查材料合格证
5	风管绝热层保温钉固定	第10.3.6条	风管绝热层采用保温钉连接固定时，应符合下列规定 1．保温钉与风管、部件及设备表面的连接，可采用粘结或焊接，结合应牢固，不得脱落；焊接后应保持风管的平整，并不应影响镀锌钢板的防腐性能 2．矩形风管或设备保温钉的分布应均匀，其数量底面每平方米不应少于16个，侧面不应少于10个，顶面不应少于8个。首行保温钉至风管或保温材料边沿的距离应小于120mm 3．风管法兰部位的绝热层的厚度，不应低于风管绝热层的0.8倍 4．带有防潮隔汽层绝热材料的拼缝处，应用粘胶带封严。粘胶带的宽度不应小于50mm。粘胶带应牢固地粘贴在防潮面层上，不得有胀裂和脱落	按数量抽查10%，且不得少于5处	观察检查
6	绝热涂料	第10.3.7条	绝热涂料作绝热层时，应分层涂抹，厚度均匀，不得有气泡和漏涂等缺陷，表面固化层应光滑，牢固无缝隙	按数量抽查10%	观察检查

续表

项次	项 目	规范编号	质量验收标准	检查数量	检查方法
7	玻璃布保护层的施工	第10.3.8条	当采用玻璃纤维布作绝热保护层时,搭接的宽度应均匀,宜为30～50mm,且松紧适度	按数量抽查10%,且不得少于10m²	尺量、观察检查
8	管道阀门的绝热	第10.3.9条	管道阀门、过滤器及法兰部位的绝热结构应能单独拆卸	按数量抽查10%,且不得少于5个	观察检查
9	管道绝热层的施工	第10.3.10条	管道绝热层的施工,应符合下列规定: 1. 绝热产品的材质和规格,应符合设计要求,管壳的粘贴应牢固、铺设应平整;绑扎应紧密,无滑动、松弛与断裂现象; 2. 硬质或半硬质绝热管壳的拼接缝隙,保温时不应大于5mm、保冷时不应大于2mm,并用粘结材料勾缝填满,纵缝应错开,外层的水平接缝设在侧下方。当绝热层的厚度大于100mm时,应分层铺设,层间应压缝 3. 硬质或半硬质绝热管壳应用金属丝或难腐织带捆扎,其间距为300～350mm,且每节至少捆扎2道 4. 松散或软质绝热材料应按规定的密度压缩其体积,疏密应均匀。毡类材料在管道上包扎时,搭接处不应有空隙	按数量抽查10%,且不得少于10段	尺量、观察检查及查阅施工记录
10	管道防潮层的施工	第10.3.11条	管道防潮层的施工应符合下列规定 1. 防潮层应紧密粘贴在绝热层上,封闭良好,不得有虚粘、气泡、褶皱、裂缝等缺陷 2. 立管的防潮层,应由管道的低端向高端敷设,环向搭接的缝口应朝向低端;纵向的搭接缝应位于管道的侧面,并顺水 3. 卷材防潮层采用螺旋形缠绕的方式施工时,卷材的搭接宽度宜为30～50mm	按数量抽查10%,且不得少于10m	尺量、观察检查
11	金属保护壳的施工	第10.3.12条	金属保护壳的施工,应符合下列规定: 1. 应紧贴绝热层,不得有脱壳、褶皱、强行接口等现象。接口的搭接应顺水,并有凸筋加强,搭接尺寸为20～25mm。采用自攻螺钉固定时,螺钉间距应均匀对称,并不得刺破防潮层 2. 户外金属保护壳的纵、横向接缝,应顺水;其纵向接缝应位于管道的侧面。金属保护壳与外墙面或屋顶的交接处应加设泛水	按数量抽查10%	观察检查
12	机房内制冷管道色标	第10.3.13条	冷热源机房内制冷系统管道的外表面,应做色标	按数量抽查10%	观察检查

七、通风与空调系统综合效能试验

1. 一般规定

(1) 系统调试所使用的测试仪器和仪表,性能应稳定可靠,其精度等级及最小分度值应能满足测定的要求，并应符合国家有关计量法规及检定规程的规定。

（2）通风与空调工程的系统调试，应由施工单位负责，监理单位监督，设计单位与建设单位参与和配合。系统调试的实施可以是施工企业本身或委托给具有调试能力的其他单位。

（3）系统调试前，承包单位应编制调试方案，报送专业监理工程师审核批准；调试结束后，必须提供完整的调试资料和报告。

（4）通风与空调工程系统无生产负荷的联合试运转及调试，应在制冷设备和通风与空调设备单机试运转合格后进行。空调系统带冷（热）源的正常联合试运转不应少于 8h，当竣工季节与设计条件相差较大时，仅做不带冷（热）源试运转。通风、除尘系统的连续试运转不应少于 2h。

（5）净化空调系统运行前应在回风、新风的吸入口处和粗、中效过滤器前设置临时用过滤器（如无纺布等），实行对系统的保护。净化空调系统的检测和调整，应在系统进行全面清扫，且已运行 24h 及以上达到稳定后进行。

（6）洁净室洁净度的检测，应在空态或静态下进行或按合约规定。室内洁净度检测时，人员不宜多于 3 人，均必须穿与洁净室洁净度等级相适应的洁净工作服。

2. 主控项目内容见表 5-28

主控项目内容 表 5-28

项次	项目	规范编号	质量验收标准	检查数量	检查方法
1	通风机、空调机组单机试运转及调试	第 11.2.2-1 条	通风机、空调机组中的风机，叶轮旋转方向正确、运转平稳、无异常振动与声响，其电机运行功率应符合设备技术文件的规定。在额定转速下连续运转 2h 后，滑动轴承外壳最高温度不得超过 70℃；滚动轴承不得超过 80℃	按风机数量抽查 10%，且不得少于 1 台	观察、旁站、用声级计测定、查阅试运转记录及有关文件
2	水泵单机试运转及调试	第 11.2.2-2 条	水泵叶轮旋转方向正确，无异常振动和声响，紧固连接部位无松动，其电机运行功率值符合设备技术文件的规定。水泵连续运转 2h 后，滑动轴承外壳最高温度不得超过 70℃；滚动轴承不得超过 75℃	全数检查	观察、旁站、用声级计测定、查阅试运转记录及有关文件
3	冷却塔单机试运转及调试	第 11.2.2-3 条	冷却塔本体应稳固、无异常振动，其噪声应符合设备技术文件的规定 冷却塔风机与冷却水系统循环试运行不少于 2h，运行应无异常情况	全数检查	观察、旁站、用声级计测定、查阅试运转记录及有关文件
4	制冷机组单机试运转及调试	第 11.2.2-4 条	制冷机组、单元式空调机组的试运转，应符合设备技术文件和现行国家标准《制冷设备、空气分离设备安装工程施工及验收规范》GB 50274 的有关规定，正常运转不应少于 8h	全数检查	观察、旁站、用声级计测定、查阅试运转记录及有关文件

续表

项次	项目	规范编号	质量验收标准	检查数量	检查方法
5	电控防火、防排烟阀动作试验	第11.2.2-5条	电控防火、防排烟风阀（口）的手动、电动操作应灵活、可靠，信号输出正确	按系统中风阀的数量抽查20%，且不得少于5件	观察、旁站、用声级计测定、查阅试运转记录及有关文件
6	系统风量调试	第11.2.3-1条	系统总风量调试结果与设计风量的偏差不应大于10%	按风管系统数量抽查10%，且不得少于1个系统	观察、旁站、查阅调试记录
7	空调水系统调试	第11.2.3-2条	空调冷热水、冷却水总流量测试结果与设计流量的偏差不应大于10%	按风管系统数量抽查10%，且不得少于1个系统	观察、旁站、查阅调试记录
8	恒温、恒湿空调	第11.2.3-3条	舒适空调的温度、相对湿度应符合设计的要求。恒温、恒湿房间室内空气温度、相对湿度及波动范围应符合设计规定	按风管系统数量抽查10%，且不得少于1个系统	观察、旁站、查阅调试记录
9	防排烟系统调试	第11.2.4条	防排烟系统联合试运行与调试的结果（风量及正压），必须符合设计与消防的规定	按总数抽查10%，且不得少于2个楼层	观察、旁站、查阅调试记录
10	净化空调系统调试	第11.2.5条	1. 单向流洁净室系统的系统总风量调试结果与设计风量的允许偏差为0~20%，室内各风口风量与设计风量的允许偏差为15%。新风量和设计新风量的允许偏差为10% 2. 单向流洁净室系统的室内截面平均风速的允许偏差为0~20%，且截面风速不均匀度不应大于0.25。新风量和设计新风量的允许偏差为10% 3. 相邻不同级别洁净室之间和洁净室与非洁净室之间的静压差不应小于5Pa，洁净室与室外的静压差不应小于10Pa 4. 室内空气洁净度等级必须符合设计规定的等级或在商定验收状态下的等级要求 大于或等于5级的单向流洁净室，在门开启的状态下，测定距离门0.6m室内侧工作高度处空气的含尘浓度，亦不应超过室内洁净度等级上限的规定	调试记录全数检查，测点抽查5%，且不得少于1点	检查、验证调试记录

3. 一般项目内容见表5-29

一般项目内容　　　　　　　　　　表5-29

项次	项目	规范编号	质量验收标准	检查数量	检查方法
1	风机、空调机组	第11.3.1-2，3条	风机、空调机组应符合下列规定 1. 风机、空调机组、风冷热泵等设备运行时，产生的噪声不宜超过产品性能说明书的规定值 2. 风机盘管机组的三速、温控开关的动作应正确，并与机组运行状态一一对应	第1款抽查20%。且不得少于1台；第2款抽查10%，且不得少于5台	观察、旁站、查阅试运转记录

续表

项次	项目	规范编号	质量验收标准	检查数量	检查方法
2	水泵安装	第11.3.1-1条	水泵运行时不应有异常振动和声响、壳体密封处不得渗漏、紧固连接部位不应松动、轴封的温升应正常；在无特殊要求的情况下，普通填料泄漏量不应大于60mL/h，机械密封的不应大于5mL/h	抽查20%，且不得少于1台	观察、旁站、查阅试运转记录
3	风口风量平衡	第11.3.2-2条	系统经过平衡调整，各风口或吸风罩的风量与设计风量的允许偏差不应大于15%	全数检查	观察、旁站、查阅调试记录
4	水系统试运行	第11.3.3-1，3条	水系统试运行应符合下列规定 1. 空调工程水系统应冲洗干净、不含杂物，并排除管道系统中的空气；系统连续运行应达到正常、平稳；水泵的压力和水泵电机的电流不应出现大幅波动。系统平衡调整后，各空调机组的水流量应符合设计要求，允许偏差为20% 2. 多台冷却塔并联运行时，各冷却塔的进、出水量应达到均衡一致	按系统数量抽查10%，且不得少于1个系统或1间	观察、用仪表测量检查及查阅调试记录
5	水系统检测元件工作	第11.3.3-2条	各种自动计量检测元件和执行机构的工作应正常，满足建筑设备自动化（BA、FA等）系统对被测定参数进行检测和控制的要求	按系统数量抽查10%，且不得少于1个系统或1间	观察、用仪表测量检查及查阅调试记录
6	空调房间参数	第11.3.3-4，5，6条	空调房间参数应符合下列规定 1. 空调室内噪声应符合设计规定要求 2. 有压差要求的房间、厅堂与其他相邻房间之间的压差，舒适性空调正压为0～25Pa；工艺性的空调应符合设计的规定 3. 有环境噪声要求的场所，制冷、空调机组应按现行国家标准《采暖通风与空气调节设备噪声声功率级的测定—工程法》（GB 9068）的规定进行测定。洁净室内的噪声应符合设计的规定	按系统数量抽查10%，且不得少于1个系统或1间	观察、用仪表测量检查及查阅调试记录
7	工程控制和监测元件及执行机构	第11.3.4条	通风与空调工程的控制和监测设备，应能与系统的检测元件和执行机构正常沟通，系统的状态参数应能正确显示，设备联锁、自动调节、自动保护应能正确动作	按系统或监测系统总数抽查30%，且不得少于1个系统	旁站观察，查阅调试记录

第三节　通风与空调工程设备及材料进场检查验收

一、基本要求

1. 工程物资主要包括建筑材料、成品、半成品、构配件、设备等，建筑工程所使用的工程物资均应有出厂质量证明文件（包括产品合格证、质量合格证、检验报告、试验报告、产品生产许可证和质量保证书等）。质量证明文件应反映工程物资的品种、规格、数量、性能指标等，并与实际进场物资相符。

2. 质量证明文件的复印件应与原件内容一致，加盖原件存放单位公章，注明原件存放处，并有经办人签字和时间。

3. 建筑工程采用的主要材料、半成品、成品、构配件、器具、设备应进行现场验收，有进场检验记录；涉及安全、功能的有关物资应按工程施工质量验收规范及相关规定进行复试（试验单位应向委托单位提供电子版试验数据）或有见证取样送检，有相应试（检）验报告。

4. 涉及结构安全和使用功能的材料需要代换且改变了设计要求时，应有设计单位签署的认可文件。

5. 涉及安全、卫生、环保的物资应有有相应资质等级检测单位的检测报告。

6. 凡使用的新材料、新产品，应由具备鉴定资格的单位或部门出具鉴定证书，同时具有产品质量标准和试验要求，使用前应按其质量标准和试验要求进行试验或检验。新材料、新产品还应提供安装、维修、使用和工艺标准等相关技术文件。

7. 进口材料和设备等应有商检证明（国家认证委员会公布的强制性认证"CCC"产品除外）、中文版的质量证明文件、性能检测报告以及中文版的安装、维修、使用、试验要求等技术文件。

8. 建筑电气产品中被列入《第一批实施强制性产品认证的产品目录》（2001年第33号公告）的，必须经过"中国国家认证认可监督管理委员会"认证，认证标志为"中国强制认证（CCC）"，并在认证有效期内，符合认证要求方可使用。

9. 施工物资资料分级管理

工程物资资料应实行分级管理。供应单位或加工单位负责收集、整理和保存所供物资原材料的质量证明文件，施工单位则需收集、整理和保存供应单位或加工单位提供的质量证明文件和进场后进行的试（检）验报告。各单位应对各自范围内工程资料的汇集、整理结果负责，并保证工程资料的可追溯性。

10. 工程物资进场报验

（1）工程物资进场后，施工单位应进行检查（外观、数量及质量证明文件等），自检合格后填写《工程物资进场报验表》，报请监理单位验收。

（2）施工单位和监理单位应约定涉及结构安全、使用功能、建筑外观、环保要求的主要物资的进场报验范围和要求。

（3）物资进场报验须附资料应根据具体情况（合同、规范、施工方案等要求）由施工单位和物资供应单位预先协商确定。

（4）工程物资进场报验应有时限要求，施工单位和监理单位均须按照施工合同的约定完成各自的报送和审批工作。

11. 材料、构配件进场检验

（1）材料、构配件进场后，应由建设、监理单位汇同施工单位对进场物资进行检查验收，填写《材料、构配件进场检验记录》。主要检验内容包括：

1）物资出厂质量证明文件及检测报告是否齐全；

2) 实际进场物资数量、规格和型号等是否满足设计和施工计划要求;
3) 物资外观质量是否满足设计要求或规范规定;
4) 按规定须抽检的材料、构配件是否及时抽检等。

(2) 按规定应进场复试的工程物资,必须在进场检查验收合格后取样复试。

二、风管制作材料质量要求

1. 所使用的板材、型材等主要材料应符合现行国家有关产品标准的规定,并具有合格证明书或质量鉴定文件。
2. 镀锌钢板的厚度应符合设计要求,表面应平整光滑,有镀锌层的结晶花纹;普通薄钢板应厚度均匀,无严重的锈蚀、裂纹、结疤等缺陷。
3. 不锈钢板应厚度均匀,表面光洁,板面不得有划痕、刮伤、锈蚀和凹穴等缺陷。
4. 铝板应光泽度良好,无明显的磨损及划伤。
5. 塑料复合钢板的表面喷涂层应色泽均匀,无起皮、分层或部分塑料涂层脱落等现象。
6. 净化空调工程的风管应选用优质镀锌钢板。钢板厚度较大时,应选用冷轧薄板,不得采用热轧薄板。风管工作环境有腐蚀性时,宜采用不锈钢板。
7. 硬聚氯乙烯板材表面平整,厚度均匀,不得有气泡、裂缝、分层等现象。
8. 复合风管的覆面材料必须为不燃材料,内部的绝热材料应为不燃或难燃 B_1 级,且对人体无害。
9. 其他辅助材料应符合相关产品技术标准及有关消防要求。

三、风管部件与消声器制作材料质量要求

1. 材料质量控制

(1) 风管部件与消声器的材质、厚度、规格型号应严格按照设计要求及相关标准选用,并应具有出厂合格证明书或质量鉴定文件。
(2) 风管部件与消声器制作材料,应进行外观检查,各种板材表面应平整,厚度均匀,无明显伤痕,并不得有裂纹、锈蚀等质量缺陷,型材应等型、均匀、无裂纹及严重锈蚀等情况。
(3) 其他材料不能因其本身缺陷而影响或降低产品的质量或使用效果。
(4) 防爆系统的部件必须严格按照设计要求制作,所用的材料严禁代用。
(5) 消声器所选用的材料应符合设计规定及相关的防火、防腐、防潮和卫生标准的要求。
(6) 柔性短管应选用防腐、防潮、不透气、不易霉变的材料。防排烟系统的柔性短管的制作材料必须为不燃材料,空气洁净系统的柔性短管应是内壁光滑、不产尘的材料。
(7) 防火阀所选用的零(配)件必须符合有关消防产品标准的规定。

2. 成品质量控制

(1) 制作完的消声器外壳应牢固,严密不透风。消声材料铺设均匀,固定牢固无下沉。穿孔板安装应平整。
(2) 成品风口的外形尺寸应准确,叶片分布均匀、无松动;风口自带的调节机构应灵

活，无卡涩。

（3）风管部件及消声器的油漆外观色泽应均匀，无漏涂、起皮或脱落等现象。

四、通风与空调设备安装材料质量要求

1. 质量要求

设备安装所使用的主料和辅料的规格、型号应符合设计规定，并具有出厂合格证明书或质量鉴定文件。具体要求如下：

（1）地脚螺栓通常随设备配套带来，其规格和质量应符合施工图纸或说明书要求。

（2）垫铁的规格、型号及安装数量应符合设计及设备安装有关规范的规定。

（3）橡胶减震垫材质、规格，单位面积承载力，安装的数量和位置应符合设计及设备安装有关规范的规定。

（4）阻燃密封胶条的性能参数、规格、厚度应满足设计和设备安装说明要求。

（5）密封胶的粘结强度、固化时间、性能参数（耐酸、耐碱、耐热）应能满足设备安装说明书要求。

2. 设备开箱检查

（1）根据设备装箱清单说明书、合格证、检验记录和必要的装配图和其他技术文件，核对型号、规格、包装箱号、箱数并检查包装情况。

（2）检查随机技术资料、全部零部件、附属材料和专用工具是否齐全。

（3）检查主体和零部件等表面有无缺损和锈蚀等现象。

（4）设备充填的保护气体应无泄漏，油封应完好。

五、空调制冷系统材料质量要求

1. 制冷管道及管件、阀门应选用正规厂家的产品，其规格、型号、性能及技术参数等必须符合图纸设计要求。

2. 设备的地脚螺栓以及平、斜垫铁材质、规格和加工精度应满足设备安装要求。

3. 设备安装所采用的减震器或减震垫的规格、材质和单位面积的承载率应符合设计和设备安装要求。

六、空调水系统管道与设备材料（设备）质量要求

1. 质量要求

（1）管材：碳素钢管、无缝钢管。管材不得弯曲、锈蚀，无飞刺、重皮及凹凸不平现象；硬聚氯乙烯（PVC-U）、聚丙烯（PP-R）、聚丁烯（PB）与交联聚乙烯（PEX）等有机材料管道表面无明显压瘪、无划伤等现象。

（2）阀门：铸造规矩，无毛刺、裂纹，开关灵活严密，螺纹无损伤，直度和角度正确，强度符合要求，手轮无损伤。

（3）管件：无偏扣、方扣、乱扣、断丝和角度不准确现象。

2. 材料配合

（1）工程中所选用的对焊管件的外径和壁厚应与被连接管道的外径和壁厚相一致。

（2）丝接或粘结管道的管材与管件应匹配，丝接管件无偏丝、断丝等缺陷。

3．设备检查

（1）空调水系统的设备必须具有中文质量合格证明文件，设备说明书。设备规格、型号、性能检测报告应符合国家技术标准或设计要求，进场时应做检查验收，经监理工程师核查确认，并应形成相应的质量记录。

（2）所有设备进场时，应对品种、规格、外观等进行验收，包装应完好，表面无划痕及外力冲击破损。

（3）设备运到安装现场后，应进行开箱检查，主要是检查外表，初步了解设备的完整程度，零部件、备品是否齐全；而对设备的性能、参数、运转质量标准的全面检测，则应根据设备类型的不同进行专项检查和测试。

（4）对于水泵，应确保不应有缺件，损坏和锈蚀等情况，管口保护物和堵盖应完好。盘车应灵活，无阻滞、卡住现象，无异常声音。

七、防腐与绝热材料质量要求

1．油漆涂料

（1）油漆、涂料应在有效期内，不得使用过期、不合格的伪劣产品。油漆、涂料应具备产品合格证及性能检测报告或厂家的质量证明书。

（2）涂刷在同一部位的底漆和面漆的化学性能要相同，否则涂刷前应做溶性试验。

2．绝热材料

（1）所用绝热材料要具备出厂合格证或质量鉴定文件，必须是有效保质期内的合格产品。

（2）使用的绝热材料的材质、密度、规格及厚度应符合设计要求和消防防火规范要求。

（3）绝热层材料的材质、厚度、密度、含水率、导热系数等性能参数应符合设计要求。

（4）玻璃丝布的经向和纬向密度应满足设计要求，玻璃丝布的宽度应符合实际施工的需要。

（5）绝热层材料应有随温度变化的导热系数方程式或图表。

（6）用于保冷的绝热材料及其制品，其密度不得大于$220kg/m^3$。

（7）用于保冷的硬质绝热制品，其抗压强度不得小于0.15MPa。

（8）绝热材料及其制品应具有耐燃性能、膨胀性能和防潮性能的数据或说明书，并应符合使用要求。

（9）绝热材料及其制品的化学性能应稳定，对金属不得有腐蚀作用。

（10）用于填充结构的散装材料，不得混有杂物及尘土。纤维类绝缘材料中大于或等于0.5mm的渣球含量应为：矿渣棉小于10%，岩棉小于6%，玻璃棉小于0.4%。直径小于0.3mm的多孔性颗粒类绝热材料，不宜使用。

第四节　通风与空调工程设备技术资料收集及整理

应将质量记录工作作为一项重要工作来抓，要有计划、有步骤地做好质量保证资料的建立、收集、整理工作，明确专人负责，做到与工程进度同步，并保证资料及时、准确、清楚、完整。要求应该有的文件，确保交给用户一份，能全面了解工程质量的质量保证资料。总之，控制好施工中的每个环节，加强三检制、样板制，把隐患消除在萌芽状态。

通风与空调工程竣工验收时，应检查竣工验收的资料，一般包括下列文件及记录：

图纸会审记录、设计变更通知书和竣工图；

主要材料、设备、成品、半成品和仪表的出厂合格证明及进场检（试）验报告；

隐蔽工程检查验收记录；

工程设备、风管系统、管道系统安装及检验记录；

管道试验记录；

设备单机试运转记录；

系统无生产负荷联合试运转与调试记录；

分部（子分部）工程质量验收记录；

观感质量综合检查记录；

全和功能检验资料的核查记录。

验收合格以后，建设单位应完成建设项目的竣工验收报告，并将有关的验收文件加以整理，一并上报备案。建设工程竣工验收备案制度是加强政府监督管理，防止不合格工程流向社会的重要手段。《建设工程质量管理条例》规定，建设单位应在规定时间内将竣工验收报告及有关文件报县级以上政府的建设行政主管部门或其他有关部门备案，否则不允许投入使用。

第五节　通风与空调工程常用术语及规范

一、常用通风、空调规范

GB 50300—2001 建筑工程施工质量验收统一标准

GB 50242—2002 建筑给水排水及采暖工程施工质量验收规范

GB 50243—2002 通风与空调工程施工质量验收规范

GB 50231—98 机械设备安装工程施工及验收通用规范

GB 50274—98 制冷设备、空气分离设备安装工程施工及验收规范

GB 50275—98 压缩机、风机、泵安装工程施工及验收规范

SBJ 12—2000 氨制冷系统安装工程施工及验收规范

GB 50019—2003 采暖通风与空气调节设计规范

GBJ 16—87（2001年版）建筑设计防火规范

GBJ 50045—95（2005年版）高层民用建筑设计防火规范

GB 50073—2001 洁净厂房设计规范

GB 50333—2002 医院洁净手术部建筑技术规范

二、通风常用术语

通风常用术语见表5-30所示。

表 5-30

序号	术语	解释
1	通风	为改善生产和生活条件,采用自然或机械方法,对某一空间进行换气,以造成卫生、安全等适宜空气环境的技术
2	工业通风	对生产过程中的余热、余湿、粉尘和有害气体等进行控制和治理而进行的通风
3	自然通风	在室内外空气温差、密度差和风压作用下实现室内换气的通风方式
4	机械通风	利用通风机械实现换气的通风方式
5	联合通风	自然与机械相结合的通风方式
6	全面通风	用自然或机械方法对整个房间进行换气的通风方式
7	局部通风	为改善室内局部空间的空气环境,向该空间送入或从该空间排出空气的通风方式
8	事故通风	用于排除或稀释生产房间内发生事故时突然散发的大量有害物质、有爆炸危险的气体或蒸气的通风方式
9	诱导通风	利用空气射流的引射作用进行通风的方式
10	通风量	单位时间内进入室内或从室内排出的空气量
11	换气次数	单位时间内室内空气的更换次数,即通风量与房间容积的比值
12	进风量	单位时间内进入室内的风量
13	排风量	单位时间内从室内排出的风量
14	风量平衡	通过计算和采取相应措施使进风量与排风量相等
15	有害物质	特指导致空气成为不符合卫生要求的各种气体、蒸气和粉尘等的统称
16	有害物质浓度	单位体积空气中有害物质的含量
17	最高容许浓度	卫生标准所容许的有害物质浓度的最大值
18	防火	特指在采暖、通风和空气调节系统中,为预防火灾事故的发生,以及当失去对其正确控制之后,减少因火灾造成的人体伤害与财产损失所采取的各种措施
19	防爆	特指在采暖、通风和空气调节系统中,为预防爆炸事故的发生,需控制爆炸混合物和点燃火源的形成;切断爆炸传输途径,防止燃烧发展为爆燃和爆轰的条件;减弱爆炸时热力、压力和冲击波等对人体的伤害和对设备、厂房以及邻近建筑物的破坏所采取的综合措施
20	防烟	特指火灾发生时,为防止烟气侵入作为疏散通道的走廊、楼梯间及其前室等所采取的措施
21	排烟	特指将火灾时产生的烟气和有毒气体排出,防止烟气扩散的措施
22	风压	风流经建筑物时,在其周围形成的静压与稳定气流静压的差值
23	余压	特指室内某一点的空气压力与室外或邻室同标高处未受扰动的空气压力的差值
24	正压区	风吹向建筑物时,由于撞击作用而使其静压高于稳定气流区静压的区域
25	负压区	风流经建筑物时,由于气流在屋顶、侧墙和背风侧产生局部涡流,而使其静压低于稳定气流区静压的区域
26	隔热	采用适当的材料或构造作隔离层,以减少热量传递的措施

续表

序号	术语	解释
27	通风屋顶	使空气在屋顶夹层内流通，以减少太阳辐射影响的屋顶
28	机械通风系统	为实现通风换气而设置的由通风机和通风管道等组成的系统
29	通风设备	为达到通风目的所需的各种设备的统称。如通风机、除尘器、过滤器和空气加热器等
30	通风管道	输送空气和空气混合物的各种风管和风道的统称
31	风管	由薄钢板、铝板、硬聚氯乙稀板和玻璃钢等材料制成的通风管道
32	风道	由砖、混凝土、炉渣石膏板等建筑材料制成的通风管道
33	（通风）总管	通风机进、出口与系统合流或分流处之间的通风管段
34	（通风）干管	连接若干支管的合流或分流的主干通风管道
35	（通风）支管	通风干管与送、吸风口或排风罩、吸尘罩等连接的管段
36	（通风）部件	特指通风与空调系统中各类风口、阀门、排风罩、风帽、检查孔和风管支、吊架等
37	（通风）配件	特指通风与空调系统中的弯头、三通、变径管、来回弯、导流板和法兰等
38	集合管	汇集各并联支、干管的横截面较大的直管段
39	软管	柔软可弯曲的管道。如金属软管和塑料软管等
40	柔性接头	通风机进、出口与刚性风管连接的柔性短管
41	清扫孔	用于清除通风除尘系统管道内积尘的密封孔口
42	检查门	装在空气处理室侧壁上，用于检修设备的密闭门
43	测孔	用于检测设备及通风管道内空气及其混合物的各种参数，如温度、湿度、压力、流速、有害物质浓度等，而平时加以密封的孔口
44	风管支（吊）架	支撑（悬吊）风管用的金属杆件、抱箍、托架、吊架等的统称
45	离心式通风机	空气由轴向进入叶轮，沿径向方向离开的通风机
46	轴流式通风机	空气沿叶轮轴向进入并离开的通风机
47	贯流式通风机	空气以垂直于叶轮轴的方向由机壳一侧的叶轮边缘进入并在机壳另一侧流出的通风机
48	喷雾风扇	带有淋水雾化装置的轴流式通风机
49	冷风机组	由制冷压缩机、冷凝器、空气冷却器和通风机以及必要的自动控制仪表等组装一体的降温设备
50	除尘器	用于捕集、分离悬浮于空气或气体中粉尘粒子的设备，也称收尘器
51	沉降室	由于含尘气流进入较大空间速度突然降低，使尘粒在自身重力作用下与气体分离的一种重力除尘装置
52	空气洁净度	洁净空气环境中空气含尘量多少的程度
53	洁净室	对空气中的悬浮粒状物质按规定标准进行控制，同时对温度、湿度、压力等环境条件也进行相应控制的密闭空间

三、空气调节常用术语

空气调节常用术语见表 5-31。

表 5-31

序号	术语	解释
1	局部区域空气调节	仅使封闭空间中一部分区域的空气参数满足要求的空气调节方式
2	分层空气调节	特指仅使高大空间下部工作区域的空气参数满足要求的空气调节方式
3	空气调节区	在房间或封闭空间中，保持空气参数在给定范围之内的区域
4	非空气调节区	在房间或封闭空间中，不设置空气调节的区域
5	空气调节机房	安装和运行空气调节设备的专用房间
6	空气调节系统冷负荷	由空气调节系统的冷却设备所除去的热流量
7	集中式空气调节系统	集中进行空气处理、输送和分配的空气调节系统
8	定风量空气调节系统	保持送风量恒定，靠改变送风参数控制室内空气参数的空气调节系统
9	变风量空气调节系统	保持送风温度恒定，靠改变送风量控制室内空气参数的空气调节系统
10	全空气系统	空气调节房间的热湿负荷，全部由集中设备处理过的空气负担的空气调节系统
11	直流式空气调节系统	不使用回风的空气调节系统，也称全新风系统
12	新风系统	为满足卫生要求而向各空气调节房间供应经过集中处理的室外空气的系统
13	空气-水系统	空气调节房间的热湿负荷，由处理过的空气和水共同负担的空气调节系统
14	风机盘管加新风系统	以风机盘管机组作为各房间的末端装置，同时用集中处理的新风系统满足各房间新风需要量的空气-水系统
15	诱导式空气调节系统	以诱导器作为末端装置的空气调节系统
16	风机盘管空气调节系统	以风机盘管机组作为各房间末端装置的全水系统
17	恒温恒湿系统	对室内空气温湿度允许波动范围均有严格要求的空气调节系统
18	水系统	特指以水作为热媒或冷媒，供给或排除空调房间热量的热水或冷水系统
19	两管制水系统	仅有一套供水管路和一套回水管路的水系统
20	三管制水系统	冷水和热水供水管路分设而回水管路共用的水系统
21	四管制水系统	冷水和热水的供回水管路全部分设的水系统
22	水系统竖向分区	为了避免高层建筑水系统承受过大的静压而在垂直方向分设若干独立的水系统的做法
23	干空气	不含水蒸汽的空气
24	机器露点	1. 空气相应于冷盘管表面平均温度的饱和状态点 2. 空气经喷水室处理后接近饱和状态时的终状态点
25	新风量	单位时间内引入空气调节房间或系统的新鲜空气量
26	最小新风量	单位时间内，为满足卫生方面的最低需要而引入空气调节房间或系统的新鲜空气量
27	一次回风	在集中空气处理设备中，与新风混合的部分室内空气
28	二次回风	在集中空气处理设备中，与处理过的混合空气再次混合的室内空气
29	气流组织	对室内空气的流动形态和分布进行合理组织，以满足空气调节房间对空气温度、湿度、流速、洁净度以及舒适感等方面的要求
30	单位面积送风量	空气调节房间单位时间、单位地面面积的送风量
31	出口风速	空气在送风口出口断面上的平均流速

续表

序号	术语	解释
32	送风温差	送风口的出口温度与空调房间空气温度之差
33	回风口	回风用的风口
34	回风口吸风速度	空气在回风口入口断面处的平均流速
35	空气调节设备	为实现空气调节目的所需的各种设备的统称，如空气调节机组、空气热交换设备、空气过滤器以及其他辅助装置等
36	变风量末端装置	根据空气调节房间负荷的变化情况自动调节送风量以保持室内所需参数的装置
37	漏风量	风管系统中，在某一静压下通过风管本体结构及其接口，单位时间内泄出或渗入的空气体积量
38	系统风管允许漏风量	按风管系统类别所规定平均单位面积、单位时间内的最大允许漏风量
39	净化空调系统	用于洁净空间的空气调节、空气净化系统
40	漏光检测	用强光源对风管的咬口、接缝、法兰及其他连接处进行透光检查，确定孔洞、缝隙等渗漏部位及数量的方法

四、制冷常用术语

制冷常用术语见表 5-32。

表 5-32

序号	术语	解释
1	制冷量	单位时间内，由制冷机蒸发器中的制冷剂所移出的热量
2	标准制冷量	在规定的标准工况下，制冷机的制冷量
3	空调工况制冷量	在规定的空气调节工作状况下，制冷机的制冷量
4	标准工况	符合标准规定的制冷机运行条件
5	空调工况	为适应空气调节要求而规定的制冷机的运行条件
6	（制冷）性能系数	在指定工况下，制冷机的制冷量与其净输入能量之比
7	制冷循环	制冷系统中，制冷剂所经历的一系列热力过程所组成的热力循环
8	吸收式制冷循环	以热能为动力，由制冷剂气化、蒸气被吸收液吸收、加热吸收液取出制冷剂蒸气以及制冷剂冷凝，膨胀等过程组成的制冷循环
9	蒸气喷射式制冷循环	利用喷射器将制冷剂蒸气从蒸发器引射到冷凝器，使制冷剂完成循环的过程
10	制冷系统	以制冷为目的，由有关设备、装置、管道及附件组成的系统
11	直接制冷系统	制冷系统中的蒸发器直接和被冷却介质或空间相接触进行热交换的制冷系统
12	间接制冷系统	载冷剂先被制冷剂冷却，然后再用来冷却被冷却介质或空间的制冷系统
13	压缩式制冷系统	用机械压缩制冷剂蒸气完成制冷循环的制冷系统
14	热力制冷系统	利用热能完成制冷循环的制冷系统
15	一、二次泵冷水系统	设有两级循环水泵的冷水系统。一次泵推动冷水通过蒸发器循环；二次泵向各用户供应冷水
16	制冷机	包括原动机在内的完成制冷循环用的设备、附件及连接管路等的总合

续表

序号	术语	解释
17	压缩式制冷机	用机械压缩制冷剂蒸气完成制冷循环的制冷机
18	压缩式冷水机组	将压缩机、冷凝器、蒸发器以及自控元件等组装成一体，可提供冷水的压缩式制冷机
19	压缩冷凝机组	将制冷压缩机、冷凝器以及必要的附件等，组装在一个基座上的机组
20	冷却塔	使循环冷却水同空气相接触，以蒸发的方式达到冷却目的的一种换热设备
21	热力膨胀阀	用以自动调节流入蒸发器的液态制冷剂流量，并使蒸发器出口的制冷剂蒸气过热度保持在规定限值内的节流设备
22	毛细管	连接于冷凝器与蒸发器之间的一段小口径管，作为制冷系统的流量控制与节流降压元件
23	吸收式制冷机	利用热能完成制冷剂循环和吸收剂循环的制冷机
24	氨-水吸收式制冷机	以氨作制冷剂，以水作吸收剂完成吸收式制冷循环的制冷机
25	溴化锂吸收式制冷机	以水作制冷剂，以溴化锂作吸收剂完成吸收式制冷循环的制冷机
26	直燃式溴化锂吸收式制冷机	利用燃油、燃气的直接燃烧，加热发生器中的吸收剂溶液，进而完成吸收式制冷循环的溴化锂吸收式制冷机
27	蒸汽喷射式制冷机	通过高压蒸汽喷射器引射来自蒸发器的低压气态制冷剂，并使其增加压力以完成制冷循环的制冷机
28	热泵	能实现蒸发器与冷凝器功能转换的制冷机
29	蓄冷水池	用以将制冷机制取的一定数量的冷水预先贮存，以备空气调节系统运行时使用的、具有良好保温性能的蓄水池
30	保温	为减少设备或管道与周围环境的热交换而采取的绝热措施
31	保温层	由保温材料、隔汽层和防潮层等共同构成的保温结构
32	保温材料	用于保温的导热系数较小的材料

五、检测仪表及其他

检测仪表及其他见表 5-33。

表 5-33

序号	术语	解释
1	自记温度计	能自动记录温度变化的温度测量仪表
2	压力式温度计	基于金属温包内的液体体积或气体压力等随温度变化的原理，经毛细管传递使弹性元件发生位移，通过传动机构指示温度值的温度测量仪表
3	双金属温度计	利用两种线膨胀系数不同的金属由于温度变化产生机械变形达到测温目的的仪表
4	干湿球温度表	利用干湿球温度差和干球温度测量空气相对湿度的仪表
5	通风温湿度计	利用机械通风方法形成一定速度的气流流经干球和湿球球体，以测量空气相对湿度的仪表
6	热风速仪	基于空气对热物体的冷却效应与空气流速有关的原理，测量空气流速的仪表。包括热线、热球、热电偶和热敏电阻风速仪等
7	机械式风速仪	利用流动气体的动压推动机械装置运转以测量空气流速的仪表包括翼形和杯形风速仪等

续表

序号	术语	解释
8	差压流量计	利用流体通过节流元件时产生的差压与流量大小有关的原理集量流量的仪表
9	涡轮流量计	利用涡轮的转速与流体流量大小有关的原理测量流量的仪表
10	转子流量计	在恒压差的条件下,利用流体流过锥形管与转子之间的环隙截面积的变化达到测量流量目的的仪表
11	热流计	利用温差与热流量之间的对应关系测定热流量的装置
12	液位计	用于测量或控制容器内液面高度的装置
13	微压计	用于测量流体微压的仪表
14	皮托管	插入通风管道内用于感受和传递流体的全压、动压和静压的测量管
15	粉尘采样仪	由采样头、流量计、抽气泵等组成的,供测定室内外环境空气或管道中气体含尘浓度用的便携式采样仪器
16	滤筒采样管	测定管道内气体含尘浓度用的取样装置
17	粒子计数器	利用灰尘粒子对光线的散射现象,将运动着的单颗尘粒的光脉冲转换为相应的电脉冲,以数码管显示其数量,并利用尘粒的光散射强度与尘粒的表面积成正比的关系测量尘粒大小的仪器
18	声级计	由传声器、放大器、衰减器、适当计权网络和指示器组成的用来测量噪声声级的仪器,也称噪声计
19	拾振器	接受振动并转换成与振动的位移、速度或加速度相应的电输出的换能器
20	振动计	由拾振器、校准过的放大器和输出指示器组成的,用于测定振动体位移、速度和加速度的仪器

第六章 供热锅炉施工质量控制与验收

第一节 供热锅炉及辅助设备安装的一般规定

一、供热锅炉及辅助设备安装工程检验应包括的主要内容

1. 砌筑之前的阶段应检验的主要内容

(1) 检验基准标高及三线的基准位置,即基础纵向中心线、钢架纵向中心线、纵置式锅炉的锅筒纵向中心线应在同一铅垂面内,并应有明显的标记。

(2) 检查钢架、钢平台的位置及各安装部位的尺寸,如钢柱垂直度偏差、标高偏差、横梁的水平度偏差、托架的标高差、各相关部位的对角线偏差、平台的标高等等,还应检查钢架、钢平台的焊接质量,看有无漏焊等问题,检查、核对基础与钢架安装记录。

(3) 检验锅筒、集箱的空间位置及相互位置偏差,锅筒、集箱的水平度、标高偏差等。

(4) 检查通球试验记录,检查各受热面管的外形排列、管间距、管排突出情况。

(5) 检查各受热面管及相关受压元件的焊接质量,检查焊接工艺试验报告及焊接质量检查记录。

(6) 检查各受热面管对接焊口的错位及弯折度,检查、校对空气预热器安装记录。

(7) 检查胀接质量,查看胀管率确定得是否合理,是否有超胀管口;管端伸出长度、翻边角度是否符合要求;喇叭口处是否圆滑,是否有裂纹等。检查退火工艺是否合理,锅筒及管端硬度的选定是否合适等项内容,检查试胀及胀接施工记录。

(8) 对锅炉制造厂的材质复验及确认,应从以下几个方面进行审核,用于受压元件的碳钢母材及焊材是否有原始质量证明书及复验证明书,合金钢的管子、管接头和锅筒及集箱是否进行光谱检验;在安装现场,用于受压元件的各种钢材、焊材是否有原始质量证明书,是否经过复验;检查材料代用记录。

(9) 检查各受压元件的安装焊缝是否是由具有相应合格项目的焊工施焊,在焊缝附近有无钢印代号。

(10) 检查管子的吊夹,固定螺栓等是否固定得牢固、合理。

(11) 检查在锅筒、集箱、受热面管子等受压元件上是否有引弧、乱焊临时支撑等现象,检查锅筒、集箱、受热面安装记录。

(12) 检查炉排的安装质量情况,特别是炉排边排与侧墙板的间隙,集箱与炉墙板的间隙是否留得符合要求。检查其他部位的热膨胀间隙是否留设合理,检查核对炉排安装记录。

(13) 检查各受热面元件焊缝检验的各种实验报告(其中包括机械性能试验报告、金相试验报告、射线探伤报告、光谱检验报告、焊材复验报告等)及射线探伤底片是否

合格。

(14) 检查各部位、各零部件安装的各种记录,看记录与实物各项内容是否相符。

(15) 检查设计变更等内容有无技术签证记录。

(16) 检查其他有关项目及安装记录。

(17) 观察总体水压试验情况,检查总体水压试验记录。

2. 砌筑后、点火前的阶段应检验内容

(1) 检查砌筑质量,检查红砖墙、耐火砖墙的垂直度、表面平整度、砖缝的宽窄等。

(2) 检查各有关部位的热膨胀间隙是否留出并且合理,检查热膨胀间隙记录。

(3) 检查压力表、安全阀、排污阀、水位表、高低水位警报器,各种仪表的安装是否符合安装要求。

(4) 检查送、引风系统,烟道系统,除渣系统,给水系统,输煤系统是否安装合格并经单机试运转合格。查看各风门、烟道门、风机百叶窗是否开关灵活,开启及关闭位置是否符合实际等。

(5) 检查该阶段的各种安装记录。如:锅炉本体安装记录、锅炉砌筑质量记录、及单机试车记录。

3. 烘炉、煮炉、安全阀定压阶段应检验内容

(1) 检查烘炉升温曲线、煮炉投药及升压记录,检查烘炉的效果,查看炉墙、保温层有无开裂,炉墙有无漏烟现象。

(2) 检验煮炉情况,查看是否达到煮炉的标准。

(3) 检查安全阀定压记录,检验安全阀定压的高启压力与低启压力是否符合规程的规定,看安全阀开启是否灵活,定压后要将安全阀加锁或加铅封。

(4) 检查烘炉、煮炉阶段的记录。

(5) 检查 48h 试运行记录以及建设单位意见。

二、设备、材料及基础质量要求

1. 设备、材料的质量应满足如下要求:

(1) 锅炉必须具备主要设计图纸、产品合格证、焊接检验报告、安装使用说明书、质量技术监督部门的监检证书。

(2) 所有技术资料应与实物相符。锅炉铭牌上的名称、型号、出厂编号、主要技术参数应与质量证明书相符。

(3) 锅炉设备外观应完好无损,炉墙、绝热层无空鼓、无脱落,炉拱无裂纹、无松动,受压组件可见部位无变形、无损坏、焊缝无缺陷,人孔、手孔、法兰结合面无凹陷、撞伤、径向沟痕等缺陷,且配件齐全完好。

(4) 锅炉配套附件和附属设备应齐全完好,规格、型号、数量应与图纸相符,阀门、安全阀、压力表有出厂合格证。

(5) 采用的设备、配件、管道和焊接材料应符合设计规定,并具有出厂合格证明和质量鉴定文件。

2. 设备基础复查

锅炉及辅助设备基础的混凝土强度符合有关规定,其允许偏差和检验方法见表 6-1 所示。

锅炉及辅助设备基础的允许偏差和检验方法 表 6-1

项次	项目		允许偏差（mm）	检验方法
1	基础坐标位置		±20	经纬仪、拉线和尺量
2	基础各不同平面的标高		0 -20	水准仪、拉线尺量
3	基础平面外形尺寸		±20	尺量检查
4	凸台上平面外形尺寸		0 -20	尺量检查
5	凹穴尺寸		+20 0	
6	基础上平面水平度	每米	5	水平仪（水平尺）和楔形塞尺检查
		全长	10	
7	竖向偏差	每米	5	经纬仪或吊线和尺量
		全长	10	
8	预埋地脚螺栓	标高（顶端）	+20 0	水准仪、拉线和尺量
		中心距（根部）	±2	
9	预留地脚螺栓孔	中心位置	10	尺量
		深度	0 -20	
		孔壁垂直度	10	吊线和尺量
10	预埋活动地脚螺栓锚板	中心位置	5	拉线和尺量
		标高	+20 0	
		水平度（带槽锚板）	5	
		水平度（带螺纹孔锚板）	2	水平尺和楔形塞尺检查

三、锅炉本体安装质量控制

1．锅炉基础画线和垫铁安装

（1）根据锅炉房平面图和基础图放出锅炉纵向中心线和前轴中心线横向轮廓线、锅炉基础标高基准点，在锅炉基础上或基础四周选有关的若干点分别画线标记，其标记间与基准点的偏差不应超过 3mm。

（2）采用垫铁安装时，垫铁应符合下列要求：

1）垫铁表面应平整，必要时应刨平；

2）每组垫铁不应超过 3 块，其宽度一般为 80～120mm，长度较柱脚底板两边各长出 10mm 左右，厚垫铁放置在下层；

3）垫铁应布置在立柱底板的立筋板下方，垫铁单位面积的承压力不应大于基础设计混凝土强度等级的 60%；

4）垫铁安装后，用手锤检查应无松动，并将垫铁点焊在一起再与柱脚板焊住。

2．锅炉本体就位

当锅炉运到基础上位以后，快装锅炉可以不撤滚杠进行初步找正，并应达到下列要求：

（1）锅炉炉排前轴中心线应与基础前轴中心基准线相吻合，允许偏差为 ±2mm。

（2）锅炉纵向中心线应与基础纵向中心基准线相吻合；或锅炉支架纵向中心线与条形基础纵向中心线相吻合，允许偏差为 ±10mm。

3. 锅炉本体找平及找正

经水准仪测量锅炉基础的纵向和横向水平度,其水平度不小于或等于4mm时,可免去锅炉的找平。

(1) 锅炉纵向找平

1) 用水平尺（水平尺长度不小于600mm）放在炉排的纵向排面上,检查炉排面的纵向水平度。检查点最少为炉排前后两处。要求炉排纵向应水平或略坡向炉膛后部,但最大倾斜度不大于10mm。

2) 锅炉纵向不平时,可用千斤顶将过低的一端顶起,在锅炉的支座下垫以适当厚度的钢板,使之达到水平度的要求。垫铁间距一般为500~1000mm,垫铁长度等于支架宽度,垫铁宽度为100~120mm。

(2) 锅炉横向找平

1) 开前验箱,在平封头上找出或核定原制造时的水平中心线,用玻璃管水平测定水平线的两端点,其水平度全长应小于2mm。

2) 用水平尺（长度不小于600mm）放在炉排的横向排面上检查炉排的横向水平度,检查点最少为炉排前后两处,炉排的横向倾斜度应不大于5mm,且前后倾斜方向应一致,即在允许范围内有倾斜时不能是扭斜。

3) 当锅炉横向不平时,用千斤顶将锅炉低的一侧支座顶起,在支座下面垫适当厚度的钢板,垫铁间距一般为500~1000mm,垫铁长度为支座宽度,垫铁宽度为100~120mm。

4) 用玻璃管水平校核两侧锅炉水位计的高度,两侧水位计的可见水位最低点高度应一致,偏差不应超过2mm。当两侧水位计高低不一致时,应查明原因。如水位计引出管没有问题,则应在偏差允许范围内重调锅炉横向水平,互相照顾,使之均达到合格范围。

(3) 复测前后轴水平度,其偏差应不超过其长度的1/1000,如超差,应予调整。

(4) 锅炉支座下垫铁应接触严密,用手锤轻敲不松动,而后将垫铁与支座进行点焊。

(5) 锅炉标高确定：在锅炉进行纵、横向找平时同时兼顾标高的确定,标高允许偏差为±5mm。

四、锅筒、集箱安装质量控制

锅筒、集箱是锅炉最重要的受压元件之一,其位置安装正确与否,直接关系到安装质量。尤其是胀接锅炉,锅筒的位置稍有偏差,就会影响到对流受热面管子的正确安装,严重影响胀管质量。因此,锅筒、集箱的安装找正在锅炉安装工作中占有极为重要的地位,必须认真仔细进行。

1. 安装前的质量查验与控制

(1) 将锅筒内件全部拆出,并将内部清理干净,拆出的内件要妥善保管。

(2) 锅筒和集箱在安装前应约请甲方、监理、技术质量监督部门、生产厂家共同对其制造质量进行查验,并做好检查记录。如有缺件和损坏,以及严重超标缺陷等,要作出详细记录。

(3) 校核锅筒及集箱两端水平和铅垂中心线的标记（制造厂已有铣眼）其标记位置是否正确。

(4) 将管孔壁面的防护油质清除干净。逐个检查管孔表面,不应有凹痕、砂眼、重皮、严重锈蚀、边缘毛刺和纵向沟纹。个别管孔允许有一条环向或细螺旋形沟纹，其深度不应大于0.5mm，宽度不应大于1mm。沟纹至管孔边缘距离不应小于4mm。对检查结果应作出详细记录。

(5) 管孔直径、圆度及锥度检查：

在互相垂直的两个方向上测量管孔的直径、圆度和锥度，其数值应符合表6-2的规定；如管孔尺寸公差超出表6-2规定，其超差数值不得超过规定偏差值的50%。超差孔的数量：当管孔总数不大于500个时，不得超过管孔总数的2%且不得超过5个；当管孔总数大于500个时，不得超过管孔总数的1%且不得超过10个。

管孔的直径和偏差表　　　　　　　　　　表6-2

管子外径（mm）	管孔直径（mm）	管孔偏差（mm）		
		直径偏差	圆度	圆柱度
32	32.3	+0.34~0	0.14	0.14
38	38.3			
42	42.3			
51	51.3	+0.40~0	0.15	0.15
57	57.5			
60	60.5			
63.5	64.0			
70	70.5			
76	76.5			
83	83.6	+0.46~0	0.19	0.19
89	89.6			
102	102.7			

将测量结果记在专用记录表上或对号填写在锅筒管孔展开图上，并将管孔超差情况，做好详细记录。

2. 锅筒支座安装前检查

(1) 锅筒支座安装前检查接触部位。在接触角90°内，圆弧应吻合，接触应良好，个别间隙不得大于2mm，否则应对支座接触面进行磨削修正。

(2) 在锅筒支座的底板上画出纵、横中心线，引申到侧面并打冲眼标记。

(3) 测量支座高度，综合锅筒上下方的圆度数值确定支座垫片的厚度。

(4) 活动支座内的零件在安装前应进行拆卸清洗，检查有无缺陷，并按图纸要求进行组装，按设备技术文件规定调整好膨胀间隙。调整好后将他们临时固定。但不要忘记在受热面安装结束后，必须将临时固定点割开，以保证锅筒工作时的膨胀自由。

(5) 在锅筒支座横梁上画出支座位置的纵横中心线，并用拉对角线的办法校核其平行度，其对角线不等长度不得超过2mm。纵横中心线定位后，将支座固定在横梁，按支座纵横中心线调整定位，用软管水平测量支座标高，并用支座下的垫片进行调整，符合要求后将支座与横梁固定。

3. 锅筒、集箱找正

(1) 找正顺序

如果一台锅炉有两个或两个以上锅筒时，应将锅筒全部就位后再进行找正。但必须首先找正上锅筒，再以上锅筒为准找正其他锅筒。

(2) 找正内容

1) 锅筒中心位置,即锅筒的纵横中心线与基础纵横基准线的距离的找正;

2) 锅筒纵向、横向水平及标高的找正;

3) 锅筒间及锅筒与集箱间相互位置距离的找正。

(3) 找正方法

1) 以基础纵横基准线为准找正锅筒,可用线坠投影法进行测量。找正锅筒的纵向中心线,若锅筒是纵向布置的,锅筒纵向中心线的调整,应以基础纵向基准线为准;若锅筒是横向布置的,锅筒纵向中心线的调整,则以基础横向基准线为准;测量锅筒两端及中央共三点。

找正锅筒横向中心线时,若锅筒是纵向布置的,锅筒横向中心线的调整,应以基础横向基准线为准;若锅筒是横向布置的,锅筒横向中心线的调整,则以基础纵向基准线为准。

2) 以钢架主要立柱中心线为准找正锅筒。采用此方法时,必须首先对立柱中心线进行复核,并记下立柱中心线与基准线间的偏差值(测量标高处),以便找正测量时将其偏差值考虑在内,否则可能由于累计偏差使锅筒找正超标;找正时测量和调整锅筒边孔中心线或锅筒横向中心线至立柱中心线间距离相等即可。

3) 锅筒垂直中心线找正,可用挂坠方法在锅筒两端进行测量。如两端封头上下铣眼(样冲眼)标记与铅垂线相重合,则符合要求;如偏差超标,可将锅筒绕纵横中心线轻轻转动,直到调整到合适位置。

4) 找正锅筒的中心位置、标高和纵向水平度时,可用软管水平仪测量,锅筒端面水平中心线冲眼标记应在同一水平面上;按标高基准线(立柱1m标高线)测量锅筒的中心位置。标高符合要求时,以此端标高为基准,用在支座下增减垫片的方法,调正锅筒纵向水平度至规定要求。

5) 上锅筒找正完成后,以上锅筒为基准找下锅筒。上下锅筒找正后,还需对上下锅筒之间边排管孔距离及对角线进行检验校查(锅筒前后左右均要测量),对应尺寸应一致,偏差在允许范围内。否则,应查明原因,重新找正,不然就会影响对流管的安装。

6) 集箱的找正应依照锅炉图纸及锅炉纵横基准线。

(4) 锅筒临时固定。锅筒找正符合要求后,应进行临时固定,以保证锅筒的相对位置。在胀接或焊接过程中,不会发生侧向转动和轴向位移,其方法根据钢架、锅筒支座结构等不同特点进行选择。

五、水冷壁受热面安装质量控制

1. 安装前检查

(1) 受热面设备在安装前应根据供货清单、装箱单和图纸进行全面清点,注意检查表面有无裂纹、撞伤、龟裂、压扁、砂眼和分层等缺陷;并应着重检查承受荷重部件的承力焊缝,该焊缝高度必须符合图纸规定。

(2) 在对口过程中注意检查受热面管的外径和壁厚的允许偏差见表6-3所示。

(3) 合金钢部件的材质应符合设备技术文件的规定,安装前必须进行材质复验,并在明显部位作出标记。安装结束后应核对标记,标记不清者再进行一次材质复验。

受热面管的外径和壁厚的允许偏差（mm） 表 6-3

钢管种类	钢管尺寸		精确度	
			普通级	高级
热轧(挤)管	外径	<57	±1.0%（最小值为±0.5）	±0.75%（最小值为±0.3）
		57~159	±1.0%	±0.75%
		>159	-1.0%~+1.25%	±1.0%
	壁厚	<3.5	-10%~+15%（最小值为-0.32~0.48）	±10%（最小值为±0.2）
		3.5~20	-10%~+15%	±10%
		>20	±10%	±7.5%
冷拔(扎)管	外径	≤30	±0.2%	±0.15%
		30~51	±0.3%	±0.25%
		>51	±0.8%	±0.6%
	壁厚	2~8	-10%~+12%	±10%
		>8	±10%	±7.5%

注：1. 外径大于和等于 219mm，壁厚大于 20mm 钢管的壁厚允许偏差为 -10%~+12.5%；
2. 热扩管的尺寸允许偏差由供需双方协商。

（4）受热面管在组合和安装前必须分别进行通球试验，试验用球应采用钢球，且必须编号。不得将球遗留在管内。通球后应做好可靠的封闭措施，并做好记录。通球球径如表 6-4 所示。

通球试验的球径（mm） 表 6-4

弯管半径	$R<2.5D_1$	$2.5D_1 \leq R<3.5D_1$	$3.5D_1 \leq R$
通球直径	$0.70D_0$	$0.80D_0$	$0.85D_0$

注：D_0——管子内径；D_1——管子外径；R——弯曲半径。

（5）受热面管在一般情况下不单独做校正工作，如需校正时，校管平台应牢固，其平整度偏差不大于 5mm，放线尺寸偏差不大于 1mm。

（6）受热面管子应尽量用机械切割，如用火焰切割时，应铲除铁渣和不平面。受热面管子对口时，应按图规定做好坡口，对口间隙应均匀。管端内外 10~15mm 处，在焊接前应清除油垢和铁锈，直至显出金属光泽。

（7）受热面管对口端面应与管中心线垂直，其端面倾斜值 Δf 满足表 6-5 的规定。

端面倾斜值 表 6-5

公称外径 D（mm）	端面倾斜值 Δf（mm）	公称外径 D（mm）	端面倾斜值 Δf（mm）
$D \leq 60$	≤0.5	$108<D \leq 159$	≤1.5
$60<D \leq 108$	≤0.6	$159<D$	≤2

（8）焊接对口应做到内壁齐平，其错口值应符合下列要求：
1）对接单面焊的局部错口值不应超过壁厚的 10%，并且不大于 1mm；
2）对接双面焊的局部错口值不应超过壁厚的 10%，并且不大于 3mm。

（9）受热面部件组合安装前，对于制造焊口质量应先核对厂家合格证和安检合格通知书，并对水冷壁、省煤器等主要部件的制造焊口进行外观检查，外观检查不合格者由业主和制造单位代表签证，由其研究处理，合格后方准施工。

(10) 受热面管子对口偏折度用直尺检查,距焊缝中心 200mm 处离缝一般不大于 2mm。

(11) 受热面管子的对接焊口,不允许布置在管子弯曲部位,其焊口距离管子弯曲起点不小于管子直径,且不小于 100mm;距支吊架边缘至少 50mm。

(12) 筒体的对接焊口,其焊口距离封头弯曲起点不小于壁厚加 15mm,且不小于 25mm 和不大于 50mm;两个对接焊口间的距离不得小于管子直径,且不得小于 150mm。

(13) 受热面组件吊装前,应做好吊装准备,复查各支点、吊点的位置和吊杆的尺寸。

(14) 在锅筒、联箱、承压管道和设备上开孔时,应采取机械加工,不得用火焰切割,不得掉入金属屑粒等杂物,并应注意在吹管前进行。

(15) 受热面管子应保持洁净,安装过程中不得掉入任何杂物。

2. 水冷壁的组合质量要求

(1) 水冷壁组合后质量应符合表 6-6 的要求。

水冷壁组合允许偏差　　　　　　表 6-6

序	检查项目	允许偏差 (mm)	
		光管	鳍片管
1	联箱水平度	2	2
2	组件对角线差	10	10
3	组件宽度 全宽≤3000	±3	±5
4	组件宽度 全宽>3000	±5	2/1000,最大不大于 15
5	火口纵横中心线	±10	±10
6	组件长度	±10	±10
7	组件平面度	±5	±5
8	水冷壁固定挂钩标高	±2	
9	水冷壁固定挂钩错位	±3	
10	联箱间中心线垂直距离	±3	±3

(2) 刚性梁组合或安装的允许偏差见表 6-7 所示。

刚性梁组合或安装的允许偏差(mm)　　　　　　表 6-7

序	检查项目	允许偏差 (mm)	序	检查项目	允许偏差 (mm)
1	标高(以上联箱为准)	±5	3	弯曲或扭曲	≤10
2	与受热面管中心距	±5	4	连拉装置	膨胀自由

3. 水冷壁的找正

水冷壁组件找正后,质量应符合表 6-8 的要求。

水冷壁组件找正的允许偏差　　　　　　表 6-8

序	检查项目	允许偏差 (mm)	序	检查项目	允许偏差 (mm)
1	组件上联箱中心线的距离	±5	3	联箱水平	3
2	联箱标高	±5	4	联箱吊杆正直受力	匀称

六、锅炉胀管

1. 胀管的要求：管端伸入管孔的长度，应符合表 6-9 的规定：

伸入管孔的长度（mm）　　　　　　　　　　　表 6-9

管子公称外径	32～63.5	70～102
管子伸出长度	9	10
偏差不应超过	±2	±2

2. 胀接后，管端不得有起皮、裂纹切口和偏斜等缺陷。如果有个别管端产生裂纹，可用钢锯割掉或用角向磨光机将裂纹部位磨去。处理后的管端伸入长度不得小于 5mm。

3. 管口翻边角度宜为 12°～15°。翻边起点与锅筒内壁表面平齐。

4. 胀口要严密，水压试验时不应滴水珠，但允许有含泪现象。

5. 测量胀管外径的外径百分表卡尺，每班都要用游标卡尺或检验杆检验一次百分表读数的准确性。

6. 每胀 20 个管口左右，应用汽油将胀管器清理一次，在胀珠的巢穴里涂上润滑油。

7. 在胀接过程中，应用外径百分表测量锅筒外壁处管端外径，控制和记录终胀时管端外径值。测量时，将卡尺沿管周围方向 90°范围摆动，且取检测到外径最大值为记录值。

8. 滴水的胀口补胀次数不宜多于 2 次。无论是采用内径控制法还是采用外径控制法，在补胀前均需复测胀口内径，确定补胀值，补胀值应控制在 0.1mm 以内。补胀后，胀口的累计胀管率为补胀前的胀管与补胀后的补胀率之和。累计胀管率不应超过胀管率的控制范围。

9. 当胀管率超出控制范围时，超胀后的最大胀管率，对于内径控制法，不得超过 2.6%，对于外径控制法，不得超过 2.5%。同一锅筒上超胀管口不得多于胀口总数的 4%，且不得超过 15 个。

七、锅炉焊接

1. 焊接材料的选用

根据母材的机械性能和化学成分以及焊接设备、焊工素质、现场条件等因素认真选择焊接材料。

2. 焊接方法的选用

气焊适于 φ57mm 以下的薄壁管。氩弧焊用于压力较高，要求较高的低合金钢、不锈钢构件的焊接，特别是管道的打底焊道。手工电弧焊则广泛应用于结构、管道等各种位置的焊接。

3. 焊接工艺质量要求

（1）钢架、平台、扶手、拉杆等钢结构的焊接

1）确认组对装配质量符合要求。首先进行组件点固焊，点固焊长度宜为 20～30mm，且应牢固。

2）全部组件点固焊后，应复查组件几何尺寸无误后方可正式焊接。

3）为了保证焊透，厚度超过 8mm 的对接接头要开 V 型或 K 型坡口进行焊接，并应满

足焊缝加强高度和焊脚高度要求。

4) 焊接时应采取对称、跳焊、分段退焊等方法,以控制焊接引起组件变形。

5) 焊缝末端收弧时,应将熔池填满。

6) 多层焊,焊接下一层之前要认真清除熔渣。

7) 多层多道焊,邻间焊道接头要错开,严禁重合。

(2) 锅炉受热面管子及管道的焊接

1) 对口要求

①锅炉管子一般为 V 型坡口,单侧为 30°~35°。对口时要根据焊接方法不同留有 1~2mm 的钝边和 1~3mm 的间隙。

②对口要齐平,管子、管道的外壁错口值不得超过以下规定:

锅炉受热面管子: ≤10%壁厚,不超过 1mm;

其他管道: ≤10%壁厚,不超过 4mm。

③焊接管口的端面倾斜度应符合表 6-10 的规定。

焊接管口的端面倾斜度 (mm)　　　　　　表 6-10

管子公称直径	≤60	60~108	108~159	>159
端面倾斜度	≤0.5	≤0.6	≤1.5	≤2

④管子对口前应将坡口表面及内外壁 10~15mm 范围内的油、锈、漆、垢等清除干净,并打磨出金属光泽。

2) 焊接要求

①点固焊时,其焊接材料、焊接工艺、焊工资质应与正式施焊时相同。

②在对口根部点固焊时,焊后应检查各焊点质量,如有缺陷应立即清除,重新点焊。

③管子一端为焊接,另一端为胀接时,应先焊后胀。

④管子一端与集箱管座对接,另一端插入锅筒焊接,一般应先焊集箱对接焊口。

⑤管子与两集箱管座对口焊接,一般应由一端焊口依次焊完再焊另一端。

⑥水冷壁和对流管束排管与锅筒焊接,应先焊两个边缘的基准管,以保证管排与锅筒的相对尺寸。焊接时应从中间向两侧焊或采用跳焊、对称焊,防止锅筒产生位移。

⑦多层多道焊的接头应错开,不得重合。

⑧收弧时应将熔池填满。

⑨单面焊时要双面成型,焊缝与母材应圆滑过渡。

⑩当出现焊口折弯,其折弯度应用直尺检查,在距焊缝 200mm 处间隙不应大于 1mm。

焊口焊完后应进行清理,自检合格后,在焊缝附近打上焊工本人的代号钢印。

焊接时还应注意:额定蒸汽压力大于或等于 9.8MPa 的锅炉,锅筒和集箱上管接头的组合焊缝以及管子和管件的手工焊对接接头,应采用氩弧焊打底焊接;采用钨极氩弧焊打底焊的根层焊缝,经检查合格后,应及时进行次层焊缝的焊接,以防产生裂纹。

3) 焊口返修质量要点

焊接接头有超过标准的缺陷时,可采取挖补方式返修。但同一位置上的挖补次数一般不得超过三次,中、高合金钢不超过二次。并应遵守以下规定:

①彻底清除缺陷。
②制定具体的补焊措施并按工艺要求进行。
③需进行热处理的焊接接头，返修后重做热处理。
4）焊前预热质量要求
①焊前预热温度应根据钢材的淬硬性、焊件厚度、结构刚性、可焊性等因素综合确定。
②常用管材焊前预热温度见表6-11。

常用管材焊前预热温度表　　　　表6-11

钢　种	公称壁厚（mm）	预热温度（℃）
C（含碳量≤35%的碳素钢）	≥26	100~200
C—Mn（16Mn） Mn—V（15MnV） 0.5Cr—0.5Mo（12CrMo）	≥15	150~200
1Cr—0.5Mo（15CrMo）	≥10	150~200
1Cr—0.5Mo—V（12CrMoV） 1.5Cr—1Mo—V（15Cr$_1$Mo$_1$V） 2Cr—0.5Mo—VW（12Cr$_2$MoWV） 2.25Cr—0.5Mo（12Cr$_2$Mo） 3Cr—1Mo—VTi（12Cr$_2$MoVSiTiB）	≥6	250~350

注：1. 当采用钨极氩弧焊打底时，可按下限温度降低50℃；
　　2. 当管子外径大于219mm或壁厚大于或等于20mm时，采用电加热法预热。

③壁厚大于或等于6mm的合金钢管子在负温下焊接时，预热温度可根据（焊接常用钢材的焊后热处理表）规定值提高20~50℃。
④壁厚小于6mm的合金钢管子及壁厚大于15mm的碳素钢管子在负温下焊接时，也应适当预热。
⑤预热宽度从对口中心开始，每侧不少于焊件厚度的三倍。
⑥施焊过程中，层间温度不低于规定的预热温度的下限，且不高于400℃。
5）焊后热处理质量要求
①焊接头焊后应进行热处理：
壁厚大于30mm的碳素钢管子与管件；耐热钢管子与管件（下条规定的内容除外）。
②凡采用氩弧焊或低氢型焊条，焊前预热和焊后适当缓冷的下列焊口可免做热处理：
壁厚≤10mm，管径≤108mm的15CrMo、12Cr$_2$Mo钢管子；
壁厚≤8mm，管径≤108mm的12CrMoV钢管子；
壁厚≤6mm，管径≤63mm的12Cr$_2$MoWVB钢管子。
常用钢材的焊后热处理温度见表6-12。
6）焊接接头分类检验的项目、范围及数量见表6-13。
7）焊缝外观检查
①外观检查不合格的焊缝，不允许进行其他项目检查。
②锅炉受压元件的全部焊缝（包括非受压元件与受压元件的连接焊缝）应进行外观检查，表面质量应符合如下要求：

焊接常用钢材的焊后热处理表 表 6-12

钢种	钢 号	公称壁厚 δ (mm)	保温温度（℃） 电弧焊	保温温度（℃） 电渣焊、气焊	保温时间
碳素钢	A3、A3F、10、20、20g、20G	> 30	600～650 回火	900～960 正火 600～650 回火	$\delta \leq 50mm$ 时取 $0.04\delta h$，但不少于 15min。$\delta > 50mm$ 时取 $(150+\delta)/100h$。
碳素钢	St45.8、SB42、SB46、SB49	> 30	520～580 回火	870～900 正火 520～580 回火	
低合金结构钢	12Mng 16Mn、16Mng	≥20	550～600 回火	900～930 正火 550～600 回火	
低合金结构钢	19Mn6	≥20	520～580 回火	900～930 正火 520～580 回火	
低合金结构钢	15MnVg	≥20	600～650 回火	940～980 正火 600～650 回火	
低合金结构钢	SA106、SA299	≥20	600～650 回火	900～960 正火 540～580 回火	
低合金结构钢	20MnMo、13MnNiMoNbg 13MnNiMo54	≥20	570～650 回火	910～940 正火 610～630 回火	
耐热钢	12CrMo、15CrMo、20CrMo 13CrMoV42、SA335P12	> 10	500～700 回火	890～950 正火 600～680 回火	取 $0.04\delta h$ 但不少于 15min
耐热钢	12CrMoV、10CrMo910 SA335P22	> 6	500～700 回火	890～950 正火 600～680 回火	
耐热钢	12Cr2MoWVTiB	任意厚度	750～780 回火	1000～1090 正火 750～780 回火	
耐热钢	12Cr3MoVSiTiB	任意厚度	730～760 回火	1040～1090 正火 730～760 回火	
耐热钢	SA213T91、STBA24 STBA25、STBA26	任意厚度	570～650 回火		

焊接接头分类检验的项目范围及数量 表 6-13

焊接接头类别	范 围	外观 自检	外观 专检	射线	超声	硬度①	光谱	割样②/代样
Ⅰ	工作压力大于或等于 9.81MPa 的锅炉的受热面管子	100	100	50		5	10	0.5
Ⅰ	外径大于 159mm 或壁厚大于 20mm，工作压力大于 9.81MPa 的锅炉本体范围内的管子及管道	100	100	100	100		100	—
Ⅰ	外径大于 159mm，工作温度高于 450℃ 的蒸汽管道	100	100	100	100		100	
Ⅰ	工作压力大于 8MPa 的汽、水、油、气管道	100	100	50			100	
Ⅰ	工作温度大于 300℃ 且不大于 450℃ 的汽水管道及管件	100	50	50			100	
Ⅰ	工作压力为 0.1～1.6MPa 的压力容器	100	50	50			100	
Ⅱ	工作压力小于 9.81MPa 的锅炉的受热面管子	100	25	25		5	—	0.5
Ⅱ	工作温度高于 150℃ 且不高于 300℃ 的蒸汽管道及管件	100	25	5			100	—
Ⅱ	工作压力为 4～8MPa 的汽、水、油、气管道	100	25	5			100	—

续表

焊接接头类别	范围	检验方法及比例（%）						
		外观		射线	超声	硬度①	光谱	割样②/代样
		自检	专检					
Ⅱ	工作压力大于1.6MPa且小于4MPa的汽、水、油、气管道	100	25	5	—	—	—	
	承受静载荷的钢结构	100	25	③				
Ⅲ	工作压力为0.1～1.6MPa的汽、水、油、气管道	100	25	1	—	—	—	
	烟、风、煤、粉、灰等管道及附件	100	25	④				
	非承压结构及密封结构	100	10					
	一般支撑结构（设备支撑、梯子、平台、拉杆等）	100	10					
	外径小于76mm的锅炉水压范围外的疏水、放水、排污、取样管子	100	100	—	—	—	—	

①经焊接工艺评定，且具有与作业指导书规定相符的热处理自动记录曲线图的焊接接头，可免去硬度测定；
②经焊接工艺评定，且按作业指导书施焊的锅炉受热面管子对接焊接接头，可免割样检查；
③钢结构的无损探伤方法及比例按设计要求进行；
④烟、风、煤、粉、灰管道应做100%的渗油检查。

焊缝外形尺寸应符合设计图样和工艺文件的规定，焊缝高度不低于母材表面，焊缝与母材应平滑过渡；焊缝及其热影响区表面无裂纹、夹渣、弧坑和气孔。

8）焊缝无损探伤
①需做热处理的焊接接头，应在热处理后进行无损探伤。
②无损探伤人员应按劳动部颁发的《锅炉压力容器无损检测人员资格考核规则》考核，取得资格证书后可承担与考试合格的种类和技术等级相应的无损探伤工作。
③集箱、管子、管道和其他管件的环焊缝（受热面管子接触焊除外），射线或超声波探伤的数量规定如下：
a. 当管子外径大于159mm，或壁厚大于或等于20mm时，每条焊缝应进行100%探伤。
b. 工作压力大于或等于9.8MPa的管子，其外径小于或等于159mm时，至少为接头数的25%。
c. 工作压力大于或等于3.8MPa但小于9.8MPa的管子，其外径小于或等于159mm时，至少为接头数的25%。
d. 工作压力大于或等于0.10MPa但小于3.8MPa的管子，其外径小于或等于159mm时，至少抽查接头数的10%。
④额定蒸汽压力大于或等于3.8MPa的锅炉，集中下降管的角接接头应进行100%射线或超声波探伤。
⑤对接接头的射线探伤应按GB 3323《钢熔化焊对接接头射线照相和质量分级》的规定执行。射线照相的质量要求不应低于AB级。额定蒸汽压力大于0.1MPa的锅炉，对接接头的质量不低于Ⅱ级为合格；额定蒸汽压力小于或等于0.1MPa的锅炉，对接接头的质量不低于Ⅲ级为合格。
⑥管子和管道的对接接头超声波探伤可按SDJ 67《电力建设施工及验收技术规范（管道焊缝超声波检验篇）》的规定进行。采用超声波探伤时，对接接头的质量不低于Ⅰ级为

合格。

⑦集中下降管的角接接头的超声波探伤可按 JB 3144《锅炉大口径管座角焊缝超声波探伤》的规定执行。

⑧焊缝用超声波和射线两种方法进行探伤时，按各自标准均合格者，方可认为焊缝探伤合格。

⑨经过部分射线或超声波探伤检查的焊缝，在探伤部位任意一端发现缺陷有延伸可能时，应在缺陷的延长方向做补充射线或超声波探伤检查。在抽查或在缺陷的延长方向补充检查中有不合格缺陷时，该条焊缝应做抽查数量的双倍数目的补充探伤检查。补充检查后，仍有不合格时，该条焊缝应全部进行探伤。受压管道和管子对接接头做探伤抽查时，如发现有不合格的缺陷，应做抽查数量的双倍数目的补充探伤检查。如补充检查仍不合格，应对该焊工焊接的全部对接接头做探伤检查。

⑩焊接接头的射线透照或超声波探伤按下列规定选用：

a. 厚度≤20mm 的汽、水管道采用超声波探伤时，还应另做不小于 20% 探伤量的射线透照。

b. 厚度＞20mm 且小于 70mm 的管子和焊件，射线透照或超声波探伤可任选一种。

c. 对于焊接接头为Ⅰ类的锅炉受热面管子，除做不少于 25% 的射线透照外，还应另做 25% 的超声波探伤。

9) 统计无损检验一次合格率

①焊接检验后，应按部件和整体分别统计出无损检验一次合格率，以反映焊接质量状况。其计算方法可按下式（6-1）进行：

$$\text{无损检验一次合格率} = [(A - B)/A] \times 100\% \tag{6-1}$$

式中 A——一次被检焊接接头当量数（不包括复检及重复加倍当量数）；
B——不合格焊接接头当量数（包括挖补、割口及重复返工当量数）。

②当量数计算规定如下：

a. 外径小于或等于 76mm 的管接头，每个接头即为当量数 1。

b. 外径大于 76mm 的管子、容器接头，同焊口的每 300mm 被检焊缝长度为当量数 1。

c. 使用射线探伤时，相邻底片上的超标缺陷实际间隔小于 300mm 时可计为一个当量。

10) 合金钢件焊后应对焊缝进行光谱分析复查规定如下：

①锅炉受热面管子不少于 10%。

②其他管子及管道 100%。

③光谱分析复查应根据每个焊工的当日工作量进行。

11) 锅炉受热面管子作割样或代样检查时，试样数量见表 6-14。

锅炉受热面管子焊接接头割样（或代样）检查的项目及试验数量 表 6-14

项目	拉力（片）	冷弯（片）		金相（片）		断面（片）
		面弯	根弯	宏观	微观	
数量	2	1	1	1	1（中、高合金钢）	3

注：1. 试样切取部位及加工规格见《电建规》DL 5007—92 附录 F
为检验产品焊接接头的力学性能，应焊制产品检查试件（板状试件称为检查试板），以便进行拉力、冷弯和必要的冲击韧性试验；
2. 割样或代样的检查结果若有不合格项目时，应做该项目不合格试样数量的双倍复检。

12) 焊缝外形尺寸应符合表 6-15 的要求。

焊缝外形允许尺寸（mm） 表 6-15

接头形式位置		焊接接头类别	Ⅰ	Ⅱ	Ⅲ
对接接头	焊缝余高	平焊	0~2	0~3	0~4
		其他位置	≥3	≥4	≤5
	焊缝余高差	平焊	≤2	≤2	≤3
		其他位置	≤2	<3	<4
	焊缝宽度	比坡口增宽	<4	≤4	≤5
		每侧增宽	<2	≤2	≤3
角接接头	贴角焊	焊脚	δ+(2~3)	δ+(2~4)	δ+(3~5)
		焊脚尺寸差	<2	≤2	≤3
	坡口角焊	焊脚 δ≤20	δ±1.5	δ±2	δ±2.5
		焊脚 δ>20	δ±2	δ±2.5	δ±3
		焊脚尺寸差 δ≤20	<2	≤2	≤3
		焊脚尺寸差 δ>20	<3	<3	<4

注：1. 焊缝表面不允许有大于 1mm 的尖锐凹槽，且不允许低于母材表面；
2. 搭接角焊缝的焊脚与部件厚度相同。

13) 焊缝表露缺陷应符合表 6-16 要求。

焊缝表露缺陷允许范围 表 6-16

缺陷名称		焊接接头类别 Ⅰ	质量要求 Ⅱ	Ⅲ
裂纹、未熔合		不允许	不允许	不允许
根部未焊透		不允许	深度≥10%δ，且≥1.5mm，累计长度≥焊缝长度的 10%，氩弧焊打底焊缝不允许	深度≥15%δ，且≥2mm，累计长度≥焊缝长度的 15%
气孔、夹渣		不允许	不允许	不允许
咬边	不要求修磨的焊缝	深度≥0.5mm，焊缝两侧总长度：管件≥焊缝全长的 10%，且≥40mm。板件≥焊缝全长的 10%	深度≥0.5mm，焊缝两侧总长度：管件≥焊缝全长的 20%，板件≥焊缝全长的 15%	深度≥0.5mm，焊缝两侧总长度：管件≥焊缝全长的 20%，板件≥焊缝全长的 20%
	要求修磨的焊缝	不允许	不允许	不允许
根部突出		≥2mm	板件和直径≥108mm 的管件：≥3mm；管件直径<108mm 时以通球为准，要求是：管外径≥32mm 时，为管内径的 85%；管外径<32mm 时，为管内径的 75%	
内凹		≤1.5mm	≤2mm	≤2.5mm

14) 焊接接头机械性能试验结果应符合表 6-17 的规定。

焊接接头机械性能试验标准　　　　　　表 6-17

试　验　项　目				合　格　标　准
		抗拉强度（MPa）		不低于母材规定值下限
冷弯（度）	双面焊	碳素钢、奥氏体钢	180°	弯轴直径 $3a$，支座间距 $5.2a$
		其他普金钢、合金钢	100°	弯轴直径 $3a$，支座间距 $5.2a$
	单面焊	碳素钢、奥氏体钢	90°	弯轴直径 $3a$，支座间距 $5.2a$
		其他普金钢、合金钢	50°	弯轴直径 $3a$，支座间距 $5.2a$
		冲击韧性（J/cm²）		碳钢≥59；合金钢≥49

注：1. 冷弯试验，当试样弯曲到规定的角度后，其拉伸面上不得有长度大于 3mm 的焊缝纵向裂纹或长度大于 1.5mm 焊缝横向裂纹；
　　2. 抗拉和冲击试验中，如断在焊缝上，其断口处不允许有超过折断面检查允许范围的缺陷；
　　3. 需做热处理的试样，应先做热处理。

15）焊缝金相检验和断口检验

焊件材料为合金钢时，且工作压力大于或等于 9.8MPa 或壁温大于 450℃ 受热面管子和管道的对接焊缝，应作金相检验。

金相微观检验的合格标准：
①没有裂纹、疏松；
②没有过烧组织；
③没有淬硬性马氏体组织。

凡有裂纹、过烧、疏松之一者不允许复验，金相检验即为不合格。仅因有淬硬性马氏体组织而不合格者，允许检查试件与产品再热处理一次，然后取双倍试样复验（合格后仍须复验力学性能），每个复验的试样复验合格后才为合格。

16）焊缝断面和金相宏观检验

①额定蒸汽压力大于或等于 3.8MPa 的锅炉，受热面管子的对接接头应做断口检验。每 200 个焊接接头抽查一个，不足 200 个的也应抽查一个。100% 探伤合格或氩弧焊焊接（含氩弧焊打底手工电弧焊盖面）的对接接头可免做断口检验，断口检验包括整个焊缝断面。

②断口检验的合格标准见表 6-18、表 6-19、表 6-20。

Ⅲ级焊缝断面和金相宏观检验合格标准（mm）　　　　　　表 6-18

缺　陷		壁厚 $\delta \leq 6$	壁厚 $\delta > 6$
裂纹、未熔合		不　允　许	
未焊透	双面焊、加衬垫单面焊	不　允　许	
	单面焊	深度≥15%δ，且≯2mm，累计长度≯焊缝长度的 15%	
内凹（塌腰）		深度≥30%δ，且≯2mm	深度≥25%δ，且≯2.5mm
单个气孔	径　向	深度≥25%δ	深度≥25%δ，且≯4mm
	轴、周向	≥3mm	≥30%δ，且≯7mm
单个夹渣	径　向	≥25%δ	≥25%δ，且≯4mm
	轴、周向	≥30%δ	≥30%δ，且≯5mm
密集气孔及夹渣		每 1cm² 面积内有直径≤0.8mm 气孔或夹渣不超过 5 个，或总面积不超过 3mm²	
		沿圆周（或长度）方向 10 倍壁厚的范围内，气孔和夹渣的累计长度不超过厚度（相邻缺陷间距离如超过最大缺陷长度 5 倍时，则按单个论）	
沿厚度方向同一直线上各种缺陷的总和		≥25%δ，且≯2mm	≥30%δ，且≯5mm

Ⅱ级焊缝断面和金相宏观检验合格标准（mm）　　　　表 6-19

缺　陷		壁厚 $\delta \leqslant 6$	壁厚 $\delta > 6$
裂纹、未熔合		不　允　许	
未焊透	双面焊、加衬垫单面焊	不　允　许	
	单面焊	深度 $\geqslant 10\%\delta$，且 $\geqslant 1.5$mm，累计长度 $\geqslant$ 焊缝长度的 10%	
内凹（塌腰）		深度 $\geqslant 25\%\delta$，且 $\geqslant 2$mm	深度 $\geqslant 20\%\delta$，且 $\geqslant 2$mm
单个气孔	径　向	深度 $\geqslant 25\%\delta$	深度 $\geqslant 25\%\delta$，且 $\geqslant 4$mm
	轴、周向	$\geqslant 2$mm	$\geqslant 30\%\delta$，且 $\geqslant 6$mm
单个夹渣	径　向	$\geqslant 25\%\delta$	$\geqslant 20\%\delta$，且 $\geqslant 4$mm
	轴、周向	$\geqslant 30\%\delta$	$\geqslant 25\%\delta$，且 $\geqslant 4$mm
密集气孔及夹渣		不　允　许	每 1cm² 面积内有直径 $\leqslant 0.8$mm 气孔或夹渣不超过 5 个，或总面积不超过 3mm²；沿圆周（或长度）方向 10 倍壁厚的范围内，气孔和夹渣的累计长度不超过厚度（相邻缺陷间距离如超过最大缺陷长度 5 倍时，则按单个论）
沿厚度方向同一直线上各种缺陷的总和		$\geqslant 25\%\delta$，且 $\geqslant 1.5$mm	$\geqslant 25\%\delta$，且 $\geqslant 4$mm

Ⅰ级焊缝断面和金相宏观检验合格标准表（mm）　　　　表 6-20

缺　陷		壁厚 $\delta \leqslant 6$	壁厚 $\delta > 6$
裂纹、未熔合		不　允　许	
未焊透	双面焊、加衬垫单面焊	不　允　许	
	单面焊	不　允　许	
内凹（塌腰）		深度 $\geqslant 20\%\delta$，且 $\geqslant 1$mm	深度 $\geqslant 15\%\delta$，且 $\geqslant 1.5$mm
单个气孔	径　向	深度 $\geqslant 25\%\delta$	深度 $\geqslant 25\%\delta$，且 $\geqslant 3$mm
	轴、周向	$\geqslant 2$mm	$\geqslant 30\%\delta$，且 $\geqslant 5$mm
单个夹渣	径　向	$\geqslant 25\%\delta$	$\geqslant 20\%\delta$，且 $\geqslant 3$mm
	轴、周向	$\geqslant 30\%\delta$	$\geqslant 25\%\delta$，且 $\geqslant 4$mm
密集气孔及夹渣		不　允　许	
沿厚度方向同一直线上各种缺陷的总和		$\geqslant 25\%\delta$，且 $\geqslant 1.5$mm	$\geqslant 25\%\delta$，且 $\geqslant 3$mm

凡不符合表 6-18、表 6-19、表 6-20 中任何一项规定者，则为不合格，但允许取双倍试样复验。若每个复验试样的每项检验结果均合格，则复验为合格，否则复验为不合格，该试样代表的焊缝也不合格。

八、省煤器安装

省煤器组件的组合安装允许偏差见表 6-21。

省煤器组合安装允许偏差　　　　表 6-21

序	检　查　项　目	允许偏差（mm）
1	组件宽度	±5
2	组件对角线差	10
3	联箱中心线蛇形管弯头端部长度	±10
4	组件边管垂直度	±5
5	边缘管与炉墙间隙	符合图纸

九、炉排安装检查验收

1. 设备清点和质量检查验收

(1) 按图纸进行质量检查,对主要结构件进行测量,并做好检查记录。

(2) 链条炉排安装前的检查项目和允许偏差见表6-22。

链条炉排安装前允许偏差 表 6-22

项 次	项 目	允许偏差（mm）
1	链条长度在拉紧状态下与设计尺寸的偏差	±20
2	同一炉排上几根链条的不等长度	8
3	型钢构件的长度	±5
4	型钢构件的直线度	1/1000，全长20
5	各链轮与轴线中点间的距离	±2
6	同一轴上的任意两链轮，其齿尖前后错位	3
7	链轮与轴配合应紧密	

2. 基础验收

基础验收与放线：基础几何尺寸应符合图纸要求，预埋件位置正确、数量齐全、大小合适、平整度能满足安装要求，混凝土强度已达到70%以上。按锅炉基准线划出炉排前后轴中心线、墙板安装线，标定标高基准。

3. 导轨、轴等安装的质量控制

(1) 安装下部导轨：导轨坡度与平整度要符合图纸要求，安装要牢固，检查合格后进行灌浆固定。

(2) 安装墙板及横梁：在安装过程中随时进行测量与调整。

(3) 墙板位置、垂直度及距离调整合格后应安装放灰门及风室挡板，连接要严密牢固。

(4) 安装上部导轨，其间距、水平度要认真测量，达到图纸及规范要求。

(5) 前、后轴安装：

1) 按设备技术文件规定留出前、后轴的轴径与轴承间的间隙和轴的膨胀间隙；

2) 调整好两轴的标高及两轴之间的平行度，该项工作非常重要，如两轴平行度不好，运行时炉排就会跑偏；

3) 轴的密封及轴承在安装时要经过检查清洗，并重新加润滑油，安装调整时要注意轴承密封装置的间隙，不得与轴摩擦；对有冷却水的轴承，安装前应作水压试验，试验压力按设备技术文件进行，如无规定时，试验压力可取0.4MPa；

4) 前、后轴装好后，用手盘车应转动灵活。

4. 链条及炉排片的组装

(1) 导轨安装合格后进行链条安装，根据链条长度的误差，应进行适当搭配，使同一炉排上几根链条之间的不等长度偏差不超过8mm，安装时应将较长的链条放在炉排中间，两侧链条尽量等长。

(2) 滚轴的安装不得强力装配，装好后应转动灵活。

(3) 链条装好后应进行主转，以检查和调整链条的松紧度，要求如下：当链条调到最紧时，滚轴与下导轨面之间应有5mm左右的间隙，当链条调到最松时，滚轴与下导轨面要刚好接触。

(4) 炉排片组装：炉排片应逐排进行组装，炉排片的前后方向不得搞错，装好后的炉排片应转动自如，无卡阻现象。

(5) 安装好的边部炉排与墙板之间，应保持一定的间隙，如设备技术文件无明确规定时，每侧间隙一般控制在 10~12mm 之间。

(6) 炉排与防焦箱之间的间隙允差为 +5mm，不得出现负差值。

(7) 安装时注意膨胀端的膨胀方向，在膨胀端不应焊死，也不能有卡住现象，其膨胀方向是以减速机为固定点，纵横两个方向同时考虑。

(8) 炉排各处的销钉、垫圈应按图纸要求配齐，不得短缺，开口销一定要劈开。

(9) 炉排长销两端露出的长度应一致，不得与两侧堵板相碰或摩擦。

5. 挡渣器（老鹰铁）安装：挡渣器与炉排、挡渣器搁架必须配套，安装前须根据图纸对其几何形状、尺寸进行验证，其铸造面应基本光洁，浇筑冒口应打平。挡渣器卡装在其搁架上。挡渣器与炉排排面之间的间隙至少为 3mm，侧面与炉墙间应有 5mm 的间隙，如挡渣器伸入耐火砖墙时，伸入部分的顶面与耐火墙之间应留有 20mm 的间隙。

十、炉排冷态试运转（冷磨）

1. 检查炉膛、炉排，尤其是容易卡住炉排的铁块、焊渣、焊条头及安装时遗忘的铁制零件等（如螺母、垫片等），炉排各部位的抽杯是否加满润滑油。

2. 炉排冷运转连续时间不得少于 8h，运转速度最少应在两级以上，经检查和调整应达到下列要求：

(1) 炉排应无卡住和拱起现象。

(2) 炉排应无跑偏现象。要钻进炉膛内检查两侧主炉排片与两侧板的距离是否基本相等，如不等说明跑偏，应调整前轴相反一侧的拉紧螺栓，使炉排走正。如拧到一定程度后还不能纠偏时，还可以稍松另一侧的拉紧螺栓，使炉排走正。

(3) 检查炉排长销与两侧墙板的距离是否大致相等，通过一字形检查孔，用手锤间接敲打露出过长的一端，使长销轴端头与两侧墙板的距离相等；同时还要检查有无漏装的垫圈和开口销，如有应停转炉排，补齐后再运转。

(4) 检查链轮啮合是否良好，链轮齿是否在一条直线上，如有严重不同位时，应与制造厂联系解决。

(5) 检查炉排片有无断裂，有断裂时等到炉排转到一字形检查孔的位置时，停下炉排，换上备用炉排片，再运转。

(6) 检查煤闸板吊链的长短是否相等，检查各风室的调节门是否灵活。

(7) 冷态试运结束后做好记录。

十一、炉排减速机安装

1. 检查机体外观和零部件不得有损坏，输出轴及联轴器应光滑，无裂纹、无锈蚀。键与键槽无损伤，配合良好，油杯、扳把等无丢失和损坏。

2. 减速机就位及找正找平：

(1) 将垫铁放在画好基准线和清理好预留孔的基础上，垫铁应放在靠近地脚螺栓预留孔的地方。

（2）将减速机吊起，在落到基础上之前穿上地脚螺栓（螺栓露出螺母2~3扣），而后将减速机轻轻放落在基础垫铁上，使减速机的纵横中心线与基础纵横中心线相吻合。

（3）根据炉排输入轴的位置和标高进行找正找平，用水平仪和更换垫铁厚度或调整斜垫铁的方法进行调整。同时还应对联轴器进行找正，以保证减速机输出轴与炉排输入轴对正同心。可用卡箍及塞尺的方法调整联轴器的同心度。减速机的水平度和联轴器的同心度，两联轴节端面之间的间隙以设备随机技术文件的要求为准。无规定时应符合《机械设备安装工程施工及验收规范通用规范》GB 50231的相应规定。

3. 设备找平找正后，即可进行二次灌浆。

4. 减速机试运行：

（1）电机旋转方向应正确并无杂音。

（2）炉排冷态试车。在试车过程中调整好离合器的压紧弹簧，弹簧不能压得过紧，防止炉排断片或卡住时离合器不能脱开而将炉排拉坏。

十二、除尘器安装

旋风除尘器安装

1. 安装前首先核对除尘器的旋转方向与引风机的旋转方向应一致。除尘器落灰斗距地面高度一般为0.6~10m。检查除尘器内壁耐磨涂料应完好无脱落，如有脱落破损应修补后方可安装。

2. 安装除尘器支架：确认支架的基准线在基础中心线上后，方可安装地脚螺栓。

3. 吊装除尘器：紧固除尘器与支架的连接螺栓，除尘器的蜗壳与锥形体的连接要严密，石棉扭绳垫料应加在连接螺栓的内侧。

4. 烟管安装：烟管连接要严密。检查扩散管的法兰与除尘器的进口法兰位置，如略有偏差则调整除尘器支架的位置和标高，使除尘器和烟管妥善连接。

5. 检查除尘器的垂直度和水平度：除尘器和烟管安装完毕后，检查除尘器及支架的垂直度和水平度，除尘器的垂直度和水平误差为1/1000。

6. 检查合格后，进行二次灌浆。

7. 安装锁气器：锁气器的连接处和舌形板接触必须严密，配重或挂环要合适。

十三、水膜式除尘器安装

1. 水膜除尘器在内壁砌衬前，应按验收记录检查壳体建筑质量及几何尺寸。

2. 壳体验收合格后方可进行内部砌衬，砌衬前应对选用的粘接材料进行试验，砌衬时严格控制粘接材料的配比，粘接材料要填充饱满，在环境温度低的地区和冬季施工时，应执行冬季施工的有关规定。

3. 水膜除尘器的砌衬质量应符合表6-23规定。

水膜除尘器的砌衬质量要求　　　　表6-23

序号	项目	允许偏差（mm）	序号	项目	允许偏差（mm）
1	内壁椭圆度	直径的3/1000	2	溢流槽槽口水平度	1

4. 水膜除尘器的水管路及喷嘴安装位置和角度应符合图纸规定，无规定时，喷嘴圆周布置的角度偏差±2°，喷嘴中心线一般较水平下倾10°，喷嘴安装前先冲洗水管路，冲洗合格后方允许安装喷嘴，喷嘴投入初期要注意检查是否有堵塞现象。

5. 水膜除尘器安装结束后，必须做水膜试验，水膜应均匀。

6. 文丘里管安装结束后应做喷水试验，水膜应均匀完整，其角度应符合有关要求。

十四、输煤装置安装

1. 胶带输煤机安装

(1) 安装要求

构架及滚筒安装质量要求见表6-24。

构架及滚筒偏差　　　　　　　　　　表6-24

序号	项目	允许偏差（mm）
1	每节构架中心与设计中心误差	≮长度的0.5/1000
2	构架标高	≮10
3	构架横向水平度	≮宽度的2/1000
4	构架纵向起伏不平度	≮长度的2/1000，全长≮10
5	滚筒纵、横向位置	≮5
6	滚筒不水平度	≮0.5
7	滚筒标高	≮10
8	滚筒轴线必须与胶带相垂直	

(2) 拉紧装置应符合下列要求：

1) 尾部拉紧装置应工作灵活，滑动面及丝杠均应平直并涂油保护。

2) 垂直拉紧装置的滑道应平行，升降应顺利灵活。

3) 配重块安装应牢靠，配重量一般按设计量的2/3装设，上煤时若有打滑现象再行增加。

4) 应按设计装设安全围栏。

(3) 托辊安装应符合下列要求：

1) 托辊支架应与构架连接牢固，螺栓应在长孔中间并应有方斜垫片。

2) 相邻的托辊高低差不大于2mm。

3) 托辊轴应牢固地嵌入支架槽内。

(4) 落煤管和导煤槽安装应符合下列要求：

1) 管壁应平整光滑，不应压在导煤槽上。

2) 煤闸门应严密，有开关标志，操作灵活方便。

3) 导煤槽与胶带应平行，中心吻合，密封处接触均匀。

(5) 胶带的铺设和胶接

1) 胶带的铺设应符合下列要求：

①准确核实胶带的截断长度，使胶带胶接后拉紧装置有不小于3/4的拉紧行程；

②覆盖胶较厚的一面应为工作面；

③胶接口的工作面应顺着胶带的前进方向，两个接头间的胶带长度应不小于主动滚筒

直径的 6 倍。

2）胶接口应割成斜口，一般为 45°左右，并根据帆布层数割成阶梯形，每个阶梯长度不小于 50mm；两端合拢时接槎应互相吻合；胶接头也可按《连续输送设备安装工程施工及验收规范》GB 50270—98 附录二的方法进行剖切，亦是根据帆布层数剖切成对称的阶梯。

3）在切割阶梯剥层和加工时不得切伤或破坏帆布层的完整性，必须仔细清理剥离后的阶梯表面，不得有灰尘、油迹和橡胶粉末等。

4）涂胶前阶梯面应干燥无水分，如需烘烤时，加热温度不得超过 100℃。

5）胶接头可采用热胶法（加热硫化法）或冷胶法（自然固化法）。

6）胶接头合口时必须对正；胶接头处厚度应均匀，并不得有气孔、凹陷和裂纹；胶接头表面接缝处应覆盖一层涂胶的细帆布。

（6）试运行

1）起动和停止时，拉紧装置工作正常，胶带无打滑现象；胶带运行平稳，其边缘与托辊侧辊子端缘的距离应大于 30mm。

2）不得有刮伤胶带和不允许的摩擦现象存在。

3）上煤时全部托辊转动灵活；滚柱逆止器工作正常，其制动转角应符合设备技术文件的规定。

4）联锁和各事故按钮应工作良好。

5）做好试运行记录。

2. 刮板式给煤机安装

（1）安装要求

1）刮板应平整，刮板与下部底板之间应按图留出间隙，不得摩擦。

2）链条轨道应平直，两轨道间应平行，距离偏差不大于 2mm；水平偏差不大于长度的 2/1000。

3）链轴的后轴承应能顺利滑动；调整链条紧度的丝杠不应弯曲，并带有锁紧螺母；安装时应保证留有 2/3 以上的调整余量。

4）调整煤层的闸板应升降灵活，闸口应平直。

5）对采用保险销子的对轮，销轴孔与销子间应有 0.05~0.08mm 的间隙，对采用弹簧保险的对轮，应按图调整弹簧的压缩长度。

6）给煤机壳体法兰间、煤闸门调整螺丝通过壳体处、检查孔处等，都应有良好的密封。

7）刮板给煤机安装应符合下列要求：

①刮煤板应平整，与底板间隙符合设计规定，无摩擦现象。

②链条的轨道应平整，水平度偏差不大于长度的 2/1000，两轨道间平行距离偏差不大于 2mm。

③调整链条紧度的装置灵活好用，安装时保持有 2/3 以上的调整余量。

④调整煤层的闸门应升降灵活。

⑤采用保险销的对轮，其轴孔与轴应有 0.05~0.08mm 的间隙，不得随意加粗保险销直径或改换其材质。

⑥采用弹簧的保险对轮，应按设备技术文件的规定调整好弹簧长度，并盘动电动机对轮检查其动作的准确性。

(2) 分部试转

1) 给煤机的试转要求与一般的转动机械试转相同。

2) 刮板链条在运行中应平稳，无杂声、无跳动及跑偏现象。

3) 给煤机各部振动不得大于 0.1mm。

十五、螺旋出渣机安装

1. 出渣机的吊耳和轴承底座，与螺旋轴保持同心并形成一条直线。

2. 调好安全离合器的弹簧，使螺旋轴转动灵活。油箱内应加入符合要求的机械油。

3. 检查旋转方向是否正确，离合器的弹簧是否跳动，冷态试车 2h，无异常声音，不漏水为合格，并做好试车记录。

十六、风机水泵及附属部件安装质量控制要求

1. 风机安装

(1) 安装垫铁，吊装风机。找平找正后，再灌筑混凝土，待混凝土强度达到 75% 以上时，复查风机是否水平，地脚螺栓紧固后进行二次灌浆。混凝土的标号应比基础标号高一级，灌筑捣固时不得使地脚螺栓歪斜，灌筑后要养护。

(2) 机壳安装应垂直，风机坐标安装允许偏差为 10mm，标高允许偏差为 ±5mm。

(3) 纵向水平度为 0.2/1000；横向水平度为 0.3/1000；风机轴与电动机轴不同心，径向位移不大于 0.05mm。如用皮带轮连接时，风机和电动机的两皮带轮的平行度允许偏差应小于 1.5mm。两皮带轮槽应对正，允许偏差小于 1mm。

(4) 风机试运转

轴承温升应符合下列规定：

1) 滑动轴承温度最高不得超过 60℃；

2) 滚动轴承温度最高不得超过 80℃。

轴承径向单振幅应符合下列规定：

1) 风机转速小于 1000r/min 时，不应超过 0.10mm；

2) 风机转速为 1000~1450r/min 时，不应超过 0.08mm。

2. 风道安装

(1) 砖砌地下风道，风道内壁用水泥砂浆抹平；表面光滑、严密；风机出口与风管之间、风管与地下风道之间连接要严密，防止漏风。

(2) 安装烟道时应使之自然吻合，不得强行连接，更不允许将烟道重量压在风机上。当采用钢板风道时，风道法兰连接要严密。应设置安装防护装置。

(3) 安装调节风门时应注意不要装反，应标明开、关方向。

(4) 安装调节风门后试拨转动，检查是否灵活，定位是否可靠。

3. 安装冷却水管

冷却水管应干净畅通，按规定进行水压试验，如无规定时，试验压力不低于 0.4MPa。

4. 水泵安装

(1) 基础检查，按规定进行验收后，方可进行安装。安装蒸汽往复泵前，应检查主要部件、活塞及一切活动轴是否灵活。

(2) 水泵就位，对垫铁安装要求如下：

1) 水泵的负荷由垫铁组承受，每个地脚螺栓近旁至少有一组垫铁，相邻两垫铁组间的距离应为 500~1000mm。

2) 不承受主要负荷的垫铁组，可使用单块垫铁，斜垫铁下面应有平垫铁。

3) 承受主要负荷的垫铁组，应使用成对斜垫铁，待找平后用电焊焊牢，钩头式成对斜垫铁组能用灌浆层固定就不用焊接固定。

每组垫铁应尽量减少垫铁块数，一般不超过三块，少用薄垫铁。放置垫铁时将最厚垫铁放在下面，把最薄垫铁放在中间，并将各垫铁焊接牢固。每个垫铁组均应放置平稳，接触良好。找平后每组垫铁均应压紧，用 0.25kg 手锤逐组轻击检查，不得松动。

(3) 调整电机轴和泵的同心度，可采用在基座底脚下适当加薄垫片的方法找正，使两者不同轴度偏差符合规定。离心泵和蒸汽泵应牢固、不偏斜，其泵体水平度每米不得超过 0.1mm。

(4) 安装地脚螺栓的要求：地脚螺栓垂直度不得超过 10/1000；地脚螺栓底端不应碰孔底；地脚螺栓距孔壁的距离应大于 15mm；地脚螺栓埋入部分油脂和污垢应清除干净，螺纹部分应涂黄油；拧紧螺母后，螺栓必须露出 1.5~5 个螺距；在二次灌浆达到强度后，再拧紧地脚螺栓。

(5) 二次灌浆要求

灌浆部位应清洗干净，灌浆用的碎石混凝土或水泥砂浆，其标号应比混凝土基础高一级，并要认真捣实。灌浆前应安设外模板，而外模板距设备底座底面外缘的距离应大于 100mm，并且不应小于底座底面边宽，其宽度应约等于底座底面边宽，其高度应约等于底座底面至基础的距离。

(6) 泵试运转

1) 多级给水泵。应手动盘车检查叶轮与泵壳有无摩擦的部位；如盘车正常，可不解体。

2) 单极离心泵。可打开泵盖检查泵壳内有无杂物，叶轮与泵壳的间隙是否合适，叶轮有无破损等情况；待拧紧泵盖之后，要手动盘车，以手感轻快并无杂音为好。

3) 泵在设计负荷下连续运转不应少于 2h，滚动轴承温度不应高于 75℃；滑动轴承温度不应高于 70℃。

5. 泵阀门安装

(1) 泵进口管线上的隔断阀直径应与进口管线直径相同。

(2) 泵出口管线上隔断阀的直径：当泵出口直径与出口管线直径相同时，阀门直径与管线直径相同；当泵出口直径比出口管线直径小一级时，阀门直径应和泵出口直径相同；当泵出口直径比出口管线直径小二级或更多时，则阀门直径按相关要求选用。

(3) 离心泵出口管线上的旋启式止回阀，一般应装在出口隔断阀后面的垂直管段上，止回阀的直径与隔断阀的直径相同。两台互为备用的离心泵共用一个止回阀时，应装在两泵出口汇合管的水平管段上，其位置应尽量靠近支管。止回阀直径应与管线直径相同。

(4) 泵的进出口阀门中心标高以 1.2~1.5m 为宜，一般不应高于 1.5m。

6. 排污阀安装

(1) 额定蒸发量不小于1t/h或额定蒸汽压力不小于0.69MPa的蒸汽锅炉及额定出口热水温度不小于120℃的热水锅炉，排污管应装两个串联的排污阀。

(2) 每台锅炉应装独立的排污管，排污管应尽量减少弯头，保证排污畅通并接到室外安全的地点或排污膨胀箱。

(3) 锅炉的排污阀、排污管不允许用螺纹连接。

7. 减压阀安装

(1) 减压阀的安装高度：

1) 设在离地面1.2m左右处，沿墙敷设。

2) 设在离地面3m左右处，设永久性操作台。

(2) 蒸汽系统的减压阀组前，应设置疏水阀。

(3) 如系统中介质带渣物时，应在阀组前设置过滤器。

(4) 为了便于减压阀的调整工作，减压阀组前后应装压力表。为了防止减压阀后的压力超过容许限度，阀组后应有安全阀。

(5) 减压阀有方向性，安装时注意勿将方向装反，并应使其垂直安装在水平管道上。波纹管式减压阀用于蒸汽时，波纹管应朝下安装；用于空气时，需将阀门反向安装。

(6) 对于带有均压管的鼓膜式减压阀，均压管应装于低压管一边。

8. 空气预热器安装

(1) 安装前基础及放线检查，基础的表面质量、几何尺寸应符合设计要求。

(2) 管箱外观检查：

1) 管箱几何尺寸符合图纸要求。

2) 各管口焊缝表面应无裂纹、砂眼、气孔等缺陷。

3) 空气预热器管子应无碰伤、挤扁、严重损伤，管板无弯曲变形。

4) 伸缩节应无因运输等原因而砸坏、挤扁、弯曲、破裂等现象。

9. 疏水器安装

(1) 疏水器前后都要设置截止阀，但冷凝水排入大气时可不设置此阀。

(2) 疏水器与前截止阀间应设置过滤器，热动力式疏水器自带过滤器。

(3) 疏水器与后截止阀间应设检查管。

(4) 疏水器应装在管道和设备的排水线以下，如凝结水管高于蒸汽管道和设备排水线，应安装止回阀。热动力式疏水器本身能起逆止作用。

(5) 螺纹连接的疏水器，应设置活接头，方便拆装。

(6) 疏水管道水平敷设时，管道坡向疏水阀，防止水击现象。

(7) 疏水器的安装位置应靠近排水点。距离太远时，疏水阀前面的细长管道内会集存空气或蒸汽，使疏水器处于关闭状态，阻碍凝结水流到疏水点。

(8) 装于蒸汽管道翻身处的疏水器，为了防止蒸汽管中沉积的污物堵塞疏水管，疏水器与蒸汽管相连的一端，应选在高于蒸汽管排污阀150mm左右的部位。排污阀也应定期打开排污，以防止污物超过疏水器与蒸汽管的相连接的部位。

10. 软水设备安装

(1) 安装前，应根据设计规定对设备的规格、型号、长宽尺寸，制造材料以及应带的附件等进行核对、检查。对设备的表面质量和内部的布水设施，如水帽等，也要细致检查。对有机玻璃和塑料制品，更应严格检查，符合要求方可安装。应按设计要求修好地面或建好基础，其质量要求应符合设备的技术要求。

（2）安装时按出厂技术文件和技术要求对支架和设备进行必要的找正找平。无基础及地脚螺栓的设备，应采取措施保证支架和设备的平稳牢固，有地脚螺栓的较大型的设备要拧紧地脚螺栓。管道连接时，无论是钢管连接或塑料管连接，均应按正确的施工规范进行施工。如施焊时，不得损伤交换器本体。

十七、安全附件安装

安全阀安装

1. 安全阀的规格、型号必须符合规范及设计要求。
2. 额定蒸发量大于 0.5t/h 的蒸汽锅炉，至少装设两个安全阀（不包括省煤器安全阀）。额定蒸发量小于或等于 0.5t/h 的蒸汽锅炉，至少装一个安全阀。
3. 额定热功率大于 1.4MW 的热水锅炉至少应装设两个安全阀。额定功率小于或等于 1.4MW 的热水锅炉至少应装设一个安全阀。
4. 可分式省煤器出口处必须装设安全阀。
5. 安全阀不应参加锅炉水压试验。水压试验时，可将安全阀管座用盲板法兰封闭，也可在已就位的安全阀与管座间加钢板垫隔离。
6. 安全阀安装前必须到技术质量监督部门规定的检验所进行检测定压。
7. 安全阀应垂直安装，即与安全阀连接的管座法兰应成水平状态。
8. 安全阀上必须有下列装置：

（1）杠杆式安全阀要有防止重锤自行移动的装置和限制杠杆越出的导架。

（2）弹簧式安全阀要有提升手柄和防止随便拧动调整螺钉的装置。

9. 蒸汽锅炉的安全阀应装设排汽管，排汽管应直通朝天排放。排汽口距地面不得小于 2.5m，并有足够的截面积（不小于安全阀出口截面积）。安全阀排汽管底部应装有接到安全地点的疏水管，在排汽管和疏水管上都不允许装设阀门。
10. 热水锅炉的安全阀应装泄放管，泄放管上不允许装设阀门，泄放管应接至安全地点，并有足够的截面积和防冻措施，保证排泄畅通。如泄放管高于安全阀出口时，在泄放管的最低点处应装设疏水管，疏水管上不允许装设阀门。
11. 省煤器安全阀应装排水管，并通至安全地点。排水管上不允许装阀门。
12. 每个安全阀必须单独设置排汽管（泄放管）。
13. 安全阀经过校验整定后，应加铅封。

十八、测温元件安装

1. 根据设计图和规范规定，决定安装位置，不得装在管道和设备的死角处，亦不得装在受剧烈振动和冲击的地方。玻璃温度计和双金属温度计应装在便于监视和不易受机械碰伤的地方。
2. 使用机械加工方法或气焊切割方法在管道上开孔，并去除管内外的残留物和毛刺。
3. 选用垫圈要符合规定，常用的垫圈材料和使用范围见表 6-25，并在螺纹上涂石墨粉,将测温元件固定在插座上。

常用的垫圈材料　　　　　　　　表 6-25

介质	工作压力（MPa）	工作温度（℃）	垫圈材料
蒸汽	2.5~6.4	300~425	紫铜或铝
蒸汽	2.5 以下	300 以下	紫铜或高压石棉
水	2.5~6.4	100~200	紫铜或铝、高压石棉
水	0.6~2.5	60~100	高压石棉
水	0.6 以下	60 以下	胶 皮
烟气、空气等		40 以下	石棉或金属石棉
烟气、空气等		40 以下	胶 皮

4. 测温元件在管道上的安装方式

(1) 空气（烟气）、给水、蒸汽等工艺管道垂直安装,这种方式的安装要点是必须保证测温元件的轴线与工艺管道的轴线垂直相交。

(2) 在工艺管道的拐弯处安装,这种方式的安装要点是必须保证测温元件的轴线与工艺管道的轴线相重合并逆着流向。

(3) 与工艺管道倾斜安装,这种方式的安装要点是必须保证测温元件的轴线与工艺管道的轴线相交并逆着流向。

(4) 管道上安装测温元件时插入深度的规定：

1) 热电阻（热电偶）的插入深度可按实际需要决定,但浸入被测介质中的长度（指从工艺管道内表面算起,测温元件在介质中的长度）一般应不小于保护套管外径的 8~10 倍。

2) 保护管插入管道内长度,从管内壁算起至少 75mm。又由于测温元件的插入深度受管道直径和保护套管强度限制,根据实际情况不宜超过 250mm,因此测温元件插入管道内的长度定为 75~250mm。

3) 测温元件的感温点（体）应处于管道中的流速最大处,如：

①水银温度计的测温点的中心在管道中心线上;

②热电偶的保护套管的末端应超过流束的中心线 5~10mm;

③热电阻的保护套管的末端应超过流束中心线的长度是:

a. 云母骨架铂电阻：20~30mm;

b. 玻璃骨架铂电阻：10~15mm;

c. 铜丝热电阻：25~30mm。

(5) 扩大管的安装要求,扩大管的安装应与原管道同心。

十九、测压元件安装

1. 定位：根据设计图纸、规范决定安装位置。测量管道压力的测点,应设置在流速稳定的直管段上。

2. 开孔：使用机械加工或气焊切割方法在管道上开孔,应除去孔内外的残留物和毛刺,使取压口内外沿光滑。

3. 压力取源部件的端部,插入深度不得超过设备或管道的内壁。

4. 焊接：将切割整齐并去掉毛刺的短管焊接在取压口上,并使短管轴线与工艺管道轴线相交。焊接后，在安装取压口的管道内表面不应有残渣和堆积物。

5．测压元件安装方位确定

(1) 介质为气体时，在管道的上半部取压。

(2) 介质为液体时，在管道上半部与管道水平中心线成 0°～45°夹角范围内取压。

(3) 介质为蒸汽时，在管道上半部及下半部与管道的水平中心线成 45°夹角范围内取压。

二十、水位表安装

1．每台锅炉至少应装两个彼此独立的水位表。但额定蒸发量小于或等于 0.5t/h 的锅炉和电加热锅炉可以装一个直读式水位表。

2．水位表安装前应检查旋塞转动是否灵活，填料是否符合使用要求，不符合要求时应更换填料。水位表的玻璃管或玻璃板应干净透明。

3．水位表安装时，应使水位表的上下两个接口保持垂直和同心。玻璃管不得损坏，填料要均匀，接头应严密。玻璃板应完整无缺损，与玻璃板的接触面应平整、无沟痕与麻点。垫片裁剪要适宜，垫片上应涂油质石墨粉，压紧螺栓时，应对称拧紧，用力适中而均匀，防止压偏或损坏玻璃板。

4．水位表应有放水旋塞，以便冲洗水位表。放水管应接至安全地点。

5．水位表的玻璃管或玻璃板最低可见边缘应比最低安全可见水位低 25mm；最高可见边缘应比最高可见水位高 25mm。水位表装好后应用红油漆准确标明最高水位、正常水位和最低水位线。

6．玻璃管水位表应装有防护罩，防止损坏时伤人。

7．水位表和锅筒之间汽水连通管的内径应不小于 18mm，连通管应尽可能地缩短。汽连通管的凝结水应能自行流向水位表，水连通管的水能自行流向锅筒。

二十一、锅炉钢架及有关金属结构安装

1．锅炉钢架和有关金属结构主要尺寸的测量和复查，必须使用经计量部门检定合格的钢尺，土建、安装、建设单位应统一钢尺。为使测量准确，应用弹簧秤拉紧钢尺测量，测距相同时拉力应相同。

2．锅炉钢架和有关金属结构在安装前，应根据供货清单、装箱单和图纸清点数量，对主要部件还需作下列检查：

(1) 外形尺寸应符合图纸，允许偏差应符合相应规范的要求。

(2) 外观检查有无锈蚀、重皮和裂纹等缺陷。

(3) 外观检查焊接、铆接和螺栓连接的质量。

3．锅炉基础检查、画线和垫铁安装

(1) 锅炉开始安装前必须根据混凝土结构基础验收记录进行复查，并应符合下列要求：

1) 符合设计和国家标准《混凝土结构工程施工质量验收规范》的规定；

2) 定位轴线应与厂房建筑标准点校核无误；

3) 锅炉基础画线允许偏差见表 6-26；

4) 钢架地脚螺栓采用预埋方法时,对定位板的要求见表 6-27。

基础画线允许偏差　表 6-26

序号	项目		允许偏差（mm）
1	柱子间距	≤10m	±1
		>10m	±2
2	柱子相应对角线	≤20m	5
		>20m	8

地脚螺栓允许偏差　表 6-27

序号	检查项目	允许偏差（mm）
1	各柱间距离偏差	间距的 1/1000 ≤5
2	各柱间相应对角线差	≤8

（2）基础表面与柱脚底板的二次灌浆间隙不得小于 50mm，基础表面应全部打出麻面，放置垫铁处应凿平。

（3）采用垫铁安装时，垫铁应符合下列要求：

垫铁表面应平整，必要时应刨平；每组垫铁不应超过 3 块，其宽度一般为 80～120mm，长度较柱脚底板两边各长出 10mm 左右，厚垫铁放置在下层。垫铁应布置在立柱底板的立筋板下方，垫铁单位面积的承压力不应大于基础设计混凝土强度等级的 60%。垫铁安装后，用手锤检查应无松动，并将垫铁点焊在一起再与柱脚板焊牢。

4. 锅炉钢架的检查

锅炉钢架在组合安装前应对其外形尺寸进行检查，钢架外形尺寸的允许偏差见表 6-28，凡没有达到表中所列的质量标准均应进行校正。

5. 锅炉钢架安装

锅炉钢架安装完成后，其允许误差见表 6-29，如超过则应进行调整。

锅炉钢架外形的允许偏差　表 6-28

序号	检查项目		允许偏差（mm）
1	各立柱的长度	≤8m	0～-4
		>8m	+2～-6
2	各横梁的长度	≤1m	0～-4
		1～3m	0～-6
		3～5m	0～-8
		>5m	0～-10
3	各立柱、横梁的弯曲		长度的 1/1000，最大≯10
4	各立柱、横梁的扭曲		长度的 1/1000，最大≯10

锅炉钢架安装允许偏差（mm）　表 6-29

序号	检查项目	允许偏差
1	各立柱的位置	±5
2	各立柱间距离①	间距的 1/1000，最大≯10
3	柱子上的 1m 标高线与标高基准点的高度差	±2
4	各立柱相互标高差	3
5	立柱的垂直度	高度的 1/1000，最大≯10
6	各立柱相应两对角线的长度差	长度的 1.5/1000，最大≯15
7	两立柱间在垂直面内两对角线的长度差	长度的 1/1000，最大≯10
8	支承锅筒的梁的标高	-5～0
9	支承锅筒的梁的水平度	长度的 1/1000，最大≯3
10	其他梁的标高	±5

①支承式结构的立柱间距离以正偏差为宜。

找正结束后，应将硬支撑或拉筋的可调部分用螺帽拧紧；并将立柱底板四周的预埋钢筋烤红，弯贴在立柱上，然后再将全部钢筋焊接在立柱上以消除立柱走动的可能。钢架安装后，结构达到足够的稳定性，再进行二次灌浆。

6. 钢烟囱安装

（1）烟囱之间用 $\phi 10$ 的石棉扭绳作垫料，用螺栓连接要严密牢固，组装好的烟囱应基本成直线。

(2) 当烟囱超过周围建筑物时要安装避雷针。

1) 在烟囱的适当高处（无规定时为 2/3 处）安装拉紧绳，最少三根，互为 120°。采用焊接或其他方法将拉紧绳的固定装置安装牢固。在拉紧绳距地面不少于 3m 处安装绝缘子，拉紧绳与地锚之间用花篮螺栓拉紧，锚点的位置要合理，应使拉紧绳与地面的斜角小于 45°。

2) 烟囱吊装就位，用拉紧绳调整烟囱的垂直度。垂直度的要求为 1/1000，全高不超过 20mm，最后检查接紧绳的松紧度，拧紧绳卡和基础螺栓。

二十二、筑炉

1. 折焰墙砌筑

(1) 与折焰墙砌筑有关的管道，应符合砌筑的要求。管道应平整，间距应符合设计要求，凡是需要砌筑折焰墙的管距宜大不宜小。

(2) 折焰墙的异型砖应事先选分和排验，按图纸排列的顺序做好标记。通过排验与试装，如需要加工修改时，应在正式砌筑前加工好。

(3) 用螺栓固定的异型砖折焰墙，由筑炉人员划出螺栓焊接的位置，在锅炉水压试验前必须全部焊完。砌筑时螺母不得拧的太紧，以防损坏耐火砖。所有螺孔均采用耐火混凝土填平。

(4) 折焰墙砖必须加工时，其厚度不能小于设计厚度的 90%。

(5) 砌筑折焰墙时，必须用耐火泥浆砌筑水平缝与竖缝，严禁干砌。如设计无规定时，均应错缝砌筑。

(6) 折焰墙与炉墙接触端，应伸入墙内 90~95mm。伸入墙内的折焰墙端部（三面）均设置膨胀缝，并将缝内用石棉绳或耐火纤维填充严密。

(7) 折焰墙在同层内，应砌同一高度尺寸的砖。

2. 炉拱砌筑

(1) 炉拱分前拱和后拱，炉拱的结构，根据炉膛的宽度而定。当炉膛宽度不大时，可用异型耐火砖，根据需要拱形直接砌筑。砌筑时应与炉膛内墙互相啮合，并应遵守砌筑炉墙的有关规定。当炉膛较宽或炉拱较长时，则多用金属架、吊架将异型耐火砖悬吊稳固。

(2) 拱胎的弧度应符合设计要求，胎面应平整。支设拱胎时，必须正确和牢固，并经检查合格后，方可砌筑。

(3) 拱胎制作：拱胎用木材制作，拱和拱顶在拱胎上进行砌筑。拱胎是由拱架片作为支点，表面排满宽度为 50mm，厚度为 20~25mm 的木板条，板条与板条之间留有 8~10mm 的间隙。这样，既可减少木条用量，又可使操作过程中的废弃物便于清除。

拱架应准确的按照拱的跨度、拱高和拱胎的厚度制作，并使拱胎上表面与拱顶的下表面的外形相同。为了制作拱架，必须先作出拱胎表面的弧形。

(4) 拱脚表面应平整，角度应正确，不得用加厚砖缝的方法找平拱脚。

(5) 拱和拱顶必须从两侧拱脚同时向中心对称砌筑，砌筑时严禁将拱砖的大小头倒置。

(6) 拱和拱顶的放射线，应与半径方向相吻合。

(7) 拱和拱顶的内表面应平整，个别砖的错牙不应超过 3mm。

(8) 锁砖应按拱和拱顶的中心线对称均匀分布。

(9) 跨度小于 3m 的拱,应打入一块锁砖;跨度 3~6m 时,应打入三块砖。

(10) 锁砖砌入拱和拱顶内的深度宜为砖长的 2/3~3/4,但在同一拱和拱顶内砌入深度应一致。打锁砖时,两侧对称的锁砖应同时均匀地打入。打入锁砖应使用木槌,使用铁槌时必须垫以木板。

(11) 不得使用砍掉厚度 1/3 以上的或砍凿长侧面使大面成楔形的锁砖。

(12) 吊挂平顶或吊拱的吊挂砖,内表面应平整,个别砖的错牙不得超过 3mm。

(13) 在砌完具有吊杆、螺母结构的吊挂砖后,应将吊杆的螺母拧紧。拧紧螺母时,应随时注意不使吊挂砖上升,但吊钩应紧靠吊挂砖孔的上缘。

(14) 拆除拱胎必须在锁砖全部打紧,拱脚处砌筑完毕后进行。

3. 保温混凝土施工

(1) 无论采用何种配方,在施工前均应进行密度测定与常温耐压强度等级的试验;当采用新材料配制保温混凝土时,则需增做热导率、使用温度、干收缩率等试验,并经有资格的检验部门鉴定合格后,方准使用。

(2) 保温混凝土施工中应作出试块,进行常温耐压强度等级和密度的试验,以鉴定保温混凝土的施工质量。

(3) 保温混凝土施工部位,应保持清洁、干燥,以保证良好的粘结;保温混凝土应随搅拌随浇筑,放置时间一般不得超过 1h。

(4) 保温混凝土应振捣均匀,表面平整、密实。

(5) 保温混凝土在耐火混凝土上浇筑时,耐火混凝土需经过 24h 以上的养护时间以后,才能进行保温混凝土浇筑。

(6) 保温混凝土浇筑在保温层上时应采用防水层隔开,以免保温混凝土浇筑后,失水过多,降低强度。

(7) 保温混凝土一般不留膨胀缝,补浇保温混凝土时,应将原有接缝表面的松散混凝土清理干净,并浇水润湿。

4. 耐火混凝土的施工

(1) 耐火混凝土施工前应按设计规定的配合比制成试块,经有资格的检验部门检验,符合表 6-30 中的要求后,方允许施工。

耐火混凝土试块检验项目　　　　　表 6-30

极限使用温度（℃）	检 验 项 目	技 术 要 求
小于或等于 700	密度 常温耐压强度等级 加热至极限使用温度并经冷却后的强度等级	小于或等于设计密度 大于或等于设计常温耐压强度等级 大于或等于 45% 常温耐压强度等级
900	密度 常温耐压强度等级 残余抗压强度等级 1. 水泥胶结料耐火混凝土 2. 水玻璃胶结料耐火混凝土 热振稳定性	小于或等于设计密度 大于或等于设计常温耐压强度等级 大于或等于 30% 常温耐压强度等级不得出现裂缝 大于或等于 70% 常温耐压强度等级不得出现裂缝 小于或等于设计规定次数

续表

极限使用温度（℃）	检 验 项 目	技 术 要 求
1200 1300	密度 常温耐压强度等级 残余抗压强度等级 1. 水泥胶结料耐火混凝土 2. 水玻璃胶结料耐火混凝土 热振稳定性	小于或等于设计密度 大于或等于设计常温耐压强度等级 大于或等于30%常温耐压强度等级不得出现裂缝 大于或等于70%常温耐压强度等级不得出现裂缝 小于或等于设计规定次数

注：常温耐压强度等级试块的细小发丝裂纹可不考虑。

（2）耐火混凝土施工前，必须按照图纸规定在管道上缠以石棉绳或包扎石棉纸、沥青油纸等。缠石棉绳或包扎沥青油纸时，一般按单根管道进行，当两根管道距离太小无法分别缠石棉绳时，可将两根管道缠在一起。一般管道缠绕 $\phi3 \sim \phi10$mm 的石棉绳，也可包扎 1~2 层石棉纸或沥青油纸等，其厚度为 4~5mm，并用细铁丝绑扎。

（3）包缠锅筒或集箱胀口管部分的管道时，应使沥青纸上端顶在锅筒或集箱的壁面，以免耐火混凝土附着在胀口上。纸板下端要露出耐火混凝土层 10~15mm，以便检查。

（4）石棉绳或沥青纸等包完后，按图进行钢筋骨架或钢筋网的绑扎。

（5）耐火混凝土内的钢筋和铁丝网的表面，以及通过耐火混凝土内的管道或其他设备的表面，在浇灌混凝土前，必须将铁锈及油渍等擦拭干净，然后按规定涂以沥青层。

（6）锅筒下面耐火混凝土的模板一般用 5~6mm 厚的胶合板制作，工作面应光滑平整，成型后几何尺寸的误差不得超过 ±5mm。

（7）耐火混凝土内留有直通的膨胀缝，为了正确地控制其位置和厚度，支设模板时，应预先设置木样板，并将其固定。

（8）耐火混凝土的上面继续砌砖时，应将其表面抹平，平面度用 2m 长的靠尺检查，偏差不得超过 5mm。

（9）耐火混凝土在施工中应在现场取样，进行常温耐压强度和残余耐压强度的试验，以鉴定施工质量。

（10）耐火混凝土模板应符合下列要求：

1）配制底模（包括浇筑平台）应坚固，无下沉变形现象，其平整度每米不大于 2.5mm，全长不大于 10mm。

2）模板表面应光滑，接口应严密。

3）模板与耐火混凝土间应有隔离措施。浇筑混凝土前应将模板湿润。

4）模板的几何尺寸误差不大于 +3、-5mm，对角线误差不大于 6mm。

5）各种门孔中心位置应正确，误差不大于 ±5mm。

（11）耐火混凝土拌制应符合下列要求：

1）8mm 以上的骨料一般应于 4h 以前洒水闷料（烧矾土熟料时可不闷料）。

2）应严格控制耐火混凝土的水灰比。当采用机械振捣时，混凝土的塌落度不大于 30~40mm；用人工捣固时，不大于 50~60mm；特殊部位如密集管道的穿墙处可适当调整水灰比。

3）拌制好的矾土水泥耐火混凝土存放时间一般不超过30min，硅酸盐水泥耐火混凝土存放时间一般不超过60min。

（12）耐火混凝土的浇筑应符合下列要求：

1）施工部位的杂物应清除干净。

2）捣固应均匀密实。

3）耐火混凝土一般应连续施工。如施工必须中断时，相隔时间不允许超过先浇层混凝土的初凝时间。继续浇筑时，应将已浇混凝土表面打毛并打扫干净，用水淋湿。

4）在成型保温材料或保温混凝土上浇筑耐火混凝土时应有防水层隔开。在保温混凝土上浇筑耐火混凝土时，宜待保温混凝土养生期满后进行。

5）安装中当耐火混凝土接缝大于20mm时，应补浇混凝土。补浇前，原混凝土内的钢筋应清理露出，混凝土表面打扫清洁，用水淋湿。新浇混凝土细致捣固，按要求养护。

（13）耐火混凝土的养护应符合下列要求：

1）耐火混凝土的养护按表6-31的规定执行。

2）水泥胶结料耐火混凝土在高于表中所述最佳温度施工时，于浇筑后3~4h即需浇水养护，矾土水泥耐火混凝土应采取降温措施。

3）磷酸耐火混凝土成型后，可直接根据《粘土质和高铝质耐火混凝土生产与施工技术规程》冶基规103—76（试行）的有关规定进行烘烤和高温处理。

4）磷酸、水玻璃耐火混凝土施工时和烘烤热处理前不得受潮和雨淋。

耐火混凝土养护规定　　　　　　　　　　　　表6-31

种　　类	养护环境	养护温度（℃）	养护天数（d）	浇灌后至开始养护时间（h）
硅酸盐水泥耐火混凝土	潮湿养护	15~25	>7	12
矿渣硅酸盐水泥耐火混凝土	潮湿养护	15~25	>14	12
矾土水泥耐火混凝土	潮湿养护	15~25	>3	12
水玻璃耐火混凝土	自然养护	15~30	7~14	—
磷酸耐火混凝土	自然养护	>20	3~7	

（14）耐火混凝土在正常的养护条件下，允许拆模时间为：矾土水泥耐火混凝土不得少于1d；硅酸盐水泥耐火混凝土和矿渣硅酸盐水泥耐火混凝土不得少于3d。拆模后如发现有微小缺陷，应及时修补。

5．炉墙砌筑

（1）砌筑前的基础画线，应以本体安装的各基准点为准，分别画出耐火砖、红砖、隔热砖和膨胀缝等的墙体线。画线应按自内向外的方法进行，以保证炉膛的正确尺寸。水平标高则以钢架立柱上的1m标高点为准，作为基础找平和安装炉墙内的各种预埋件及留设门、孔的依据。

（2）为控制砌砖层的统一层高和水平度，应将红砖墙的层高（砖厚+灰缝）逐层画在钢架立柱上，做为砌砖时的依据。

（3）炉墙厚度（包括耐火砖、隔热层、红砖）要严格按图施工，不得任意修改。如必须变动时，应有建设单位或设计单位的签证。

（4）炉墙砌筑用泥浆应符合下列要求：

1) 炉墙可按照砌体种类采用表 6-32 所示的泥浆。

炉 墙 泥 浆　　　　　　　　表 6-32

砌 体 名 称	灰 浆 名 称
黏 土 耐 火 砖	黏 土 质 泥 浆
硅藻土、珍珠岩、蛭石砖	硅藻土生料泥浆、硅藻土生料~生黏土泥浆、石棉硅藻土泥浆、蛭石粉泥浆

2) 泥浆的最大粒径应小于砖缝厚度的 50%。
3) 用人工搅拌的耐火泥浆应先用水浸泡 1d 为宜。
4) 泥浆的稀稠黏度应根据砖缝来选择。
5) 泥浆应保持洁净，不得掺有杂质及易燃物。

(5) 断砖时应使用专用工具或专用机械，不得用手锤直接断砖。断砖后的表面应加工磨平。耐火砖的破面、缺棱角处不得砌于向火面。

(6) 砌在炉墙内的骨架立柱、横梁与耐火砌体的接触面，应铺贴 5mm 的石棉板。

(7) 砌砖的灰缝必须错开并压缝，上下层不得有垂直通缝，多层砌砖不得有里外通缝。

(8) 在砌筑砖墙时应随时将砖墙表面上挤出的泥浆清除。

(9) 锅炉耐火砖墙每砌 6~8 层砖后，应向红砖或隔热砖伸出半砖进行内外墙的拉固。拉固砖在同层内应间断砌筑，一般每隔一米砌一块拉固砖。上下层拉固砖的间断位置应交错。

(10) 炉墙拉钩砖的拉钩应保持水平，拉钩应按设计放置，不应任意减少其数量，拉钩砖的固定管件和耳板，要随砌体的相对标高位置，以砌体为准随砌随焊，以保证拉钩的水平。

(11) 砌筑四周炉墙时应同时并进，不应使墙的高低相差太多。

(12) 除密集的水冷壁管区域外，炉墙向火面的耐火砖墙面均用泥浆勾缝，以加强砌体的严密性。

6. 外墙红砖的砌筑

(1) 炉墙使用的红砖应为 100~150 # 砖。炉墙墙面应采用一层顶砖一层顺砖的砌筑方法。最上或最下一层砌砖均采用侧砌法。

(2) 必须遵守从里向外砌筑的原则。先砌耐火砖，再砌隔热砖，最后砌红砖的方法。不准砌完（指 6~8 层耐火砖高度）耐火砖后，再砌红砖，最后填砌隔热砖。

(3) 砌筑外墙红砖时，应埋设内径为 20mm 的钢管，其长度与红砖外墙墙厚相等，供烘炉时排出蒸汽，烘炉结束后要及时用石棉绳堵塞。钢管埋设分布面要均匀，约 2m² 左右埋设一根。如果不埋设金属管，亦可在红砖墙上留一块砖不砌，烘完炉后再用砖将其补齐。

7. 砌体内膨胀缝的留设

(1) 膨胀缝必须按设计图的位置和尺寸留设。

(2) 膨胀缝内必须以石棉绳紧密的填塞，所填的石棉绳必须事先放在稀耐火泥浆中浸透。膨胀缝的宽度通常为 20mm，应采用 ϕ25mm 的石棉绳填充。

(3) 炉墙内的膨胀缝和耐火砖墙四周的膨胀缝留设方法如图 6-1 所示，对炉内的隔墙或折焰墙等需要伸入墙内 90~95mm 为宜。

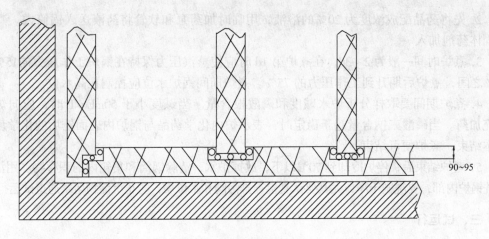

图 6-1 炉墙膨胀缝的留设

(4) 当墙和顶的长度很长时，可在墙和顶的中间增设膨胀缝。

(5) 炉墙与拱顶、炉墙与顶盖的膨胀缝留设方法：膨胀缝内除了填充石棉绳外，缝的外露部分要用一层平砌砖履盖。

(6) 穿过炉膛的管道、集箱、锅筒和其他金属件必须在外面缠绕 $\phi 10 \sim \phi 20mm$ 的石棉绳，以保证其自由胀缩。墙内铸件要在其四周用 $10 \sim 15mm$ 厚的石棉板作填充材料。

(7) 锅筒与墙之间的膨胀缝采用在锅筒上缠绕 $\phi 25mm$ 的石棉绳，靠石棉绳外侧砌筑墙上的圆形拱。

第二节 烘炉、煮炉和试运行

一、烘炉

烘炉时间的长短及温升速度应根据锅炉型式、炉墙结构及自然干燥时间而定，一般不少于 4d。

1. 烘炉时，第一天烟气温度不宜超过 50℃，烘炉后期炉温不应高于 150℃（烟温测试点为锅炉本体烟气出口处）。烘炉过程中，应由专人负责检查炉墙烘干程度及炉墙各部分的变化，如有无裂纹、变形及凹凸等缺陷。烘炉期锅炉水位应保持在水位表最低水位，水位下降应及时补水，产生的蒸汽用抬高安全阀排放。

2. 链条炉烘炉期间，应定期转动炉排，防止烧坏炉排。

3. 烘炉升温速度不允许忽高忽低，更不允许中间中断烘炉，烘炉时应做好升温记录。

4. 烘炉合格标准

(1) 炉墙表面温度均匀，在取样点处温度达到 50℃后，继续烘烤 48h 即为合格。在 48h 内可以同时进行煮炉。

(2) 从取样点取灰浆样品分析其含水率，若灰浆含水率在 10% 以下，烘炉即为合格。

二、煮炉

1. 加药时炉水应在低水位，炉内无压力。

2. 先将药品配成浓度为20%的溶液，用临时加药泵和软管将药液送入锅筒内。禁止将固体药剂加入。

3. 煮炉时间一般为2~3d，在煮炉第1d时应使蒸汽压力保持在锅炉工作压力的15%~30%之间，煮炉后期升到工作压力的75%。煮炉期间锅炉水位应控制在高水位。

4. 煮炉期间要取样分析炉水碱度和磷酸根含量。当碱度小于50mEq/L时，应向炉内补充加药。当磷酸三钠含量趋于稳定时，表示炉内化学药品与锅炉内表面锈垢的化学反应基本结束，煮炉便可结束。

5. 煮炉结束后，停炉冷却到70℃以下，放掉炉水，清除锅筒和集箱内的积存物。用清水冲洗锅炉内部，要洗刷干净，尤其要认真检查排污阀和水位表，防止沉淀物堵塞通道试运行。

三、试运行

1. 点火运行：保持自然通风10~15min，使煤能连续燃烧，调整鼓风量和引风量，使炉膛内维持2~3mm水柱的负压，使煤正常燃烧。

2. 升火时炉膛温升不宜太快，避免锅炉受热不均产生较大的热应力。一般情况从点火到燃烧正常，时间不得小于3~4h。

3. 升火后应注意水位变化，炉水受热后水位会上升，超过最高水位时，通过排污保持水位正常。

4. 当锅炉压力升至0.05~0.1MPa时，应进行压力表弯管和水位表的冲洗工作。以后每班冲洗一次。

5. 当锅炉压力升至0.3~0.4MPa时，对锅炉范围内的法兰、人孔、手孔和其他连接螺栓进行一次热状态下的紧固。随着压力升高注意观察锅筒、联箱、管道及支架的热膨胀是否正常。

第三节 供热锅炉及辅助设备安装主控项目

一、锅炉安装

1. 锅炉和省煤器的水压试验结果，必须符合设计要求和施工规范规定见表6-33。

锅炉水压试验的压力（MPa） 表6-33

名　　称	锅筒工作压力 P	试 验 压 力
锅炉本体	<0.8	$1.5P$，且不小于0.20
	0.8~1.6	$P+0.4$
	>1.6	$1.25P$
可分式省煤器		$1.25P+0.5$
过热器		与锅炉本体试验压力相同

2. 检验

(1) 锅炉水压试验符合下列要求为合格：

1) 在试验压力下保持20min，然后降至工作压力进行检查，检查期间压力应保持不变。

2) 在受压组件金属壁和焊缝上没有水珠和水雾。

3）水压试验后，无可见的残余变形。

检验方法：检查试验记录。

（2）非承压锅炉，应严格按设计或产品说明书的要求施工。锅筒顶部必须敞口或装设大气连通管，连通管上不得安装阀门。

检验方法：对照设计图纸或产品说明书检查。

（3）燃气锅炉的燃烧系统应装设防爆门，防爆门一般装在锅炉尾部或锅炉出口烟道上。

检验方法：对照设计图纸检查。

（4）两台或两台以上燃油锅炉共用一个烟囱时，每一台锅炉的烟道上均应配备风阀或挡板装置，并应具有操作调节和闭锁功能。

检验方法：观察和手扳检查。

（5）锅筒和水冷壁的下集箱及后棚管的后集箱的最低处排污阀及排污管道不得采用螺纹连接。

检验方法：观察检查。

（6）耐火材料和制品的品种、牌号必须符合现行国家标准的规定和设计要求，泥浆的品种、牌号、配合比必须符合设计要求，泥浆的稠度及其适用的砌体必须符合规范规定。

检验方法：观察检查，检查质量证明书或试验报告。

（7）砌体砖缝的泥浆饱满度必须大于：耐火黏土砖90%；红砖80%。

检验方法：用百格网检查砖面与泥浆粘结面积。

（8）在砌体（包括耐火浇筑料）中的锅炉零件和各种管道的周围留设的膨胀缝，必须符合设计要求和国家规范的规定。

检验方法：观察检查，检查施工记录。

二、锅炉辅助设备及管道安装

1．分汽缸（分水器、集水器）安装前应进行水压试验，试验压力为工作压力的1.5倍，但不得小于0.6MPa。

检验方法：试验压力下10min内无压降、无渗漏。

2．敞口箱、罐安装前应做满水试验；密闭箱、罐应以工作压力的1.5倍作水压试验，但不得小于0.4MPa。

检验方法：满水试验满水后静置24h不渗不漏；

水压试验在试验压力下10min内无压降，不渗不漏。

3．地下直埋油罐在埋地前应做气密性试验，试验压力降不应小于0.03MPa。

检验方法：试验压力下观察30min不渗、不漏，无压降。

4．连接锅炉及辅助设备的工艺管道安装完毕后，必须进行系统的水压试验，试验压力为系统中最大工作压力的1.5倍。

检验方法：在试验压力10min内压力降不超过0.05MPa，然后降至工作压力进行检查，不渗不漏。

5．各种设备的主要操作通道的净距如设计不明确时不应小于1.5m，辅助的操作通道净距不应小于0.8m。

检验方法：尺量检查。

6. 管道连接的法兰、焊缝和连接管件以及管道上的仪表、阀门的安装位置应便于检修，并不得紧贴墙壁、楼板或管架。

检验方法：观察检查。

三、锅炉安全附件安装

1. 安全附件的规格型号、位置及垫片材质必须符合设计要求和施工规范规定。

检验方法：现场检查。

2. 测温元件安装在管道上或设备上的插入深度必须符合设计要求和施工规范规定。

检验方法：现场观察，核对设计。

3. 水位表安装必须符合设计要求和施工规范规定的如下要求。

（1）水位表应有指示最高、最低安全水位的明显标志，玻璃板（管）的最低可见边缘应比最低安全水位低 25mm；最高可见边缘应比最高安全水位高 25mm。

（2）玻璃管式水位表应有防护装置。

（3）电接点式水位表的零点应与锅筒正常水位重合。

（4）采用双色水位表时，每台锅炉只能装设一个，另一个装设普通水位表。

（5）水位表应有放水旋塞（或阀门）和接到安全地点的放水管。

检验方法：现场观察和尺量检查。

4. 蒸汽锅炉安全阀应安装通向室外的排汽管。热水锅炉安全阀泄水管应接到安全地点。在排汽管和泄水管上不得装设阀门。

检验方法：观察检查。

5. 锅炉和省煤器安全阀的定压和调整应符合表 6-34、表 6-35 的规定。锅炉上装有两个安全阀时，其中的一个按表中较高值定压，另一个按较低值定压。装有一个安全阀时，应按较低值定压。

热水锅炉安全阀开启压力　表 6-34

起座压力的高低	始 启 压 力（MPa）
较　低	1.12 倍的工作压力，且不小于 0.07MPa + 工作压力
较　高	1.14 倍的工作压力，且不小于 0.10MPa + 工作压力

蒸汽锅炉安全阀的始启压力　表 6-35

额定蒸汽压力（MPa）	安全阀的始启压力（MPa）
<0.8	工作压力 + 0.03
	工作压力 + 0.05
0.8~1.6	1.04 倍工作压力
	1.06 倍工作压力
可分省煤器	1.10 倍工作压力

检验方法：检查定压合格证书。

6. 压力表刻度极限值，应大于或等于工作压力的 1.5 倍，表盘直径不得小于 100mm。

检验方法：现场观察和尺量检查。

7. 锅炉的高低水位报警器和超温、超压报警器及联锁保护装置必须按设计要求安装齐全和有效。

检验方法：启动、联动试验并做好试验记录。

四、烘炉、煮炉及试运行

1. 锅炉火焰烘炉应符合下列规定：

(1) 火焰应在炉膛中央燃烧，不应直接烧烤炉墙与炉拱。

(2) 烘炉时间一般不少于4d，升温应缓慢，后期烟温不应高于160℃，且持续时间不应少于24h。

(3) 链条炉排在烘炉过程中应定期转动。

(4) 烘炉的中、后期应根据锅炉水水质情况排污。

检验方法：计时测温、操作观察检查。

2. 烘炉结束后应符合下列规定：

(1) 炉墙经烘烤后没有变形，裂纹及塌落现象。

(2) 炉墙砌筑砂浆含水率达到7%以下。

检验方法：测试及观察检查。

3. 锅炉在烘炉、煮炉合格后，应进行48h的带负荷连续试运行，同时应进行安全阀的热状态定压检验和调整。

检验方法：检查烘炉、煮炉及试运行全过程。

第四节 供热锅炉及辅助设备安装一般项目

一、锅炉安装

1. 整装（组装）锅炉安装的坐标、标高、中心线和垂直度的允许偏差应符合表6-36的规定。

锅炉安装的坐标、标高、中心线和垂直度的允许偏差　　　　　表6-36

项　次	项　　　目		允许偏差（mm）
1	坐　标		10
2	标　高		±5
3	中心线垂直度	卧式锅炉体全高	3
		立式锅炉体全高	4

检验方法：经纬仪、直尺、拉线和尺量检查。

2. 散装锅炉的锅筒、集箱安装的允许偏差应符合表6-37的规定。

锅筒、集箱安装的允许偏差　　　　　表6-37

项　次	项　　　目	允许偏差（mm）
1	主锅筒的标高	±5
2	锅筒纵、横向中心线与安装基准线的水平方向距离	±5
3	锅筒、集箱全长的纵向水平度	2
4	锅筒全长的横向水平度	1
5	上、下锅筒之间水平方向距离（p）和垂直方向距离（s）	±3
6	上锅筒与上集箱的轴心线距离（h）	±3
7	上、下集箱之间的距离（l），集箱与相邻立柱中心距离（m、n）	±3
8	上、下锅筒横向中心线相对偏移	2
9	锅筒横向中心线和集箱横向中心线相对偏移（f）	3

检验方法：经纬仪、直尺、拉线和尺量检查。

3. 铸铁省煤器及预热器安装的允许偏差应符合表 6-38 的规定。

铸铁省煤器及预热器安装的允许偏差和检验方法　　　　表 6-38

项　次	项　目	允许偏差（mm）
1	支承架的位置	3
2	支承架的位置	0 −5
3	支承架的纵、横向水平度（每米）	1

检验方法：经纬仪、直尺、拉线和尺量检查。

4. 铸铁省煤器破损的肋片数不应大于总肋片数的 5%，有破损肋片的根数不应大于总根数的 10%。

检验方法：观察检查。

5. 锅炉本体安装应按设计或产品说明书要求布置坡度并坡向排污阀。

检验方法：用水平尺或水准仪检查。

6. 锅炉由炉底送风的风室及锅炉底座与基础之间必须封、堵严密。

检验方法：观察检查。

7. 省煤器的出口处（或入口处）应按设计或锅炉图纸要求安装阀门和管道。

检验方法：对照设计图纸检查。

8. 组装链条炉排的允许偏差应符合表 6-39 的规定。

安装链条炉排的允许偏差　　　　表 6-39

项　次	项　目		允许偏差（mm）
1	炉排中心位置		2
2	墙板的标高		±5
3	墙板的垂直度，全高		3
4	墙板间的距离	跨距≤2m	+3~0
5		跨距>2m	+5~0
6	墙板间两对角线的长度之差		5
7	墙板框的纵向位置		5
8	墙板顶面的纵向水平度		1/1000，全长
9	两墙板的顶面应在同一平面上，其相对高度差		5
10	前轴、后轴的水平度		1/1000
11	各轨道应在同一平面上，其平面度		5
12	相邻两轨道间的距离		±2
13	主动轴高度		±2
14	前轴和后轴的轴心线相对标高差		5

检验方法：经纬仪、直尺、拉线和尺量检查。

9. 锅炉砌体砖缝的允许厚度应符合表 6-40 规定，其检查数量和检验方法符合下列规定。

锅炉砌体砖缝的允许厚度 表6-40

项次	部位名称		砖缝允许厚度（mm）			
			Ⅰ	Ⅱ	Ⅲ	Ⅳ
1	落灰斗				3	
2	燃烧室	无水冷壁		2		
		有水冷壁			3	
3	前后拱及拱门			2		
4	折焰墙				3	
5	炉顶				3	
6	省煤器墙				3	
7	硅藻土砖					5
8	烧嘴砖			2		
9	外红砖墙					8~10

注：Ⅰ、Ⅱ、Ⅲ、Ⅳ为耐火砌体分类。

检查数量：落灰斗炉墙每1.25m高检查1次，每次抽查1~3处；炉顶抽查1~3处。

检验方法：在每处砌体的5m²表面上用塞尺检查10点。

10．耐火砖砌体应符合下列规定：内墙面垂直，其表面与管道间的间隙中无碎砖等杂物；炉墙拉固砖留设位置正确；折焰墙内表面平整。

检查数量：每1.25m高检查1次，每次每面墙抽查3~5处。

检验方法：观察检查，尺量检查。

11．砌体膨胀缝应符合下列规定：位置正确、均匀、平直，缝内清洁，填充物紧密，无松动脱落，不外凸内凹。

检查数量：全数检查。

检验方法：观察检查。

12．耐火浇筑料内衬应符合下列规定：埋设件和钢筋表面无污垢，沥青无漏刷；钢筋网格间距的允许偏差为±15mm；浇筑料密实，无蜂窝和露筋，表面平整。

检查数量：按浇筑料部位抽查2~4处。

检验方法：观察检查，尺量检查。

13．锅炉砌体的允许偏差和检验方法应符合表6-41规定。

锅炉砌体的允许偏差和检验方法 表6-41

序号	项目	允许偏差（mm）	检验方法
1	炉墙垂直度：		
	每米	3	吊线检查
	全高	15	每面墙抽查1~3处，每处上中下各1点
2	墙面平整度：		
	墙面	5	2m靠尺检查
	挂砖墙面	7	每1.25m高1次，每次抽查2~3处
3	水冷壁管、对流管束与炉墙表面之间的间隙	+20，-10	尺量检查
4	过热器管、省煤器管与炉墙表面之间的间隙	+20，-5	每按部位抽查2~4处
5	炉筒与炉墙表面之间的间隙	+10，-5	
6	集箱、穿墙管壁与炉墙表面之间的间隙	+10，-0	
7	膨胀缝宽度	+2，-1	尺量检查、全数检查

14. 锅炉钢构架安装允许偏差应符合表6-42规定。

锅炉钢构架安装允许偏差（mm）   表6-42

序号	检查项目	允许偏差
1	各立柱的位置	±5
2	各立柱间距离①	间距的1/1000，最大≯10
3	柱子上的1m标高线与标高基准点的高度差	±2
4	各立柱相互标高差	3
5	立柱的垂直度	高度的1/1000，最大≯10
6	各立柱相应两对角线的长度差	长度的1.5/1000，最大≯15
7	两立柱间在垂直面内两对角线的长度差	长度的1/1000，最大≯10
8	支承锅筒的梁的标高	−5~0
9	支承锅筒的梁的水平度	长度的1/1000，最大≯3
10	其他梁的标高	±5

①支承式结构的立柱间距离以正偏差为宜。

检验方法：经纬仪、直尺、拉线和尺量检查。

二、锅炉辅助设备及管道安装

1. 单斗式提升机安装应符合下列规定：
(1) 导轨的间距偏差不大于2mm。
(2) 垂直式导轨的垂直度偏差不大于1‰；倾斜式导轨的倾斜度偏差不大于2‰。
(3) 料斗的吊点与料斗垂心在同一垂线上，重合度偏差不大于10mm。
(4) 行程开关位置应准确，料斗运行平稳，翻转灵活。

检验方法：吊线坠、拉线及尺量检查。

2. 锅炉送、引风机，转动应灵活无卡碰等现象；送、引风机的传动部位，应设置安全防护装置。

检验方法：观察和启动检查。

3. 水泵安装的外观质量检查：泵壳不应有裂纹、砂眼及凹凸不平等缺陷；多级泵的平衡管路应无损伤或折陷现象；蒸汽往复泵的主要部件、活塞及活动轴必须灵活。

检验方法：观察和启动检查。

(1) 手摇泵应垂直安装。安装高度如设计无要求时，泵中心距地面为800mm。

检验方法：吊线和尺量检查。

(2) 水泵试运转，叶轮与泵壳不应相碰，进、出口部位的阀门应灵活。轴承温升应符合产品说明书的要求。

检验方法：通电、操作和测温检查。

(3) 注水器安装高度，如设计无要求时，中心距地面为1.0~1.2m。

检验方法：尺量检查。

4. 除尘器安装应平稳牢固，位置和进、出口方向应正确。烟管与引风机连接时应采用软接头，不得将烟管重量压在风机上。

检验方法：观察检查。

5. 热力除氧器和真空除氧器的排气管应通向室外，直接排入大气。

检验方法：观察检查。

6. 软化水设备罐体的视镜应布置在便于观察的方向。树脂装填的高度应按设备说明书要求进行。

检验方法：对照说明书，观察检查。

7. 在涂刷油漆前，必须清除管道及设备表面的灰尘、污垢、锈斑、焊渣等物。涂漆的厚度应均匀，不得有脱皮、起泡、流淌和漏涂等缺陷。

检验方法：现场观察检查。

8. 电动调节阀门的调节机构与电动执行机构的转臂应在同一平面内动作，传动部分应灵活、无空行程及卡阻现象，其行程及伺服时间应满足使用要求。

检验方法：操作时观察检查。

9. 锅炉辅助设备安装的允许偏差见表6-43。

锅炉辅助设备安装的允许偏差　　　　　　　表6-43

项次	项目		允许偏差（mm）
1	送、引风机	坐标	10
		标高	±5
2	各种静置设备（各种容器、箱、罐等）	坐标	15
		标高	±5
		垂直度（1m）	2
3	离心式水泵	泵体水平度（1m）	0.1
		联轴器同心度　轴向倾斜（1m）	0.8
		联轴器同心度　径向位移	0.1

检验方法：水准仪、经纬仪、拉线、尺量和百分表、塞尺检查。

三、锅炉安全附件安装

1. 测温元件的安装和保护措施应符合《工业自动化仪表工程施工及验收规范》GBJ 93—86中规定。

（1）安装在管道和设备上的套管温度计，底部应插入流动介质内，不得装在引出的管段上或死角处。

（2）压力式温度计的毛细管应固定好并有保护措施，其转弯处的弯曲半径不应小于50mm，温包必须全部浸入介质内。

（3）热电偶温度计的保护套管应保证规定的插入深度。

检验方法：观察检查。

2. 安装压力表必须符合下列规定：

（1）压力表必须安装在便于观察和吹洗的位置，并防止受高温、冰冻和振动的影响，同时要有足够的照明。

（2）压力表必须设有存水弯管。存水弯管采用钢管煨制时内径不应小于10mm，采用铜管煨制时，内径不应小于6mm。

（3）压力表与存水弯管之间应安装三通旋塞。

检验方法：观察检查和尺量。

3. 测压仪表取源部件在水平工艺管道上安装时，取压的方位应符合下列规定：

（1）测量液体压力的，在工艺管道的下半部与管道的水平中心线成 0°～45°夹角范围内。

（2）测量蒸汽压力的，在工艺管道的上半部或下半部与管道水平中心线成 0°～45°夹角范围内。

（3）测量气体压力的，在工艺管道的上半部。

检验方法：观察和尺量检查。

4. 温度计与压力表在同一管道上安装时，按介质流动方向温度计应在压力表下游处安装，如温度计需在压力表的上游安装时，其间距不应小于 300mm。

检验方法：观察和尺量检查。

四、烘炉、煮炉及试运行

煮炉时间一般应为 2～3d，如蒸汽压力较低，可适当延长煮炉时间。非砌筑或浇筑保温材料保温的锅炉，安装后可直接进行煮炉。煮炉结束后，锅筒和集箱内壁应无油垢，擦去附着物后金属表面应无锈斑。

检验方法：打开锅筒和集箱检查孔检查。

第七章 建筑暖通工程技术质量资料

第一节 建筑工程资料概述

一、概述

建立技术文档资料，是对在建设工程规划、城市规划管理工作中直接形成的，具有保存价值的文字、图表、数据等各种历史资料的记载，也是建设工程开展规划、勘测、设计、施工、管理、运行、维护、科研、抗震等不同工作的重要依据，具有实用价值和重大意义。

建筑工程项目技术档案资料应按完整化、准确化、规范化、标准化、系统化的要求建立，编制归档。做到工程竣工，资料齐全，符合资料规程要求。

目前国家尚未制定出建筑工程资料统一标准，本教材依据北京市地方标准编号 DBJ 01-51-2003《建筑工程资料管理规程》介绍有关建筑工程资料管理知识。本教材主要侧重于建筑给水排水及采暖和通风空调两个分部工程应建立的技术、质量资料。

质量资料即质量保证资料，是非常重要的资料内容。

二、工程资料术语

工程资料的术语分为：

1. 工程资料

在工程建设过程中形成的各种形式的信息记录。包括：基建文件、监理资料、施工资料和竣工图纸。

2. 基建文件

建设单位在工程建设过程中形成的文件分为工程准备文件和工程竣工文件资料。

3. 工程准备文件

工程开工以前，在立项、审批、征地、勘察、设计招投标等工程准备阶段形成的文件资料。

4. 工程竣工验收文件

建设工程项目竣工验收活动中形成的文件资料。

5. 监理资料

监理单位在工程设计，施工等监理过程中形成的资料。

6. 施工资料

施工单位在工程施工过程中形成的资料。

7. 竣工图

工程竣工验收后，真实反映建设工程项目施工结果的图样。

8. 工程档案

在工程建设活动中直接形成的具有归档保存价值的文字、图表、声像等各种形成的历史记录。

9. 立卷

按照一定原则和方法,将有保存价值的文件分类整理成案卷的过程,亦称组卷。

10. 归档

文件的形成单位完成其工作任务后,将形成的文件整理立卷后,按规定交给档案管理机构(城市档案馆)。

第二节 建筑工程资料分类及编号

一、资料的分类

1. 按单位分类

A类为基建文件资料,由建设单位负责建立归档。

B类为监理文件资料,由监理单位负责建立归档。

C类为施工文件资料,由施工单位负责建立归档。

D类为工程竣工图,由施工单位负责建立归档。

2. 按专业分类

土建专业施工资料。

电气专业施工资料。

暖卫专业施工资料。

通风空调专业施工资料。

其他专业施工资料如:电梯、人防、环保、卫生等。

3. 按资料性质分类

各专业又分为施工技术资料、施工质量资料(质量资料也叫质量保证资料)和竣工图纸。

另外还有施工经济性资料,即和经济相关的资料。

二、资料的编号

为便于资料的建立、收集、整理、组卷、归档、移交对资料进行了统一的编号。本教材重点介绍C类资料即施工单位应建立归档的资料。施工资料的类别、编号工程资料名称、表格编号、资料来源、归档保存单位及套数应符合表7-1的规定:

工程资料分类及编号   表7-1

类别编号	工程资料名称	表格编号(或资料来源)	归档保存单位			
			施工单位	监理单位	建设单位	城建档案馆
C类	施工资料					
C0	工程管理与验收资料					

续表

类别编号	工程资料名称	表格编号（或资料来源）	归档保存单位			
			施工单位	监理单位	建设单位	城建档案馆
C0	工程概况表	表 C0-1	●			●
	建设工程质量事故调（勘）查笔录	表 C0-2	●	●	●	●
	建设工程质量事故报告书	表 C0-3	●	●	●	●
	单位（子单位）工程质量竣工验收记录	见相应资料规程	●	●	●	●
	单位（子单位）工程质量控制资料核查记录	见相应资料规程	●	●	●	●
	单位（子单位）工程安全和功能检查资料核查及主要功能抽查记录	见相应资料规程	●	●	●	●
	单位（子单位）工程观感质量检查记录	见相应资料规程	●	●	●	●
	室内环境检测报告	检测单位提供	●		●	●
	施工总结	施工单位编制	●		●	●
	工程竣工报告	施工单位编制	●	●	●	●
C1	施工管理资料					
	施工现场质量管理检查记录	表 C1-1	●	●		
	企业资质证书及相关专业人员岗位证书	施工单位提供	●			
	见证记录	监理单位提供	●	●		
	施工日志	表 C2-2	●			
C2	施工技术资料					
	施工组织设计及施工方案	施工单位编制	●			
	技术交底记录	表 C2-1	●			
	图纸会审记录	表 C2-2	●	●	●	●
	设计变更通知单	表 C2-3	●	●	●	●
	工程洽商记录	表 C2-4	●	●	●	●
C3	施工测量记录					
	工程定位测量记录	表 C3-1	●	●	●	●
	基槽验线记录	表 C3-2	●		●	●
	楼层平面放线记录	表 C3-3	●			
	楼层标高抄测记录	表 C3-4	●			
	建筑物垂直度、标高测量记录	表 C3-5	●			
	沉降观测记录	测量单位提供	●	●	●	●
C4	施工物资资料					
	通用表格					
	材料、构配件进场检验记录	表 C4-1	●			
	材料试验报告（通用）	表 C4-2	●		●	
	设备开箱检验记录（机电通用）	表 C4-3	●			
	设备及管道附件试验记录（机电通用）	表 C4-4	●		●	

续表

类别编号	工程资料名称	表格编号（或资料来源）	归档保存单位			
			施工单位	监理单位	建设单位	城建档案馆
C4	建筑给水、排水及采暖工程					
	管材产品质量证明文件	供应单位提供	●		●	
	主要材料、设备等产品质量合格证及检测报告	供应单位提供	●		●	
	绝热材料产品质量合格证、检测报告	供应单位提供	●		●	
	给水管道材料卫生检测报告	供应单位提供	●		●	
	成品补偿器预拉伸证明书	供应单位提供	●		●	
	卫生洁具环保检测报告	供应单位提供	●		●	
	锅炉（承压设备）焊缝无损探伤检测报告	供应单位提供	●		●	
	水表、热量表计量检定证书	供应单位提供	●		●	
	安全阀、减压阀调试报告及定压合格证书	分别由试验单位及供应单位提供	●		●	
	主要器具和设备安装使用说明书	供应单位提供	●		●	
	通风与空调工程					
	制冷机组等主要设备和部件产品合格证、质量证明文件	供应单位提供	●		●	
	阀门、疏水器、水箱、分集水器、减震器、储冷罐、集气罐、仪表、绝热材料等出厂合格证、质量证明及检测报告	供应单位提供	●		●	
	板材、管材等质量证明文件	供应单位提供	●		●	
	主要设备安装使用说明书	供应单位提供	●		●	
C5	施工记录					
	通用表格					
	隐蔽工程检查记录	表 C5-1	●		●	●
	预检记录	表 C5-2	●			
	施工检查记录（通用）	表 C5-3	●			
	交接检查记录	表 C5-4	●	●		
C6	施工试验记录					
	通用表格					
	施工试验记录（通用）	表 C6-1	●		●	
	设备单机试运转记录（机电通用）	表 C6-2	●		●	●
	系统试运转调试记录（机电通用）	表 C6-3	●		●	●
	灌（满）水试验记录	表 C6-18	●			
	强度严密性试验记录	表 C6-19	●		●	●

续表

类别编号	工程资料名称	表格编号（或资料来源）	归档保存单位			
			施工单位	监理单位	建设单位	城建档案馆
C6	通水试验记录	表C6-20	●			
	吹（冲）洗（脱脂）试验记录	表C6-21	●			
	通球试验记录	表C6-22	●		●	
	补偿器安装记录	表C6-23	●			
	消火栓试射记录	表C6-24	●		●	●
	安全附件安装检查记录	表C6-25	●		●	●
	锅炉封闭及烘炉（烘干）记录	表C6-26	●			
	锅炉煮炉试验记录	表C6-27	●			
	锅炉试运行记录	表C6-28	●			
	安全阀调试记录	试验单位提供	●			
	风管漏光检测记录	表C6-39	●			
	风管漏风检测记录	表C6-40	●			
	现场组装除尘器、空调机漏风检测记录	表C6-41	●			
	各房间室内风量温度测量记录	表C6-42	●			
	管网风量平衡记录	表C6-43	●			
	空调系统试运转调试记录	表C6-44	●		●	●
	空调水系统试运转调试记录	表C6-45	●		●	●
	制冷系统气密性试验记录	表C6-46	●		●	●
	净化空调系统测试记录	表C6-47	●		●	●
	防排烟系统联合试运行记录	表C6-48	●		●	●
C7	施工质量验收记录					
	检验批质量验收记录表	执行GB 50300和专业施工质量验收规范	●	●		
	分项工程质量验收记录表		●	●		
	分部（子分部）工程验收记录表		●	●	●	●
D	竣工图	编制单位提供	●		●	●

注：本表的归档保存单位是指竣工后有关单位对工程资料的归档保存，施工过程中工程资料的留存应按有关程序和约定执行。

三、资料编号原则

1. 分部（子分部）工程划分及代号规定

（1）分部（子分部）工程代号规定是参考统一标准（GB 50300—2001）的分部（子分部）工程划分原则与国家质量验收推荐表格编码要求，并综合施工资料类别编号特点制定。

(2) 建筑工程共分为九个分部工程，分部（子分部）工程划分及代号应符合分部（子分部）划分的规定。

(3) 对于专业化程度高、施工工艺复杂、技术先进的子分部（分项）工程应分别单独组卷。须单独组卷的子分部（分项）工程名称及代号应符合表 7-2 规定。

应单独组卷子分部（分项）工程名称及代号参考表 表 7-2

序号	分部工程名称	分部工程代表	应单独组卷的子分部（分项）工程	应单独组卷的子分部（分项）工程代号
1	地基与基础	01	有支护土方	02
			地基（复合）	03
			桩基	04
			钢结构	09
2	主体结构	02	预应力	01
			钢结构	04
			木结构	05
			网架与索膜	06
3	建筑装饰装修	03	幕墙	07
4	建筑屋面	04	—	—
5	建筑给水、排水及采暖	05	供热锅炉及辅助设备	10
6	建筑电气	06	变配电室（高压）	02
7	智能建筑	07	通信网络系统	01
			建筑设备监控系统	03
			火灾报警及消防联动系统	04
			安全防范系统	05
			综合布线系统	06
			环境	09
8	通风与空调	08	—	—
9	电梯	09		

2. 施工资料编号的组成

(1) 施工资料编号应填入右上角的编号栏。

(2) 通常情况下，资料编号应 7 位编号，由分部工程代号（2 位）、资料类别编号（2 位）和顺序号（3 位）组成，每部分之间用横线隔开。

编号形式如下：

$$\underset{①}{\times\times}-\underset{②}{\times\times}-\underset{③}{\times\times\times} \rightarrow 共 7 位编号$$

① 为分部工程代号（共 2 位），应根据资料所属类别，按表 7-2 规定的代号填写。

② 为资料的类别编号（共 2 位），应根据资料所属类别，按表 7-1《工程资料分类表》

规定的类别编号填写。

③为顺序号（共3位），应根据相同表格、相同检查项目，按时间自然形成的先后顺序号填写。

举例如下：

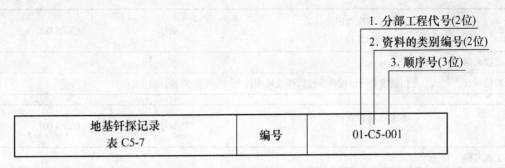

（3）应单独组卷的子分部（分项）工程见表7-2，资料编号应为9位编号，由分部工程代号（2位）、子分部（分项）工程代号（2位）、资料的类别编号（2位）和顺序号（3位）组成，每部分之间用横线隔开。

编号形式如下：

$$\underbrace{\times\times}_{①}-\underbrace{\times\times}_{②}-\underbrace{\times\times}_{③}-\underbrace{\times\times\times}_{④} \rightarrow 共9位编号$$

①为分部工程代号（2位），应根据资料所属的分部工程，按表7-2规定的代号填写。

②为子分部（分项）工程代号（2位），应根据资料所属的子分部（分项）工程，按表7-2规定的代号填写。

③为资料的类别编号（2位），应根据资料所属类别，按表7-2《工程资料分类表》规定的类别编号填写。

④为顺序号（共3位），应根据相同表格、相同检查项目，按时间自然形成的先后顺序号填写。

举例如下：

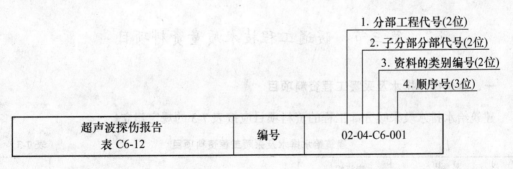

3. 施工资料的类别编号填写原则

施工资料的类别编号应依据表7-1《工程资料分类表》的要求，按C1-C7类填写。

4. 顺序号填写原则

（1）对于施工专用表格，顺序号应按时间先后顺序，用阿拉伯数字从001开始连续标注。

（2）对于同一施工表格（如隐蔽工程检查记录、预检记录等）涉及多个（子）分部工程时，顺序号应根据（子）分部工程的不同，按（子）分部工程的各检查项目分别从001开始连续标注。

举例如下：

隐蔽工程检查记录 （表C5-1）		编号	03-C5-001
工程名称			
隐检项目	门窗安装（预埋件、锚固件或螺栓）	隐检日期	

隐蔽工程检查记录 （表C5-1）		编号	03-C5-001
工程名称			
隐检项目	吊顶安装（龙骨、吊件）	隐检日期	

隐蔽工程检查记录 （表C5-1）		编号	03-C5-001
工程名称			
隐检项目	轻质隔墙安装（预埋件、连接件或拉结筋）	隐检日期	

5. 无统一表格或外部提供的施工资料，应在资料的右上角注明编号。

6. 监理资料编号

（1）监理资料编号应填入右上角的编号栏。

（2）对于相同的表格或相同的文件材料，应分别按时间自然形成的先后顺序从001开始，连续标注。

（3）监理资料中的施工测量放线报验表（A2监）、工程物资进场报验表（A4）监应根据报验内容编号，对于同类报验内容的报验表，应分别按时间自然形成的先后顺序从001开始，连续标注。

第三节 暖通工程技术质量资料项目

一、建筑给水排水及采暖工程资料项目

建筑给水排水及采暖分部工程的资料项目应按表7-3的规定建立。

建筑给水排水及采暖工程资料项目　　　　表7-3

序号	案卷提名		表格编号 （或资料来源）	资 料 名 称	备注
	专业名称	类别名称			
10	建筑给水排水及采暖工程	C1施工管理资料	表C1-1	施工现场质量管理检查记录	
			专业施工单位提供	企业资质证书及相关专业人员岗位证书	
			表C1-2	施工日志	

续表

序号	案卷提名		表格编号 (或资料来源)	资料名称	备注
	专业名称	类别名称			
10	建筑给水排水及采暖工程	C2 施工技术资料	专业施工单位提供	施工方案	
			表 C2-1	技术交底记录	
			表 C2-2	图纸会审记录	
			表 C2-3	设计变更通知单	
			表 C2-4	工程洽商记录	
		C4 施工物资资料	表 C4-1	材料、构配件进场检验记录	
			表 C4-3	设备开箱检验记录	
			表 C4-4	设备及管道附件试验记录	
			供应单位提供	管材的产品质量证明文件	
			供应单位提供	主要材料、设备等产品质量合格证、检测报告	
			供应单位提供	绝热材料的产品质量合格证、检测报告	
			供应单位提供	给水管道材料卫生检测报告	
			供应单位提供	成品补偿器预拉伸证明书供应单位提供	
			供应单位提供	卫生洁具环保检测报告	
			供应单位提供	承压设备焊缝无损伤检测报告	
			供应单位提供	水表、热量表计量检定证书	
			供应单位提供	主要器具和设备安装使用说明书	
		C5 施工记录	表 C5-1	隐蔽工程检查记录	
			表 C5-2	预检记录	
			表 C5-3	施工检查记录（通用）	
			表 C5-4	交接检查记录	
		C6 施工试验记录	表 C6-2	设备单机试运转记录	
			表 C6-3	系统试运转调试记录	
			表 C6-18	灌（满）水试验记录	
			表 C6-19	强度严密性试验记录	
			表 C6-20	通水试验记录	
			表 C6-21	吹（冲）洗（脱脂）试验记录	
			表 C6-22	通球试验记录	
			表 C6-23	补偿器安装记录	
			表 C6-24	消火栓试射记录	
		C7 施工质量验收记录	施工单位提供	检验批质量验收记录表	参照 GB 50300 和专业施工质量验收规范
			施工单位提供	分项工程质量验收记录表	
			施工单位提供	分部（子分部）工程质量验收记录表	

续表

序号	案卷提名		表格编号（或资料来源）	资料名称	备注
	专业名称	类别名称			
11	建筑给水排水及采暖工程——供热锅炉及辅助设备工程	C1 施工管理资料	C1-1	施工现场质量管理检查记录	
			专业施工单位提供	企业资质证书及相关专业人员岗位证书	
			表C1-2	施工日志	
		C2 施工技术资料	专业施工单位提供	施工方案	
			表C2-1	技术交底记录	
			表C2-2	图纸会审记录	
			表C2-3	设计变更通知单	
			表C2-4	工程洽商记录	
		C4 施工物资资料	表C4-1	材料、构配件进场检验记录	
			表C4-3	设备开箱检验记录	
			表C4-4	设备及管道附件试验记录	
			供应单位提供	仪表、锅炉及附属设备、分集水器、安全阀、水位计、减压阀、疏水器等产品质量合格证及调试报告	
			供应单位提供	绝热材料产品质量合格证和材质检测报告	
			供应单位提供	锅炉焊缝无损探伤检测报告	
			供应单位提供	减压阀、安全阀调试报告和定压合格证书	
			供应单位提供	设备安装使用说明书	
		C5 施工记录	表C5-1	隐蔽工程检查记录	
			表C5-2	预检记录	
			表C5-3	施工检查记录（通用）	
			表C5-4	交接检查记录	
		C6 施工试验记录	表C6-19	管道强度严密性试验记录	
			表C6-21	吹（冲）洗（脱脂）试验记录	
			表C6-25	安全附件安装检查记录	
			表C6-26	锅炉封闭及烘炉（烘干）记录	
			表C6-27	锅炉煮炉试验记录	
			表C6-28	锅炉试运行记录	
			试验单位提供	安全阀调试记录	
		C7 施工质量验收记录	专业施工单位提供	检验批质量验收记录表	参照GB 50300和专业施工质量验收规范
			专业施工单位提供	分项工程质量验收记录表	
			专业施工单位提供	子分部工程质量验收记录表	

二、建筑通风空调工程资料项目

建筑通风空调分部工程的资料项目应按表 7-4 的规定建立。

建筑通风空调工程资料项目　　　　　　表 7-4

序号	案卷提名 专业名称	案卷提名 类别名称	表格编号（或资料来源）	资料名称	备注
15	通风与空调工程	C2 施工技术资料	专业施工单位提供	施工方案	
			表 C2-1	技术交底记录	
			表 C2-2	图纸会审记录	
			表 C2-3	设计变更通知单	
			表 C2-4	工程洽商记录	
		C4 施工物资资料	表 C4-1	材料、构配件进场检验记录	
			表 C4-3	设备开箱检验记录	
			表 C4-4	设备及管道附件试验记录	
			供应单位提供	制冷机组等主要设备和部件产品合格证、质量证明文件	
			供应单位提供	阀门、疏水器、水箱、分集水器、减震器、储冷罐、被气罐、仪表、绝热材料等出厂合格证、质量证明及检测报告	
			供应单位提供	板材、管材等质量证明文件	
			供应单位提供	主要设备安装使用说明书	
		C5 施工记录	表 C5-1	隐蔽工程检查记录	
			表 C5-2	预检记录	
			表 C5-4	交接检查记录	
		C6 施工试验记录	表 C6-2	设备单机试运转记录	
			表 C6-3	系统试运转调试记录	
			表 C6-19	强度严密性试验记录	
			表 C6-21	吹（冲）洗（脱脂）试验记录	
			表 C6-23	补偿器安装记录	
			表 C6-39	风管漏光检测记录	
			表 C6-40	风管漏风检测记录	
			表 C6-41	现场组装除尘器、空调机漏风检测记录	
			表 C6-42	各房间室内风量温度测量记录	
			表 C6-43	管网风量平衡记录	
			表 C6-44	空调系统试运转调试记录	
			表 C6-45	空调水系统试运转调试记录	
			表 C6-46	制冷系统气密性试验记录	
			表 C6-47	净化空调系统测试记录	
			表 C6-48	防排烟系统联合试运行记录	

续表

序号	案卷提名 专业名称	案卷提名 类别名称	表格编号（或资料来源）	资料名称	备注
15	通风与空调工程	C7 施工质量验收记录	施工单位提供	检验批质量验收记录表	参照GB 50300和专业施工质量验收规范
			施工单位提供	分项工程质量验收记录表	
			施工单位提供	分部（子分部）工程验收记录表	
17		竣工图	编制单位提供	建筑竣工图、幕墙竣工图	
			编制单位提供	结构竣工图	
			编制单位提供	建筑给水、排水与采暖竣工图	
			编制单位提供	燃气竣工图	
			编制单位提供	建筑电气竣工图	
			编制单位提供	智能建筑竣工图（综合布线、保安监控、电视天线、火灾报警、气体灭火等）	
			编制单位提供	通风空调竣工图	
			编制单位提供	地上部分的道路、绿化、家庭照明、喷泉、喷灌等竣工图	室外工程
			编制单位提供	地下部分的各种市政、电力、电信管线等竣工图	

注：应由施工单位归档保存的基建文件、监理资料组卷，应参照资料管理规程第10章10.3.3及相应条文说明要求执行。

第四节　暖通工程资料建立收集要求

一、施工管理资料

施工管理资料是在施工过程中形成的反映工程组织和监督等情况的总称。

1. 施工现场质量管理检查记录（表C1-1）

建筑工程项目经理部应建立质量责任制度及现场管理制度；健全质量管理体系；具备施工技术标准；审查资质证书、施工图纸和施工技术文件等（施工方案、技术安全质量交底）。施工单位应按规定填写《施工现场质量管理检查记录》（表C1-1），报项目总监理工程师（或建设单位项目负责人）检查，并做出检查结论。

2. 企业资质证书及相关人员岗位证书

在正式施工前应审查分包单位资质及专业工程操作人员的岗位证书，填写《分包单位资质报审表》，报监理单位审核。

3. 施工日志（表C1-2）

施工日志应以单位工程、分部工程为记载对象从工程开工至竣工为止，按专业指定专人负责记载，并保证内容真实、连续和完整。

二、施工技术资料

施工技术资料是在施工过程中形成的，用于指导正确、规范、科学施工的文件，以及反映工程变更情况的正式文件。应随工程进度及时建立，做到工程完工，资料齐全。

1. 工程技术文件报审表（A1监）

（1）根据合同约定或监理单位要求，施工单位在正式施工前将需要监理单位审批的施工组织设计、施工方案等技术文件，填写《工程技术文件报审表》（A1监）报监理单位审批。

（2）工程技术文件报审应有时限规定，施工和监理单位均应按照施工合同或约定的时限要求完成各自的报送和审批工作。

2. 施工组织设计、施工方案

（1）暖通分部工程施工方案应在正式施工前编制完成，并经施工项目技术负责人审批。

（2）主要分部（分项）工程、工程重点部位、技术复杂或采用新技术的关键工序应编制专项施工方案。遇到冬、雨期应编制冬、雨期施工方案，以保证冬、雨期施工质量。

（3）施工方案编制内容应齐全，施工单位应首先进行内部审核审批后填写《工程技术文件报审表》经监理批复后实施。当发生较大的施工措施方法和工艺变更时，应及时办理变更手续，并进行重新交底。

3. 技术交底记录（表C2-1）

（1）技术交底记录应包括施工组织设计、施工方案、设计变更和"四新"（新材料、新产品、新技术、新工艺）技术应用交底。各项交底应有文字记录、交底双方签字应齐全。

（2）大型和重点工程施工组织设计交底应由施工企业的技术负责人把主要设计要求、施工措施及重要事项对项目主要管理人员进行交底。其他工程施工组织设计交底由项目技术负责人进行交底。

（3）专项施工方案技术交底应由项目专业技术负责人负责，对专业工长进行交底。

（4）分项工程施工技术交底应由专业工长对专业施工班组（或专业分包）进行交底。

（5）"四新"技术交底应由项目技术负责人组织有关专业人员交底。

（6）设计变更技术交底应由项目技术负责人根据变更内容及要求，并结合具体施工步骤、措施及注意事项对专业工长进行交底。

4. 设计变更文件

（1）图纸会审记录（表C2-2）

1）监理、施工单位应将各自提出的图纸问题及意见，按专业整理、汇总后报建设单位，由建设单位提交设计单位做交底准备。

2）图纸会审应由建设单位组织设计、监理和施工单位技术负责人及有关人员参加。设计单位对各专业问题进行交底，施工单位负责将设计交底的内容按专业汇总、整理、形成图纸会审记录。

3）图纸会审记录应由建设、设计、监理和施工单位的项目相关负责人签字，形成正式图纸会审记录。不得擅自在会审记录上涂改或变更其内容。

(2) 设计变更通知单（表 C2-3）

设计单位应及时下达设计变更通知单，内容翔实，必要时附图，并逐条注明应修改图纸的图号。设计变更通知单应由设计专业负责人以及建设（监理）和施工单位的相关负责人签认。

(3) 工程洽商记录（表 C2-4）

1) 工程洽商记录应分专业办理、内容翔实，必要时应附图，并逐条注明应修改的图纸号。工程洽商记录应由设计专业负责人以及建设、监理和施工单位的相关人员签认。

2) 设计单位如委托建设（监理）单位办理签认，应办理委托手续。

三、施工物资资料

施工物资资料是反映工程所用物资质量、数量、性能等指标的各种证明文件和相关配套文件（如使用说明书、安装说明书）的统称。

1．工程物资主要包括建筑材料、成品、半成品、构配件设备等，建筑工程所用的工程物资均应有出厂质量证明文件（包括产品合格证、质量合格证、检测报告、生产许可证和质量保证书）等。质量证明文件应反映工程物资的品种、规格、型号、数量、性能指标并与实际进场物资相符。

2．质量证明文件的复印件应与原件内容一致，加盖原件存放单位公章，注明原件存放处，并有经办人签名和时间。

3．建筑工程采用的主要材料、成品、半成品、构配件器具、设备均应进行进场验收、并有验收记录。涉及安全、功能的有关物资应按工程施工质量验收规范及相关规定进场复试。

4．涉及安全、卫生、环保的物资应有相应资质等级检测单位的检测报告，如压力容器、消防设备、生活给水设备、卫生洁具等。

5．凡使用的新材料、新产品，应由具备鉴定资格单位出具的鉴定证书，同时具有产品质量标准和试验要求，使用前应按其质量标准和试验要求进行试验或检测。新材料、新产品还应提供安装、维修、使用和工艺标准等相关技术文件。

6．进口材料和设备等应用商检证明（国家认证委员会公布的强制性认证［CCC］产品除外）、中文版的质量证明文件、性能检测报告以及中文版的安装、维修、使用、试验要求等技术文件。

7．工程物资进场报验表（A4 监）

(1) 物资进场后，施工单位应进行检查（外观、数量及质量证明文件等）自检合格后填写《工程物资进场报验表（A4 监）》报请监理单位验收。

(2) 施工单位和监理单位应约定涉及结构安全、使用功能，建筑外观、环保要求的主要物资的进场报验范围和要求。

(3) 物资进场报验须附资料应根据具体情况（合同、规范、施工方案等要求）由施工单位和物资供应单位预先协商确定。

(4) 工程物资进场报验应有时限要求，施工单位和监理单位均须按照施工合同的约定完成各自的报验和审批工作。

8．材料、构配件进场检验记录（表 C4-1）

材料、构配件进场后，应由建设、监理单位汇同施工单位对进场物资进行检查验收，填写《材料、构配件进场检验记录》（表C4-1）。主要检验内容包括：物资出厂质量证明文件及检测报告是否齐全；数量、规格、型号是否满足设计要求和施工计划要求；外观质量是否满足设计和规范要求；按规定须抽检的材料、配件附件是否进行了抽检。

9. 材料试验报告（通用）（表C4-2）

凡按规范要求须做进场复试的物资，应使用《材料试验报告（通用）》（表C4-2）。

10. 设备开箱检验记录（表C4-3）

设备进场后，由建设监理、施工和供货单位共同开箱检验并做记录，填写《设备开箱检验记录》（表C4-3）。

11. 设备及管道附件试验记录（表C4-4）

设备、阀门、密闭水箱（罐）、风机盘管、成组散热器及其他散热设备安装前，均应按规定进行强度试验并做记录，填写《设备及管道附件试验记录》（表C4-4）。

12. 建筑给水排水及采暖工程物资

（1）各类管材应有产品质量证明文件。

（2）阀门、调压装置、消防设备、卫生洁具、给水设备、排水设备、采暖设备、热水设备、散热器、锅炉及附属设备、各类开（闭）式水箱（罐）、分（集）水器、安全阀、水位计、减压阀、热交换器、补偿器、疏水器、除污器、过滤器、游泳池水系统设备等应有产品质量合格证及相关检验报告。

（3）对于国家及各省市有规定的特定设备及材料，如消防、卫生、压力容器等，应附有相应资质检验单位的检验报告。如安全阀、减压阀的调试报告、锅炉（承压设备）焊缝无损探伤检测报告、给水管道材料卫生检验报告，卫生器具环保检测报告、水表、热量表计量检定证书等。

（4）绝热材料应有产品质量合格证和材质检验报告。

（5）主要设备、器具应有安装使用说明书。

13. 通风空调工程物资

（1）制冷机组、空调机组、风机、水泵、冰蓄冷设备、热交换设备、冷却塔、除尘设备、风机盘管、诱导管、水处理设备、加热器、空气幕、空气净化设备、蒸汽调压设备、热泵机组、去（加）湿机（器）装配式洁净室、变风量末端装置、过滤器、消声器、软接头、风口、风阀、风罩等，以及防爆超压排气活门、自动排气活门等与人防有关的物资，应有产品合格证和其他质量合格证明。

（2）阀门、疏水器、水箱、分（集）水器、减震器、储冷罐、集气罐、仪表、绝热材料等应有出厂合格证、质量合格证及检测报告。

（3）压力表、温度计、湿度计、流量计、水位计等应有产品合格证和检测报告。

（4）各类板材、管材等应有质量证明文件。

（5）主要设备应有安装使用说明书。

四、施工记录资料

施工记录是在施工过程中形成的，确保工程质量、安全的各种检查、记录的统称，包括通用施工记录和专用施工记录。

1. 隐蔽工程检查记录（表 C5-1）

隐蔽工程检查记录为通用施工记录，适用于各专业。按规范规定须进行隐蔽的项目，施工单位应填写《隐蔽工程检查记录》（表 C5-1）。

(1) 建筑给水排水及采暖分部工程主要隐检项目及内容如下：

1) 直埋于地下或结构中，暗敷设于沟槽、管井、不进人吊顶内的给水、排水、雨水、热水、采暖、消防管道和相关设备，以及有防水要求的套管，检查管材、管件、阀门、设备的材质与型号、安装位置、标高、坡度；防水套管的定位及尺寸；管道连接做法和质量；附件使用，支架固定，以及是否已按照设计要求及施工规范规定完成强度严密性、冲洗等试验。

2) 有绝热防腐要求的给水、排水、采暖、消防、喷淋管道和相关设备；检查绝热方式、绝热材料的材质与规格、绝热管道与支吊架之间的防结露措施、防腐处理材料及做法等。

3) 埋地的采暖、热水管道，在保温层、保护层完成后，所在部位进回填之前，应进行隐蔽检查。检查安装位置、标高、坡度；支架做法；保温层、保护层设置等。

(2) 通风空调分部工程主要隐检项目及内容如下：

1) 敷设于竖井内、不进人吊顶内的风道（包括各类附件、部件、设备等）。检查风道的标高、材质，接头、接口严密性，附件、部件安装位置，支架、吊架、托架安装、固定。活动部件是否灵活可靠、方向正确，风管分支、变径处理是否合理，是否符合要求，是否已按照设计要求及施工规范规定完成风道的漏光、漏风检测、空调水管道的强度严密性、冲洗等试验。

2) 有绝热、防腐要求的风管、空调水管及设备。检查绝热形式与做法、绝热材料的材质和规格、防腐处理材料及做法。绝热管道与支吊架之间应垫以绝热衬垫或经防腐处理的木衬垫，其厚度应与绝热层厚度相同，表面平整。衬垫接合面的空隙应填实。

2. 预检记录（表 C5-2）

预检记录是对重要工序进行的预先质量控制检查记录，为通用施工记录，适用于各专业，预检项目及内容如下：

(1) 设备基础：检查设备基础位置、标高、几何尺寸、预留孔、预埋件等。

(2) 管道预留孔洞：检查孔洞的尺寸、位置、标高等。

(3) 管道预埋套管（预埋件）：检查套管（预埋件）的规格、形式、尺寸、位置、标高等。

(4) 机电各系统的明装管道（包括进人吊顶内）设备安装，检查位置、标高、坡度、材质、防腐、接口方式、支架形式、固定方式等。

3. 施工检查记录（通用）（表 C5-3）

按照现行规范要求应进行施工检查的重要工序，且无规程无相应施工记录表格的，应填写《施工检查记录（通用）》（表 C5-3），施工检查记录适用于各专业。

4. 交接检查记录（C5-4）

不同施工单位之间工程交接，应进行交接检查，填写《交接检查记录》（C5-4）。移交单位、接收单位和见证单位共同对移交工程进行验收，并对质量情况、遗留问题、工序要求、注意事项、成品保护等进行记录。

5. 焊接材料烘焙记录（表 C5-16）

按照规范和工艺文件等规定须烘焙的焊接材料应进行烘焙，并填写烘焙记录。烘焙记录内容包括烘焙方法、烘干温度、要求的烘干时间、实际烘焙时间和保温要求等。

五、施工试验记录

施工试验记录是根据设计要求和规范规定进行试验，记录原始数据和计算结果（试验单位应向委托单位提供电子版试验数据），并得出试验结论的资料统称。

凡需要试验的项目应填写《施工试验记录（通用）》（表 C6-1）。

建筑给水、排水及采暖分部工程和通风空调分部工程，应做试验项目如下：

1. 设备单机试运转记录（见表 C6-2）

给水系统设备、热水系统设备、排水系统设备、消防系统设备、采暖系统设备、水处理系统设备、通风空调系统的各类水泵、风机、冷水机组、冷却塔、新风机组等设备安装完毕后应进行单机试运转，并做记录。

2. 系统试运转调试记录（见表 C6-3）

采暖系统、水处理系统、通风系统、制冷系统、净化空调系统等应进行系统试运转调试并做记录。

3. 灌（满）水试验记录（见表 C6-18）

非承压管道系统和设备，包括开式水箱、卫生洁具、安装在室内的雨水管等，在系统和设备安装完毕后，以及暗装、埋地、有绝热层的室内排水管道进行隐蔽前，应进行灌（满）水试验，并做记录。

4. 强度严密性试验记录（见表 C6-19）

室内外输送各种介质的承压管道、设备在安装完毕后，进行隐蔽之前，应进行强度严密性试验，并做记录。

5. 通水试验记录（见表 C6-20）

室外给水（冷、热）、中水及游泳池系统、卫生洁具、地漏、地面清扫口及室内外排水系统应分系统（区、段）进行通水试验，并做记录。

6. 吹（冲）洗（脱脂）试验记录（见表 C6-21）

室内外给水（冷、热）、中水及游泳池水系统、采暖、空调、消防管道及设计有要求的管道应在使用前做冲洗试验；介质为气体的管道系统应按设计要求及规范规定做吹洗试验。设计有要求时还应做脱脂处理。

7. 通球试验记录（见表 C6-22）

室内排水水平干管、主立管应按有关规定进行通球试验，并做记录。

8. 补偿器安装记录（见表 C6-23）

各类补偿器安装时应按要求进行补偿器安装记录。

9. 消火栓试射记录（见表 C6-24）

室内消火栓系统在安装完成后，应按设计要求及规范规定进行消火栓试射试验，并做记录。

10. 安全附件安装检查记录（见表 C6-25）

锅炉的高、低水位报警器和超温、超压报警器及联锁保护装置必须按设计要求安装齐全，并进行启动、联动试验，并做记录。

11．锅炉封闭及烘炉（烘干）记录（见表 C6-26）

锅炉安装完成后，在试运行前，应进行烘炉试验，并做记录。

12．锅炉煮炉试验记录（见表 C6-27）

锅炉安装完成后，在试运行前，应进行煮炉试验，并做记录。

13．锅炉试运行记录（见表 C6-28）

锅炉在烘炉、煮炉合格后，应进行 48h 的带负荷连续试运行，同时应进行安全阀的热状态定压检验和调整，并做记录。

14．安全阀调试记录

锅炉安全阀在投入运行前应有资质的检测单位按设计要求进行调试，并出具调试记录。表格由检测调试单位提供。

15．风管漏光检测记录（见表 C6-39）

风管系统安装完成后，应按设计要求及规范规定进行风管漏光测试，并做记录。

16．风管漏风检测记录（见表 C6-40）

风管系统安装完成后，应按设计要求及规范规定进行漏风测试，并做记录。

17．现场组装除尘器、空调机漏风检测记录（见表 C6-41）

现场组装的除尘器壳体、组合式空气调节机组应做漏风量的检测，并做记录。

18．各房间室内风量温度测量记录（见表 C6-42）

通风与空调工程无生产负荷联合试运转时，应分系统的，将同一系统内的各房间内风量、温度进行测量调整，并做记录。

19．管网风量平衡记录（见表 C6-43）

通风与空调工程进行无生产负荷试运转时，应分系统的，将同一系统内的各测点的风压、风速、风量进行测试和调整，并做记录。

20．空调系统试运转调试记录（见表 C6-44）

通风与空调系统进行无生产负荷联合试运转及调试时，应对空调系统总风量进行测量调整，并做记录。

21．空调水系统试运转调试记录（见表 C6-45）

通风与空调工程进行无生产负荷联合试运转及调试时，应对空调冷（热）水、冷却水总流量、供回水温度进行测量、调整，并做记录。

22．制冷系统气密性试验记录（见表 C6-46）

应对制冷系统的工作性能进行试验，并做记录。

23．净化空调系统测试记录（见表 C6-47）

净化空调系统无生产负荷试运转时，应对系统中的高效过滤器进行泄漏测试，并对室内洁净度进行测试，并做记录。

24．防排烟系统联合试运行记录（见表 C6-48）

在防排烟系统联合试运行和调试过程中，应对测试楼层及其上下二层的排烟系统中的排烟风口、正压送风系统的送风口进行联动调试，并对各风口的风速、风量进行测量调整，对正压送风口的风压进行测量调整，并做记录。

六、施工质量验收记录

施工质量验收记录是参与工程建设的有关单位根据相关标准、规范对工程质量是否达到合格做出的确认文件的统称。

1. 结构实体检验（见表 C7-1、表 C7-2、表 C7-3）

以上三个表由土建专业负责建立收集归档。

2. 检验批质量验收记录（分别见专业用表）

（1）检验批施工完成，施工单位自检合格后，应由项目专业质量检查员填报检验批质量验收记录表。

（2）检验批质量验收应由监理工程师（建设单位项目专业技术负责人）组织项目专业质量检查员等进行检验并签收。

3. 分项工程质量验收记录

（1）分项工程完成（即分项工程所包含的检验批均已完工）施工单位自检合格后，应填报《_____分项工程质量验收记录表》和《分项/分部工程施工报验表》(A7监)。

（2）分项工程验收应由监理工程师（建设单位项目专业技术负责人）组织项目专业技术负责人等进行验收并签订。

4. 分部（子分部）工程质量验收记录

（1）分部（子分部）工程完成，施工单位自检合格后，应填报(_____分部/子分部工程质量验收记录表）和《分项/分部工程施工报验表》(A7监)。

（2）分部（子分部）工程应由总监理工程师（建设单位项目负责人）组织有关设计单位及施工单位项目负责人和技术、质量负责人等共同验收并签认。

5. 地基与基础、主体结构、单位（子单位）工程质量验收记录，分别按地基与基础工程、主体结构工程、单位（子单位）工程验收表填报，主要土建总包单位主办，水电风专业人员办理完成。

第五节　暖通工程资料归档组卷

一、质量要求

1. 工程资料应真实反映工程的实际情况，具有永久和长期保存价值的材料必须完整、准确和系统。

2. 工程资料应使用原件，因各种原因不能使用原件的，应在复印件上加盖原件存放单位公章、注明原件存放处，并有经办人签字及时间。

3. 工程资料应保证字迹清晰，签字、盖章手续齐全，签字必须使用档案规定用笔。计算机形成的工程资料应采用内容打印，手工签名的方式。

4. 施工图的变更、洽商返图应符合技术要求。凡采用施工蓝图改绘竣工图的，必须使用反差明显的蓝图，竣工图图面应整洁。

5. 工程档案的填写和编制应符合档案缩微管理和计算机输入的要求。

6. 工程档案的缩微制品，必须按国家缩微标准进行制作，主要技术指标应符合国家标准规定，保证质量，以适应长期安全保管。

7. 工程资料的照片（含底片）及声像档案，应图像清晰，声音清楚，文字说明或内容准确。

二、载体形式

1. 工程资料可采用以下两种载体形式：
纸质载体；
光盘载体。

2. 工程档案可采用以下三种载体形式：
纸质载体；
缩微品载体；
光盘载体。

3. 纸质载体和光盘载体的工程资料应在过程中形成、收集和整理，包括工程的音像资料。

三、缩微品载体的工程档案

1. 在纸质载体的工程档案经城建档案馆和有关部门验收合格后，应持城建档案馆发给的准许缩微证明进行缩微，证明书包括案卷目录、验收签章、城建档案的档号、胶片代码、质量要求等，并将证明书缩拍在胶片"片头"上。

2. 报送"缩微制品载体"工程竣工档案的种类和数量，一般要求报送三代片，即：
- 第一代（母片）卷片一套，作长期保存使用；
- 第二代（拷贝片）卷片一套，作复制工作使用；
- 第三代（拷贝片）卷片或者开窗卡片、封套片、平片，作者提供日常利用（阅读或复原）使用。

3. 光盘载体的电子工程档案

（1）纸质载体的工程档案经城建档案馆和有关部门验收合格后，进行电子工程档案的核查，核查无误后，进行电子工程档案的光盘刻制。

（2）电子工程档案的封套、格式必须按城建档案馆的要求进行标注。

四、组卷要求

1. 组卷的基本原则

（1）建设项目应按单位工程组卷。

（2）工程资料应按照不同的收集、整理单位及资料类别，按基建文件、监理资料、施工资料和竣工图分别进行组卷。

（3）卷内资料排列顺序应依据卷内资料构成而定，一般顺序为封面、目录、资料部分、备考表和封底。组成的案卷应美观、整齐。

（4）卷内若存在多类工程资料时，同类资料按自然形成的顺序和时间排序，不同资料之间的排列顺序可参照本教材《工程资料分类及编号》的顺序排列。

（5）案卷不宜过厚，一般不超过40mm。案卷内不应有重复资料。

2. 组卷的具体要求

(1) 基建文件组卷（略）。

(2) 监理资料组卷（略）。

(3) 施工资料组卷。

施工资料组卷应按照专业、系统划分，每一专业、系统再按照资料类别从C1至C7的顺序排列，并根据资料数量的多少组成一卷或多卷。施工资料具体组卷内容和顺序可按相应规范要求。

对于专业化程度高，施工工艺复杂，通常由专业分包施工的子分部（分项）工程分别单独组卷。

(4) 竣工图组卷。

竣工图应按专业进行组卷。可分为工艺平面布置竣工图卷、建筑竣工图卷、结构竣工图卷、给排水及采暖竣工图卷、通风空调竣工图卷等，每一专业可根据图纸数量多少组成一卷或多卷。

文字材料和图纸材料原则上不能混装在一个盒内，如资料材料较少，需放在一个盒内时，文字材料和图纸材料必须混合装订，文字资料排前，图纸资料排后。

单位工程档案总案卷数超过20卷的，应编制总目录。

3. 案卷页码的编写

(1) 编写页码应以独立卷为单位。在案卷内资料材料排列顺序确定后，均以有书写内容的页面编写页码。

(2) 每卷从阿拉伯数字1开始，用打号机或钢笔依次逐张连续标注页号，采用黑色、蓝色油墨或墨水。案卷封面、卷内目录和卷内备考表不编写页号。

(3) 页号编写位置：单面书写的文字材料页号编写在右下角，双面书写的文字材料页号正面编写在右下角，背面编写在左下角。

五、封面与目录

1. 工程资料封面和目录

(1) 工程资料案卷封面（附表1-1）

案卷封面包括名称、案卷题名、编制单位、技术主管、编制日期（以上由移交单位填写）、保管期限、密级、共_____册第_____册等（由档案接收部门填写）。

1) 名称：填写工程建设项目竣工后使用名称（或曾用名）。若本工程分为几个（子）单位工程应在第二行填写（子）单位工程名称。

2) 案卷题名：填写本卷卷名。第一行按单位、专业及类别填写案卷名称；第二行填写案卷内主要资料内容提示。

3) 编制单位：本卷档案的编制单位，并加盖公章。

4) 技术主管：编制单位技术负责人签名或盖章。

5) 编制日期：填写卷内资料材料形成的起（最早）、止（最晚）日期。

6) 保管期限：由档案保管单位按照本规程保管期限规定或有关规定填写。

7) 密级：由档案保管单位按照本单位的保密规定或有关规定填写。

(2) 工程资料卷内目录（附表1-2）

工程资料的卷内目录，内容包括序号、工程资料题名、原编字号、编制单位、编制日期、页次和备注。卷内目录内容应与案卷内容相符，排列在封面之后，原资料目录及设计图纸目录不能代替。

1) 序号：按卷内资料排列先后用阿拉伯数字从1开始依次标注。
2) 工程资料题名：填写文字材料和图纸名称，无标题的资料应根据内容拟写标题。
3) 原编字号：资料制发机关的发文号或图纸原编图号。
4) 编制单位：资料的形成单位或主要责任单位名称。
5) 编制日期：资料的形成时间（文字材料为原资料形成日期，竣工图为编制日期）。
6) 页次：填写每份资料在本案卷的页次或起止的页次。
7) 备注：填写需要说明的问题。

(3) 分项目录（附表1-3、附表1-4）

1) 分项目录（一）（附表1-3）适用于施工物资资料（C4）的编目，目录内容应包括资料名称、厂名、型号规格、数量、使用部位等，有进场见证试验的，应在备注栏中注明。
2) 分项目录（二）（附表1-4）适用于施工测量记录（C3）和施工记录（C5）的编目，目录内容包括资料名称、施工部位和日期等。

资料名称：填写表格名称或资料名称；

施工部位：应填写测量、检查或记录的层、轴线和标高位置；

日期：填写资料正式形成的年、月、日。

(4) 工程资料卷内备考表（附表1-7）

内容包括卷内文字材料张数、图样材料张数、照片张数等，立卷单位的立卷人、审核人及接收单位的审核人、接收人应签字。

1) 案卷审核备考表分为上下两栏，上一栏由立卷单位填写，下一栏由接收单位填写。
2) 上栏应标明本案卷已编号资料的总张数（包括文字、图纸、照片等的张数）。

审核说明填写立卷时资料的完整和质量情况，以及应归档而缺少的资料的名称和原因；立卷人由责任立卷人签名；审核人由案卷审查人签名；年月日按立卷、审核时间分别填写。

3) 下栏由接收单位根据案卷的完整及质量情况标明审核意见。

技术审核人同接收单位工程档案技术审核人签名；档案接收人由接收单位档案管理接收人签名；年月日按审核、接收时间分别填写。

2. 工程档案封面和目录

(1) 工程档案案卷封面

使用城市建设档案封面（附表2-1），注明工程名称、案卷题名、编制单位、保存期限、档案密级等。

(2) 工程档案卷内目录

使用城建档案卷内目录（附表2-2），内容包括顺序号、文件材料题名、原编字号、编制单位、编制日期、页次、备注等。填写具体要求见相应的工程资料卷内目录。

(3) 工程档案卷内备考

使用城建档案卷审核备考表（附表2-3），内容包括卷内文字材料张数，图样材料张数，照片张数等和立卷单位的立卷人、审核人及接收单位的审核人、接收人签字。

城建档案案卷审核备考表（附表2-2）的下栏部分同城建档案馆根据案卷的完整及质量情况标明审核意见。

3．案卷脊背编制

案卷脊背项目有档号、案卷题名，由档案保管单位填写。城建档案的案卷脊背由城建档案馆填写。

4．移交书

（1）工程资料移交书（附表3-1）

工程资料移交书是工程资料进行移交的凭证，应有移交日期和移交单位、接收单位的签章。

（2）工程档案移交书

使用城市建设档案移交书（附表3-2），为竣工档案进行移交的凭证，应有移交日期和移交单位、接收单位的签章。

（3）工程档案微缩品移交书

使用城市建设档案缩微品移交书（附表3-3），为竣工档案进行移交的凭证，应有移交日期和移交单位、接收单位的签章。

（4）工程资料移交目录

工程资料移交，办理的工程资料移交书（附表3-1）应附工程资料移交目录（附表3-4）。

（5）工程档案移交目录

工程档案移交，办理的工程档案移交书（附表3-2）应附城市建设档案移交目录（附表3-5）。

（6）外文编制的工程档案其封面、目录、备考表必须用中文书写。

六、案卷规格与装订

1．案卷规格

卷内资料、封面、目录、备考表统一采用A4幅（297×210mm）尺寸，图纸分别采用A0（841×1189mm）、A1（594×841mm）、A2（420×594mm）、A3（297×420mm）、A4（297×210mm）幅面。小于A4幅面的资料要用A4白纸（297×210mm）衬托。

2．案卷装具

案卷采用统一规格尺寸的装具。属于工程档案的文字、图纸材料一律采用城建档案馆监制的硬壳卷夹或卷盒，外表尺寸为310mm（高）×220mm（宽），卷盒厚度尺寸分别为50、30mm二种，卷夹厚度尺寸为25mm；少量特殊的档案也可采用外表尺寸为310mm（高）×430mm（宽），厚度尺寸为50mm。案卷软（内）卷皮尺寸为297mm（高）×210mm（宽）。

3．案卷装订

（1）文字材料必须装订成册，图纸材料可装订成册，也可散装存放。

（2）装订时要剔除金属物，装订线一侧根据案卷薄厚加垫草板纸。

（3）案卷用棉线在左侧三孔装订，棉线装订结打在背面。装订线距左侧20mm，上下两孔分别距中孔 80mm。

（4）装订时，须将封面、目录、备考表、封底与案卷一起装订。图纸散装在卷盒内时，需将案卷封面、目录、备考表三件用棉线在左上角装订在一起。

第六节　暖通工程资料交验标准

一、分部工程资料应与单位工程资料同步建立收集整理归档。
二、成型归档的资料应符合建筑工程资料管理规程的要求。
三、分部工程资料应做到及时、齐全、完整、内容真实准确。
四、分部工程资料应根据总包的要求，按时交给总包统一汇总报验。

附表 封面、目录、备考与移交书

附表 1-1

工 程 资 料

名　　称：..

案卷题名：..

....

编制单位：..

技术主管：..

<u>编制日期：</u>自　　年　　月　　日起至　　年　　月　　日止

保管期限：..　密　　级：..

保存档号：..

共　　册　第　　册

工程资料卷内目录
附表 1-2

工程名称						
序号	工程资料题名	原编字号	编制单位	编制日期	页 次	备 注

分项目录（一）

附表 1-3

工程名称				物资类别				
序号	资料名称	厂名	品种型号、规格	数量	使用部位	页 次	备 注	

注：本表适用于施工物资资料（C4）的编目

分项目录（二）				
附表 1-4				
工程名称		资料名称		
序号	施工部位（内容摘要）	日　期	页　次	备　注

注：本表适用施工测量记录（C3）、施工记录（C5）的编目的编目

工程资料备考表
附表 1-7

本案卷已编号的文件材料共_____张，其中：文字材料_____张，图样材料_____张，照片_____张。

立卷单位对本案卷完整准确情况的审核说明：

立卷人：　　年　月　日
审核人：　　年　月　日

保存单位的审核说明：

技术审核人：　　年　月　日
档案接收人：　　年　月　日

附表 2-1

档案馆代号：

城 市 建 设 档 案

名　　称：_____

案卷题名：_____

_____

编制单位：_____

技术主管：_____

编制日期：自　　年　　月　　日起至　　年　　月　　日止

保管期限：_____　密　级：_____

保存档号：_____

共　　册　　第　　册

城建档案卷内目录

附表 2-2

顺序号	文件材料题名	原编字号	编制单位	编制日期	页次	备注

城建档案案卷审核备考表
附表 2-3

本案卷已编号的文件材料共_____张,其中:文字材料_____张,图样材料_____张,照片_____张。

立卷单位对本案卷完整准确情况的审核说明:

立卷人:　　　年　月　日
审核人:　　　年　月　日

接收单位(档案馆)的审核说明:

技术审核人:　　　年　月　日
档案接收人:　　　年　月　日

附表 3-1

工程资料移交书

＿＿＿＿＿＿按有关规定向＿＿＿＿＿＿办理＿＿＿＿＿＿工程资料移交手续。共计＿＿＿＿＿＿册。其中图样材料＿＿＿＿＿＿册，文字材料＿＿＿＿＿＿册，其他材料＿＿＿＿＿＿张（　　）。

附：工程资料移交目录

移交单位（公章）：　　　　　　　　　接受单位（公章）：

单位负责人：　　　　　　　　　　　　单位负责人：

技术负责人：　　　　　　　　　　　　技术负责人：

移 交 人：　　　　　　　　　　　　　接 收 人：

　　　　　　　　　　　　　　　　　　移交日期：　　年　月　日

附表 3-2

城市建设档案移交书

　　_____向××城市建设档案馆移交_____档案共计_____册。其中：图样材料_____册，文字材料_____册，其他材料_____张（　　）。

　　附：城市建设档案移交目录一式三份，共　　　张

移交单位：　　　　　　　　　　　　　　接收单位：

单位负责人：　　　　　　　　　　　　　单位负责人：

移　交　人：　　　　　　　　　　　　　接　收　人：

　　　　　　　　　　　　　　　　　　　移交日期：　　年　月　日

附表 3-3

城市建设档案缩微品移交书

_____向北京市城市建设档馆移交_____工程缩微品档案。档号_____，缩微号_____。卷片共_____盘，开窗卡_____张，其中母片：卷片_____盘，开窗卡_____张；拷贝片：卷片_____套_____盘，开窗卡_____套_____张。缩微原件共_____册，其中文字材料_____册，图样材料_____册。其他材料_____册。

附：城市建设档案缩微品移交目录

移交单位（公章）：　　　　　　　　　　接收单位（公章）：

单 位 法 人：　　　　　　　　　　　　　单 位 法 人：

移 交 人：　　　　　　　　　　　　　　　接 收 人：

　　　　　　　　　　　　　　　　　　　　移交日期：　　年　　月　　日

附表 3-4

工程资料移交目录

工程项目名称：

序号	案 卷 题 名	数 量						备 注
		文字材料		图样材料		综合卷		
		册	张	册	张	册	张	

注：综合卷指文字和图样材料混装的案卷。

附表 3-5

城市建设档案移交目录

序号	工程项目名称	案卷题名	形成年代	数量						备注
				文字材料		图样材料		综合卷		
				册	张	册	张	册	张	

注：综合卷指文字和图样材料混装的案卷。